分子组装理论和光谱研究

牟 丹 李建全 丛兴顺 著

科学出版社

北 京

内 容 简 介

　　本书分上下篇，共 8 章。上篇介绍理论和实验方法，下篇给出代表性的应用实例，前后呼应，理论结合应用。小分子之间的反应也是新分子架构形成的过程，高分子吸附可视为二维分子组装问题，高分子自组装则属三维分子组装范畴，糖分子组装更具有分子识别特性。本书从不同角度，系统地阐释了各具特色分子组装的研究方法、结果分析和应用前景，激发读者对该研究领域的好奇心、探索欲和研究热情。

　　本书不仅对从事材料研究和设计的科研人员有重要的借鉴意义，而且对进入该领域的初学者和研究生均有很高的参考价值。

　　封面图片为本书作者原创作品，引自：*Phys. Chem. Chem. Phys.*, 2017, **19**, 31011.
https://pubs.rsc.org/en/content/articlelanding/2017/cp/c7cp05497a

---

图书在版编目（CIP）数据

分子组装理论和光谱研究/牟丹，李建全，丛兴顺著. —北京：科学出版社，2022.6
　　ISBN 978-7-03-072354-3

Ⅰ．①分… Ⅱ．①牟… ②李… ③丛… Ⅲ．①分子结构–结构化学–研究 Ⅳ．①O641

中国版本图书馆 CIP 数据核字（2022）第 087078 号

责任编辑：刘　冉 / 责任校对：杜子昂
责任印制：吴兆东 / 封面设计：北京图阅盛世

科 学 出 版 社　出版
北京东黄城根北街 16 号
邮政编码：100717
http://www.sciencep.com

北京九州迅驰传媒文化有限公司 印刷
科学出版社发行　各地新华书店经销

*

2022 年 6 月第 一 版　开本：720×1000　1/16
2023 年 1 月第二次印刷　印张：13 3/4
字数：280 000
定价：118.00 元
（如有印装质量问题，我社负责调换）

序

　　计算机技术的兴起与发展向来与科技的发展息息相关，计算机网络技术的飞速发展为科技的发展插上了飞翔的翅膀。当计算机技术应用到化学领域时，就诞生了计算机化学，它作为现代化工具，除了完成对化学信息的收集、加工和利用的基本功能之外，在特定假设的协助下，更肩负起从纷繁复杂的化学信息中发现和提炼新的理论和方法的重任，帮助我们更好地认识物质本质，理解反应机理，掌握结构与现象的关系，从而达到改造物质甚至创造新物质、控制反应过程、设计分子和合成路线等目的。计算机化学与实验化学之间的结合越来越紧密，成功的案例也比比皆是，尤其在互联网+的大时代背景之下，计算机化学在实验化学中所起的作用已经不仅仅停留在化学数据的挖掘、验证结构解析等辅助功能，经过数十年的发展，其作用范围已逐渐渗透到了实验化学的各个环节，二者彼此呼应，促进化学的科学研究更加缜密，提高科研效率的同时，也大大地升华了创新力和创造力。如今，计算机模拟技术已被广泛应用于几乎所有科学领域，如生命科学、材料科学、天体学、气象学、建筑工程学等，它已经变得与理论和实验同等重要，都是人类认识自然的主要工具和手段。

　　《分子组装理论和光谱研究》一书的著者从事高分子材料设计研究十余年，发表 SCI 论文三十余篇，主持并完成国家、省市厅、横向课题等各类科研项目 19 项，具有丰富的科研经验和体会，科研书写能力较强。该书先对量子化学理论和计算、微观尺度模拟、介观尺度模拟和气相光谱实验这些在应用实例中用到的理论原理和实验方法有重点地进行介绍，再在分子、微观和介观的不同尺度下辅以生动的应用实例，可读性更强。这种从理论到应用的内容安排，更便于读者的阅读、理解、学习和实践。相信广大读者会从中受益。

吉林大学理论化学研究所副所长

2022 年 2 月 20 日

前　言

　　在科学的发展过程中，人们常用实验手段和理论方法来解决科学问题。实验手段是采用物理、化学等实验方法对实际体系开展研究，得到自然给出的结果。而理论方法则需要以理论模型为基础，运用数学、物理等手段来处理该"人工"模型。在科学发展的初期，人们探索科学世界的理论方法通常是建立一些数学模型方程，在一定条件下来验证体系的行为，且一般要求有解。在当时只能人工求解的情况下，所建立的理论模型往往比较简单，这就造成模型无法客观、准确地描述体系，而这些模型也只能在特定甚至指定的条件下才能得到简单的验证。计算机的出现促进了现代数值计算的快速发展，可以向理论模型中引入更多能体现真实体系性质的复杂参数，在程序的指引下开展计算，得到更加贴近实际的结果，计算机模拟应运而生，弥补了理论和实验方法的不足，已成为连通二者的第三种方法。一方面，计算机模拟方法可用来研究现有材料的结构与性质，解释实验现象，甚至辅助新材料的开发，不仅能提供新材料的设计方案，还能预测新分子或新材料的结构和性质，从而缩短新材料的研发周期，降低开发成本；另一方面，它能研究无法达到的实验条件下或无法直接观测到的过程和现象等，进而发展新的理论方法。

　　书中的实例涉及利用量子化学计算研究的小分子反应通道问题、利用微观尺度模拟研究的高分子吸附问题、利用微观尺度模拟和介观尺度模拟研究的高分子自组装问题，以及利用气相光谱实验和量子化学计算研究的糖分子组装机理问题，分别从分子(第5章和第8章)、微观(第6章)和介观(第7章)三个水平来研究分子组装问题。第8章用到的气相光谱实验方法是著者在法国国家科学研究院学习到的技术，在此仅展示了部分研究内容。

　　本书共分8章：上篇包括第1~4章，分别对量子化学计算、微观尺度模拟、介观尺度模拟和气相光谱实验的理论和技术进行概述；下篇包括第5~8章，以本课题组近些年运用上述理论和实验方法所取得的研究成果为应用实例，多角度地展现分子组装的研究内容和科学魅力。

　　本书的出版得到了山东省自然科学基金面上项目(项目编号 ZR2022MB085)、枣庄学院"青檀学者"人才项目、枣庄学院化学工程与技术重点学科、特种功能聚集体材料教育部重点实验室开放基金(项目编号 JJT-2020-01)的大力支持，在此一并表示感谢。

　　因著者学识所限，书中难免有不妥之处，恳请读者不吝赐教。

牟　丹

2022 年 2 月 22 日于山东枣庄

目　　录

下篇　应用实例

上篇　理论和实验方法

第 1 章　量子化学理论和计算

　　量子化学是运用量子力学的基本原理来研究原子、分子和晶体的电子结构、化学键性质、分子间作用力、化学反应、各种光谱、波谱、电子能谱的理论，也是研究无机化合物、有机化合物、生物大分子、各类功能材料的结构与性能关系的一门学科。量子化学从 1927 年 Heitler 和 London 研究氢分子的结构开始，已经发展成为一门独立的学科，它还与化学各分支科学以及物理、生物、计算数学等互相渗透，在生物、材料、能源、环境、化工生产、激光技术等诸多领域得到广泛应用。

　　多体理论是量子化学的核心问题。原则上来说，通过求解 n 粒子体系的薛定谔方程得到体系的波函数来描述 n 个粒子构成的量子体系的性质。量子化学中的从头计算(*ab initio*)主要指的是求解与时间无关的薛定谔方程：

$$\left[-\frac{1}{2}\sum_{p}\frac{1}{m_p}\nabla_p^2 - \frac{1}{2}\sum_{i}\nabla_i^2 + \sum_{p<q}\frac{Z_pZ_q}{R_{pq}} + \sum_{i<j}\frac{1}{r_{ij}} - \sum_{p,i}\frac{Z_p}{r_{pi}} \right]\Psi = E\Psi$$

　　求解这个方程非常困难，目前仅能对少数简单体系(即氢原子和类氢离子)精确求解。对于多电子体系需要建立各种近似方法求解，最常用的近似方法是变分法、微扰理论、密度泛函理论等。

　　在分子体系中，由于原子核的质量比电子的质量大 $10^3\sim10^5$ 倍，因此，原子核的运动速度要比电子的运动速度慢得多,这就使得当核间进行任一微小运动时，迅速运动的电子都能立刻进行调整,建立起与变化后的核力场相对应的运动状态，即在任一确定的核排布下，电子都有相应的运动状态。Born 和 Oppenheimer 依据上述物理思想[1]对分子体系下的薛定谔方程进行处理，将分子中核的运动与电子运动分离开，把电子运动与原子核运动之间的相互影响作为微扰，得到了在某种固定核位置时体系的电子运动方程：

$$\left[-\frac{1}{2}\sum_{i}\nabla_i^2 - \sum_{p,i}\frac{Z_p}{r_{pi}} + \sum_{p<q}\frac{Z_pZ_q}{R_{pq}} + \sum_{i<j}\frac{1}{r_{ij}} \right]\Psi^e = E^e\Psi^e$$

式中，E^e 为在固定核时体系的电子能量，也被称为势能面。

1.1 分子轨道理论

分子轨道理论[2,3]的核心是 Hatree-Fock-Roothaan(HFR)方程，随着计算机的计算速度和精度的不断提高，从头计算(ab initio)分子轨道理论得到了广泛应用。

1.1.1 闭壳层分子的 HFR 方程

闭壳层分子意味着分子中所有的电子均按自旋相反的方式进行配对，即对含有 N 个电子的分子体系来说，必须有 $n = N/2$ 个空间轨道，将这 n 个空间轨道记为 $\{\Phi_i, i = 1,2,3,\cdots,N/2\}$，表示为行列式波函数形式：

$$\Psi_0 = \left| \Phi_1 \alpha_1 \Phi_1 \beta_2 \Phi_2 \alpha_3 \Phi_2 \beta_4 \cdots \Phi_{(N-1)/2} \alpha_{N-1} \Phi_{N/2} \beta_N \right|$$

不考虑磁相互作用，体系的 Hamilton 量可表示为：$\hat{H} = \sum_{i=1}^{N} \hat{h}(i) + \sum_{i<j}^{N} \hat{g}(i,j)$，其中，

单电子算符 $\hat{h}(i) = -\frac{1}{2}\nabla_i^2 - \sum_{\alpha=1}^{N'} \frac{Z_\alpha}{r_{\alpha i}}$（$N'$ 代表原子核数目），双电子算符 $\hat{g}(i,j) = \frac{1}{r_{ij}}$。

于是，体系的能量可以表示为：

$$E = 2\sum_i \langle \Phi_i | h(i) | \Phi_j \rangle + \sum_{i,j=1}^{N/2} \left[2\langle \Phi_i \Phi_j | g(i,j) | \Phi_i \Phi_j \rangle - \langle \Phi_i \Phi_j | g(i,j) | \Phi_j \Phi_i \rangle \right]$$

如果将分子轨道表示为基函数的线性组合，用变分法确定组合系数，就得到了 Roothann 方程。选用的基函数，既可以是正交的，也可以是非正交的。常用的基函数有 Slater 基函数、Gauss 基函数、类氢函数等。如果将分子轨道向基函数的完全集合展开，可以得到单粒子近似下的精确解，但是，实际的计算却只选取有限数量的基函数。假设分子轨道用基函数集合 $\{\chi_\mu, \mu = 1,2,3,\cdots,m\}$ 形式展开：

$\Phi_i = \sum_{\mu=1}^{m} c_{\mu i} \chi_\mu$，于是，上式即可展开成：

$$E = 2\sum_{\mu,\nu}\sum_i c_{\mu i}^* c_{\nu i} h_{\mu\nu} + \sum_{\mu,\nu,\lambda,\sigma}\sum_{i,j} c_{\mu i}^* c_{\nu i} c_{\lambda j}^* c_{\sigma j} \left[2\langle \mu\nu | \lambda\sigma \rangle - \langle \mu\sigma | \lambda\nu \rangle \right]$$

式中，系数 $c_{\mu i}$ 是满足空间轨道正交归一性（$\langle \Phi_i | \Phi_j \rangle = \delta_{ij}$）条件下使 E 最小的最优值。用 Lagrange 不定乘因子方法，引入求极值的函数 $w = E - 2\sum_{i,j} \varepsilon_{ij} \langle \Phi_i | \Phi_j \rangle$，对其变分求极值，则有：

$$\delta w = \delta E - 2\sum_{i,j}\varepsilon_{ij}\delta\langle\Phi_i\,|\,\Phi_j\rangle$$

$$= 2\sum_i\sum_{\mu,\nu}\delta c_{\mu i}^* c_{\nu i}h_{\mu\nu} + \sum_{i,j}\sum_{\mu,\nu,\lambda,\sigma}\Big(\delta c_{\mu i}^* c_{\lambda j}c_{\nu i}c_{\sigma j} + c_{\mu i}^*\delta c_{\lambda j}c_{\nu i}c_{\sigma j}\Big)\big[2\langle\mu\nu\,|\,\lambda\sigma\rangle - \langle\mu\sigma\,|\,\lambda\nu\rangle\big]$$

$$-2\sum_{i,j}\sum_{\mu,\nu}\varepsilon_{ij}\delta c_{\mu i}^* c_{\nu i}S_{\mu\nu} + 复共轭$$

$$= 0$$

由于 $\delta c_{\mu i}^*$ 是任意的，且 $\big|\varepsilon_{ij}\big|$ 是 Hermite 矩阵。经西变换可得：

$$\sum_\nu\big(F_{\mu\nu} - \varepsilon_i S_{\mu\nu}\big)c_{\nu i} = 0 \qquad (\mu = 1,2,\cdots,m;\ i = 1,2,\cdots,m)$$

其中，

$$F_{\mu\nu} = h_{\mu\nu} + G_{\mu\nu}$$

$$= h_{\mu\nu} + \sum_{\lambda,\sigma}\big(\sum_j c_{\sigma j}c_{\lambda j}^*\big)\big(2\langle\mu\nu\,|\,\lambda\sigma\rangle - \langle\mu\sigma\,|\,\lambda\nu\rangle\big)$$

$$= h_{\mu\nu} + \sum_{\lambda,\sigma}\big(2\langle\mu\nu\,|\,\lambda\sigma\rangle - \langle\mu\sigma\,|\,\lambda\nu\rangle\big)P_{\sigma\lambda}$$

该式即为闭壳层分子的 HFR 方程。一般来说，上式表示为矩阵形式：

$$\boldsymbol{FC} = \boldsymbol{SC}\varepsilon$$

式中，$\boldsymbol{F} = \boldsymbol{h} + \boldsymbol{G}$，其中 $\boldsymbol{F}$、$\boldsymbol{h}$、$\boldsymbol{G}$ 矩阵分别被称为 Fock 矩阵、Hamilton 矩阵、电子排斥矩阵。上式的 HFR 方程在形式上是求解本征值问题，ε 相当于算符 $\boldsymbol{F}$ 的本征值，$\boldsymbol{C}$ 相当于算符 $\boldsymbol{F}$ 属于本征值 ε 的本征向量。但是，它与一般的本征值问题不同，因为算符 $\boldsymbol{F}$ 本身是分子轨道组合系数 $\{c_{\mu i}\}$ 的二次函数，利用迭代的方法求解 HFR 方程，即自洽场(self-consistent field, SCF)方法。判断迭代收敛的判据有两种：①本征向量判据；②本征值判据。在 Gaussian 98 和 Gaussian 03 的计算程序中，本征值判据的缺省值是 10^{-8}，本证向量判据的缺省值是 10^{-6}。

1.1.2　开壳层分子的 HFR 方程

对于开壳层体系分子来说，存在两种可能的电子排布方法：

(1) 自旋限制 Hartree-Fock(RHF)理论，即对于有 M 个原子核和 N 个电子组成的分子体系，$2p$ 个电子填充在闭壳层轨道 $\{\Phi_i, i=1,2,3,\cdots,p\}$ 中，另有 $(N-2p)$ 个电子填充在开壳层轨道 $\{\Phi_j, j = p+1, p+2,\cdots,p+q\}$ 中。该理论与闭壳层情况类似，HFR 方程为：

$$\boldsymbol{F}^c\boldsymbol{C}_k\sum_j\boldsymbol{SC}_j\varepsilon_{jk}\gamma\boldsymbol{F}^0\boldsymbol{C}_m = \sum_j\boldsymbol{SC}_j\varepsilon_{jm}$$

其中，

$$F^c = h + \sum_k \left(2J_k - K_k\right) + \gamma \sum_m \left(2J_m - K_m\right)$$

$$F^0 = h + \sum_k \left(2J_k - K_k\right) + 2a\gamma \sum_m J_m - bv \sum_m K_m$$

式中，C_k 和 C_m 分别为闭壳层和开壳层分子轨道的系数矩阵；$\gamma = \dfrac{N - 2p}{2q}$ 为开壳层的占据分数；h 为 Hamilton 矩阵；J_j 和 K_j 分别为 Coulomb 算符和交换算符的矩阵，分别表示为：

$$\left(J_j\right)_{\mu v} = \sum_{\lambda, \sigma} c_{\lambda j}^* c_{\sigma j} \langle \mu v \,|\, \lambda \sigma \rangle$$

$$\left(K_j\right)_{\mu v} = \sum_{\lambda, \sigma} c_{\lambda j}^* c_{\sigma j} \langle \mu \sigma \,|\, \lambda v \rangle$$

(2) 自旋非限制 Hartree-Fock 理论用 UHF 表示。在该理论下，空间轨道被分为 α 和 β 两套，分别记为 Ψ_i^α 和 Ψ_i^β ($i = 1, 2, 3, \cdots, N$)。对于由 M 个原子核和 N 个电子组成的分子体系(含有 p 个 α 电子、q 个 β 电子，且 $p + q = N$)来说，在该理论下，两套分子轨道 Ψ_i^α 和 Ψ_i^β 分别由两套不同的组合系数加以确定：

$$\Psi_i^\alpha = \sum_\mu c_{\mu i}^\alpha \Phi_\mu$$

$$\Psi_i^\beta = \sum_\mu c_{\mu i}^\beta \Phi_\mu$$

式中，$c_{\mu i}^\alpha$ 与 $c_{\mu i}^\beta$ 线性无关。类似地，按照闭壳层体系处理方法得到：

$$\sum_{v=1}^N \left(F_{\mu i}^\alpha - \varepsilon_i^\alpha S_{\mu v}\right) C_{\mu i}^\alpha = 0$$

$$\sum_{v=1}^N \left(F_{\mu i}^\beta - \varepsilon_i^\beta S_{\mu v}\right) C_{\mu i}^\beta = 0$$

其中，Fock 矩阵定义为：

$$F_{\mu v}^\alpha = H_{\mu v}^{\text{core}} + \sum_{\lambda, \sigma=1}^N \left[\left(P_{\lambda \sigma}^\alpha + P_{\lambda \sigma}^\beta\right) \langle \mu v \,|\, \lambda \sigma \rangle - P_{\lambda \sigma}^\alpha \langle \mu \lambda \,|\, v \sigma \rangle\right]$$

$$F_{\mu v}^\beta = H_{\mu v}^{\text{core}} + \sum_{\lambda, \sigma=1}^N \left[\left(P_{\lambda \sigma}^\alpha + P_{\lambda \sigma}^\beta\right) \langle \mu v \,|\, \lambda \sigma \rangle - P_{\lambda \sigma}^\beta \langle \mu \lambda \,|\, v \sigma \rangle\right]$$

此外，密度矩阵定义为：

$$P_{\mu v}^{\alpha} = \sum_{i=1}^{\alpha_{occ}} c_{\mu i}^{\alpha *} c_{v i}^{\alpha}$$

$$P_{\mu v}^{\beta} = \sum_{i=1}^{\beta_{occ}} c_{\mu i}^{\beta *} c_{v i}^{\beta}$$

重叠矩阵 S、Hamilton 矩阵 $H_{\mu v}^{core}$ 与闭壳层分子体系一致。开壳层体系的 HFR 方程用迭代法求解本征值和本征向量。

1.2　电子相关问题

在 Hartree-Fock(HF)理论的自洽场方法中考虑了粒子间时间平均相互作用，但没有考虑电子之间的瞬时相关。处理这一电子相关问题的方法被称为电子相关方法或后自洽场(post-SCF)方法，包括组态相互作用理论(CI)、偶合簇理论(CC)、微扰理论(MP)等。

1.2.1　物理图像

在自洽场(SCF)方法中，假定电子在原子核及其他电子形成的平均势场中独立地运动，考虑了电子间平均作用，但没考虑电子间瞬时相关，即平均场中独立运动的两个自旋反平行电子可能在某一瞬间在空间某点同时出现。由于电子间 Coulomb 排斥，这是不可能的。当电子处于空间某点时，周围形成一个 "Coulomb 孔"，这降低了其他电子出现的概率，电子间这种制约作用，被称为电子运动的瞬时相关性或电子的动态相关效应，它直接影响了电子的势能，从位力定理可知，这种电子相关也影响了电子的动能。单组态自洽场计算时，未考虑这种电子相关作用，因此会导致计算误差。

可以从两个电子同时出现的概率来考虑电子相关作用。设 $P_1(\vec{r}_1)$ 是任一电子在 $\vec{r}_1$ 出现的概率，$P_2(\vec{r}_1, \vec{r}_2)$ 是任何两个电子分别同时在 $\vec{r}_1$ 和 $\vec{r}_2$ 出现的概率，已知有一个电子在 $\vec{r}_2$ 时，$\vec{r}_1$ 处发现它的概率为 $\dfrac{P_2(\vec{r}_1, \vec{r}_2)}{P_1(\vec{r}_2)}$，由于 Coulomb 排斥作用，函数 $F_{\vec{r}_2}(\vec{r}_1) = \dfrac{P_2(\vec{r}_1, \vec{r}_2)}{P_1(\vec{r}_2)} - P_1(\vec{r}_1)$ 为负值，$R_{12} = |\vec{r}_1 - \vec{r}_2|$ 越小，该值越负，因此，它确定一个环绕位于 $\vec{r}_2$ 的电子的 "相关孔"，表明紧邻 $\vec{r}_2$ 的其他电子不得 "自由" 进入。

若电子独立运动，则 $P_2(\vec{r_1},\vec{r_2}) = P_1(\vec{r_1})P_1(\vec{r_2})$，$F_{\vec{r_2}}(\vec{r_1}) = 0$。引入相关函数 $f(\vec{r_1},\vec{r_2})$，则

$$P_2(\vec{r_1},\vec{r_2}) = P_1(\vec{r_1})P_1(\vec{r_2})[1 + f(\vec{r_1},\vec{r_2})]$$

对于闭壳层组态来说，$f(\vec{r_1},\vec{r_2})$ 可分解为：

$$f(\vec{r_1},\vec{r_2}) = \frac{f^{\alpha\alpha}(\vec{r_1},\vec{r_2}) + f^{\alpha\beta}(\vec{r_1},\vec{r_2})}{2}$$

式中，$f^{\alpha\alpha}(\vec{r_1},\vec{r_2}) \equiv f^{\beta\beta}(\vec{r_1},\vec{r_2})$ 为两个自旋平行电子的相关函数，反映了一个电子的 Feimi 孔；$f^{\alpha\beta}(\vec{r_1},\vec{r_2}) \equiv f^{\beta\alpha}(\vec{r_1},\vec{r_2})$ 为两个自旋反平行电子的相关函数，反映了一个电子周围的 Coulomb 孔。在 Hartree-Fock 方法中，由于 Pauli 原理的限制，自旋平行的两个电子不可能在空间中的同一点出现，基本反映了一个电子周围有一个 Feimi 孔的情况，但没反映电子周围还有一个 Coulomb 孔，所以，相对误差主要来自自旋反平行电子的相关作用。

1.2.2 电子相关能

单组态自洽场方法没有考虑电子的 Coulomb 相关，在计算能量时过高地估计了两个电子互相接近的概率，使计算出的电子排斥能过高，求得体系的总能量也比实际值要高。电子相关能就是指 HF 能量的这种偏差。电子相关能一般用 Lowdin 定义[4]，即指定一个 Hamilton 量的某个本征态的电子相关能，是指该 Hamilton 量状态的精确本征值和它的限制性 HF 极限期望值之差。

相关能反映了独立粒子模型的偏差，Hamilton 算符的精确度等级不同，相关能也不同。目前，诸多自洽场计算中尚未求得 HF 极限能量值，而且，Hamilton 量的精确本征值是由实验值扣除相对论校正后得到的，不进行精确相对论校正而给出的相关能也是近似值。电子相关能在体系总能量中所占比例为 0.3%～1%，因此，从总能量的相对误差来看，HF 方法还是相当好的近似方法，但是，在研究电子激发、反应途径(势能面)、分子解离等过程时，由于相关能的数值与一般化学过程中反应热或活化能具有相同的数量级，所以，必须在 HF 基础上考虑电子相关能。

1.2.3 组态相互作用

组态相互作用(configuration interaction, CI)[5-11]是最早提出的计算电子相关能

的方法之一。从一组在 Fock 空间完备的单电子基函数 $\{\Psi_k(x)\}$ 出发，造出完备的行列式函数集合 $\{\Phi_k\}$：

$$\Phi_k = (N!)^{-\frac{1}{2}} \{\Psi_{k_1}(x_1)\Psi_{k_2}(x_2)\cdots\Psi_{k_N}(x_N)\}$$

任何多电子波函数都可以用它来展开，一般地，$\{\Psi_k(x)\}$ 被称为轨道空间，$\{\Phi_k\}$ 被称为组态空间。

在组态相互作用(CI)方法中，将多电子波函数近似展开为有限个行列式波函数的线性组合(CI 展开)：

$$\Psi = \sum_{s=0}^{M} C_s \Phi_s$$
$$= \Phi_0 + \sum_a \sum_i c_i^a \Phi_i^a + \sum_{a,b} \sum_{i,j} c_{ij}^{ab} \Phi_{ij}^{ab} + \sum_{a,b,c} \sum_{i,j,k} c_{ijk}^{abc} \Phi_{ijk}^{abc} + \cdots$$

按变分法确定系数 C_s，即选取 C_s 使体系能量取极小值，得到广义本征值方程：

$$\boldsymbol{Hc=ScE}$$

式中，$\boldsymbol{H}_{st} = \left\langle \Phi_s | \hat{H} | \Phi_t \right\rangle$，$\boldsymbol{S}_{st} = \left\langle \Phi_s | \Phi_t \right\rangle$，$\boldsymbol{c}$ 是系数矩阵，满足以下条件：

$$\boldsymbol{c}_p^H \boldsymbol{S} \boldsymbol{c}_q \equiv \sum_{s,t} \boldsymbol{c}_{sp} \boldsymbol{S}_{st} \boldsymbol{c}_{tq} = \delta_{pq}$$

若 $\{\Phi_s\}$ 是正交归一的集合，那么，以上两个公式就会变成

$$\boldsymbol{Hc=cE}$$
$$\boldsymbol{c}_p^H \boldsymbol{c}_q = \delta_{pq}$$

组态相互作用方法中，Φ_s 被称为组态函数，简称组态，是一种行列式函数。为了提高计算效率，一般让它满足一定的对称条件，例如自旋匹配条件、对称匹配条件等。完全的 CI 计算能给出精确的能量上界，而且，计算出的能量具有广延量的性质，即"大小一致性"。然而，由于 CI 展开式收敛慢，考虑多电子激发时组态数增加很快，通常只能考虑有限的激发，如 CISD 表示考虑了单电子、双电子激发，这种截断的 CI 计算不具有大小一致性。Pople 等人通过在 CI 方程中引入新的项，从而使非完全 CI 计算具有大小一致性，新项以二次项出现，该方法被称为 QCI(quadratic configuration interaction)方法[11]。QCISD 方法除了避免了 CISD 中的大小一致性之外，还包含了更高级别的电子相关能。

对于平衡几何构型的闭壳层组态分子，HF 解是体系相当好的近似，可把体系的 HF 波函数作为 CI 展开式的第一项，它所占比重很大，其余各项起小的修正

作用。通常把若干较重要，即展开系数在 0.1 以上的项称为组态函数(configuration state functions)或参考组态函数，由它们构成的空间就被称为参考组态空间。从 CI 观点来看，HF 波函数的局限性在于，它仅仅取了精确波函数近似展开式中的首项，而完全的展开应该有无限项。

对于体系有几个对称性相同的组态函数来说，近乎简并会导致 HF 方法完全失效，这称为非动态相关效应或一级组态相互作用。处理非动态相关效应的最有效解决方法是采用多组态自洽场(MCSCF)[12-15]方法。在一般的 CI 方法中，Φ_s 是预先确定的，通过变分求线性展开系数；而传统的 HF 方法只取第一项，而让 Φ_0 中的分子轨道变分使总能量取最小值。MCSCF 方法是将这两种方法结合起来，将总能量作为组态同时展开系数和分子轨道的泛函变分求极值。

1.2.4　耦合簇方法

在 CI 展开式中，只是把组态函数作为基组，机械地将基组按激发等级分类作为展开的基矢，没有考虑它与电子相关效应的联系。而耦合簇方法(coupled-cluster, CC)[16,17]则从电子相关的角度出发，引入相关算符 T，将波函数展成：

$$\left|\Psi\right\rangle = e^T \left|\phi_0\right\rangle$$

$$T = T_1 + T_2 + T_3 + \cdots + T_N$$

式中，T_1、T_2、T_3 分别代表单体、二体、三体的相连的相关簇算符，N 是电子数。具体表示为：

$$T_1 = \sum_i \sum_a t_i^a a_a^+ a_i$$

$$T_2 = \sum_{i<j} \sum_{a<b} t_{ij}^{ab} a_a^+ a_i a_b^+ a_j$$

$$T_3 = \sum_{i<j<k} \sum_{a<b<c} t_{ijk}^{abc} a_a^+ a_i a_b^+ a_j a_c^+ a_k$$

$$\cdots\cdots$$

式中，i, j, k, $\cdots$代表 ϕ_0 中的双占据轨道；a, b, c, $\cdots$代表激发轨道。因此，对上式作展开并将相同电子数激发的组态合并在一起得：

$$\left|\Psi\right\rangle = e^{T_1} e^{T_2} e^{T_3} \cdots e^{T_N} \left|\phi_0\right\rangle$$

$$= (1 + T_1 + T_2 + T_3 + T_4 + \cdots + \frac{1}{2} T_1^2 + T_1 T_2 + \frac{1}{2} T_2^2 + \frac{1}{3!} T_1^3 + T_1 T_3$$

$$+ \frac{1}{2} T_1^2 T_3 + \frac{1}{2} T_1^2 T_2 + \frac{1}{4!} T_1^4 + \cdots) \left|\phi_0\right\rangle$$

$$= |\phi_0\rangle + T_1 |\phi_0\rangle + \left(T_2 + \frac{1}{2} T_1^2 \right) |\phi_0\rangle + \left(T_3 + T_1 T_2 + \frac{1}{3} T_1^3 \right) |\phi_0\rangle$$
$$+ \left(T_4 + \frac{1}{2} T_2^2 + T_1 T_3 + \frac{1}{4!} T_1^4 \right) |\phi_0\rangle + \cdots$$

为了方便比较, 按激发算子 C_k 重新写成如下形式:

$$|\Psi\rangle = \sum_{k=0}^{N} C_k |\phi_0\rangle$$

选择中间归一化, 即 $C_0 = 1$, 比较上面两个公式得:

$$C_1 = T_1$$
$$C_2 = T_2 + \frac{1}{2} T_1^2$$
$$C_3 = T_3 + T_1 T_2 + \frac{1}{3} T_1^3$$
$$C_4 = T_4 + \frac{1}{2} T_2^2 + T_1 T_3 + \frac{1}{4!} T_1^4$$

······

由上式可以看出, 某一激发等级的组态函数实际应该区分为不同相关类型的相关簇成分, 即可能来源于相连相关簇(linked cluster 或 connected cluster)和几个非相连相关簇(unlinked cluster 或 disconnected cluster)的乘积。相连相关簇表示多个电子确实直接相关, 同时 "碰" 在一起, 非相连相关簇则表示同时分别在空间不同区域发生的几个较小的电子簇相关。显然, 发生相连相关的概率较小, 而发生非相连相关的概率较大, 因此, 对于多电子相关, 非相连相关这部分不应该被忽略, 在数值上表现为 $T_4 \ll \frac{1}{2} T_2^2$。

由于 CI 展开中对激发组态不作相连相关簇和非相连相关簇的区分, 通常将三重激发以上的组态都忽略了, 因此会引起较大误差。这是导致 CI 展式收敛慢的原因之一, 也是非完全 CI 展开没有大小一致性的原因。按相关簇展开就没有这个缺点, 即使二体以下的直接相关, 如令 $T = T_2$ (即 CCD)[17], 或者令 $T = T_1 + T_2$ (即 CCSD)[18-21], 组态中仍然保留了非相连相关簇对高激发项的贡献, 且保持大小一致性。可以证明 CC 方法对多电子波函数无论在哪一级截断, 都具有严格的大小一致性。

1.2.5　微扰理论方法

与体系总能量相比, 电子相关能相对较小, 通常来说, 双重激发组态占重要地位, 因此, 也可用多体微扰理论(many-body perturbation theory, MBPT)来计算电子相关能[22-26]。

Hamilton 算符表示为:

$$\hat{H} = \hat{H}_0 + \hat{V}$$

式中, $\hat{H}_0$ 是无微扰的 Hamilton 算符, $\hat{V}$ 是微扰量, 薛定谔方程 $\hat{H}\Psi = E\Psi$ 可表示为:

$$(E - \hat{H}_0)|\Psi\rangle = \hat{V}|\Psi\rangle$$

将 Ψ 按照 H_0 的本征函数 Φ_i 展开:

$$\hat{H}_0 \Phi_i = E_i \Phi_i \qquad (i = 0, 1, \cdots, \infty)$$

$$\Psi = \sum_{i=0}^{\infty} a_i \Phi_i \qquad (a_0 = 1)$$

一般来说, $E \neq E_i$, 设正交归一化条件为 $\langle \Phi_i | \Phi_j \rangle = \delta_{ij}$, $\langle \Phi_0 | \Psi \rangle = 1$。
由上式可得:

$$(E - E_i)a_i = \langle \Phi_i | \hat{V} | \Psi \rangle$$

用投影算符 $\hat{P}_0 = |\Phi_0\rangle\langle\Phi_0|$ 把函数 Ψ 投影到 Φ_0 子空间内

$$\hat{P}_0|\Psi\rangle = \left(\int \Phi_0 \Psi \mathrm{d}\tau \right)|\Phi_0\rangle = a_0|\Phi_0\rangle$$

则 $\Psi = \sum_i a_i \Phi_i = \Phi_0 + \sum_{i=1}^{\infty} a_i \Phi_i$

$$= \Phi_0 + \frac{1 - \hat{P}_0}{E - \hat{H}_0}\hat{V}|\Psi\rangle = \Phi_0 + \hat{G}V|\Psi\rangle$$

上式用迭代法求解时, 可得:

$$\Psi = \sum_{n=0}^{\infty} (\hat{G}\hat{V})^n |\Phi_0\rangle$$

$$E = E_0 + \langle \Phi_0 | \hat{V} | \Psi \rangle = E_0 + \langle \Phi_0 | \hat{V} \sum_{n=0}^{\infty} (\hat{G}\hat{V})^n | \Phi_0 \rangle$$

具体写出来就是

$$\Psi = |\Phi_0\rangle + |\Psi^{(1)}\rangle + |\Psi^{(2)}\rangle + \cdots$$

$$E = E_0 + \varepsilon^{(1)} + \varepsilon^{(2)} + \varepsilon^{(3)} + \cdots$$

其中，$\Psi^{(1)} = \hat{G}\hat{V}|\varPhi_0\rangle$，$\Psi^{(2)} = \hat{G}\hat{V}\hat{G}\hat{V}|\varPhi_0\rangle$，$\cdots$；$\varepsilon^{(1)} = \langle\varPhi_0|\hat{V}|\varPhi_0\rangle$，$\varepsilon^{(2)} = \langle\varPhi_0|\hat{V}\hat{G}\hat{V}|\varPhi_0\rangle$，$\varepsilon^{(3)} = \langle\varPhi_0|\hat{V}\hat{G}\hat{V}\hat{G}\hat{V}|\varPhi_0\rangle$，$\cdots$。

将 E 按照微扰参数 λ 的级数展开，改为 $\hat{H} = \hat{H}_0 + \lambda\hat{V}$，代入后整理，得：

$$(E_0 - E_i)a_i = \langle\varPhi_i|\lambda\hat{V} + E_0 - E|\Psi\rangle$$

$$\Psi = \sum_{n=0}^{\infty}(\hat{G}_0\lambda\hat{V}')^n|\varPhi_0\rangle$$

$$E = E_0 + \langle\varPhi_0|\lambda\hat{V}\sum_{n=0}^{\infty}(\hat{G}_0\lambda V')^n|\varPhi_0\rangle$$

这里，$\lambda\hat{V} = \lambda\hat{V} - (E - E_0)$，$G_0 = \dfrac{1 - P_0}{E_0 - \hat{H}_0}$。

无微扰算符 $\hat{H}_0$ 的简单选法是：取为 Fock 算符之和，这种 Hamilton 量的划分称为 Mφller-Plesset 划分。因为 $\hat{H} = \sum_i \hat{h}_i + \sum_{i>j}\dfrac{1}{r_{ij}}$，所以，若

$$\hat{H}_0 = \sum_i \hat{F}_i = \sum_i(\hat{h}_i + \hat{V}(i)) = \sum_i\left[\hat{h}(i) + (\hat{V}_{\mathrm{HF}}(i) - \hat{h}'(i))\right]$$

$$\hat{V} = \hat{H} - \hat{H}_0 = \sum_{i<j}\hat{g}_{ij} - \sum_i\left[\hat{V}_{\mathrm{HF}}(i) - \hat{h}'(i)\right]$$

式中，$\hat{V}_{\mathrm{HF}}(i) = \sum_j(\hat{J}_j - \hat{K}_j)$ 为 HF 平均势场；$\hat{J}_j$ 和 $\hat{K}_j$ 分别为 Coulomb 算符和交换算符；$\hat{g}_{ij} = \dfrac{1}{r_{ij}}$，$\hat{h}(i) = -\dfrac{1}{2}\nabla_i^2 - \sum_a\dfrac{Z_a}{r_{ia}}$，$\hat{h}'(i) = \sum_{a\neq r}|a\rangle\langle r|\varepsilon_{ar} + \sum_{k\neq r}|k\rangle\langle r|\varepsilon_{kr}$，$\varepsilon_{ar} = \left\langle a\left|-\dfrac{1}{2}\nabla_i^2 - \sum_a\dfrac{Z_a}{r_{ia}} + \hat{V}_{\mathrm{HF}}(i)\right|r\right\rangle$。引入 $\hat{h}'(i)$ 是为了不限于使用正则 Hartree-Fock 轨道。

这种选取 $\hat{H}_0$ 的方法，零级能量 E_0 不是体系能量的 HF 期望值，而等于 HF 轨道能量之和，所以，微扰能并不等于电子相关能。为了避免这一缺点，取

$$\hat{H}' = \hat{H}_0 - \left\langle \Phi_0 \left| \sum_{i<j} \hat{g}_{ij} \right| \Phi_0 \right\rangle$$

$$\hat{V}' = \hat{V} + \left\langle \Phi_0 \left| \sum_{i<j} \hat{g}_{ij} \right| \Phi_0 \right\rangle$$

定义 $\hat{H}^{\mathrm{c}} = \hat{H} - \left\langle \Phi_0 | \hat{H} | \Phi_0 \right\rangle$，则：

$$\hat{H}^{\mathrm{c}} |\Psi\rangle = E_{\mathrm{c}} |\Psi\rangle$$

$$E_{\mathrm{c}} = E - \left\langle \Phi_0 | \hat{H} | \Phi_0 \right\rangle$$

这里，E_{c} 是体系电子相关能。

1.3　密度泛函理论

随着量子化学的发展，尤其是 Thomas-Fermi-Dirac 模型的建立，以及 Slater 在量子化学方面的工作，在 Hohenberg-Kohn 理论的基础上，形成了现代密度泛函理论(density functional theory，DFT)[27-34]。与从多电子波函数出发来讨论电子相关处理不同，DFT 方法试图直接确定精确的基态能量和电子密度而不需通过多电子波函数中间步骤，考虑到电子密度仅是三个变量的函数，n 电子波函数是 $3n$ 个变量的函数，显然，DFT 方法可以大大简化电子结构计算。现在，DFT 已成为电子结构理论中解决许多难题的强有力且有效的研究工具，成功地扩展到激发态以及与时间有关的基态性质等研究。现代 DFT 如 B3LYP 方法计算精度大致与 MP2 方法相似，与 MP2 相比，DFT 计算对基组的要求要小得多。更重要的是，在给定基组时，DFT 方法对计算资源的要求与 HF 相似，却比一般的相关方法小得多。

1964 年，Hohenberg 和 Kohn 给定了 DFT 方法的两个基本定理[27]。第一定理表明，分子系统的确切基态能量仅是电子密度和一定原子核位置的泛函，或者说，对于给定的原子核坐标，通过电子密度仅能确定基态的能量和性质，这个定理肯定了分子基态泛函的存在。第二定理表明，分子基态确切的电子密度函数会使体系能量降至最低，这为寻找密度函数提供了变分原理。

DFT 方法的核心是设计精确的泛函，DFT 方法中总能量可分解为：

$$E(\rho) = E^{\mathrm{T}}(\rho) + E^{\mathrm{V}}(\rho) + E^{\mathrm{J}}(\rho) + E^{\mathrm{XC}}(\rho)$$

式中，E^{T} 为电子动能；E^{V} 为电子与原子核之间的吸引势能，简称外场能；E^{J} 为

库仑作用能；E^{XC} 为交换-相关能，包括交换能和相关能量。E^V 和 E^J 是直接的，它们代表了经典的库仑相互作用；E^T 和 E^{XC} 不是直接的，但却是 DFT 方法中设计泛函的基本问题。1965 年，Kohn 和 Sham 在构造 E^T 和 E^{XC} 泛函方面取得突破[28]，建立了 Kohn-Sham 密度泛函理论(KS-DFT)和与 HF 方法相似的自洽场计算方法，随后，在改进泛函方面发展很快，尤其是在泛函中引入了密度梯度，可以得到更精确的交换-相关能：

$$E^{XC}(\rho) = \int f\left(\rho_\alpha(\vec{r}), \rho_\beta(\vec{r}), \nabla\rho_\alpha(\vec{r}), \nabla\rho_\beta(\vec{r})\right) \mathrm{d}^3\vec{r}$$

式中，ρ_α 和 ρ_β 分别是 α 和 β 自旋密度。一般地，将 E^{XC} 分解成交换和相关两个部分：

$$E^{XC}(\rho) = E^X(\rho) + E^C(\rho)$$

交换能量泛函包括 S(Slater)、X(Xalpha)和 B(Becke 88)。相关能量泛函包括 VWN(vosko-Wilk-Nusair 1980)、VWN V(Functional V from the VWN80)、LYP(Lee-Yang-Parr)、PL(Perdew Local)、P86(Perdew 86)、PW91(Perdew-Wang 1991 gradient-corrected)等。下面列举一些交换能量泛函和相关能量泛函的例子：

(1) Local 交换能量泛函：$E_{LDA}^X = -\dfrac{3}{2}\left(\dfrac{3}{4\pi}\right)^{\frac{1}{3}} \int \rho^{\frac{3}{4}}\mathrm{d}^3\vec{r}$

(2) 1988 年 Becke 定义的交换能量泛函：

$$E_{Becke\ 88}^X = E_{LDA}^X - \gamma \int \frac{\rho^{\frac{3}{4}} X^2}{1 + 6\gamma \sinh^{-1} X} \mathrm{d}^3\vec{r}$$

这里，$X = \rho^{-\frac{4}{3}}|\nabla\rho|$，$\gamma = 0.0042$ Hartree。

(3) 1991 年 Perdew 和 Wang 定义的相关能量泛函：

$$E^C = \int \rho\varepsilon_C\left(r_s(\rho(\vec{r}), \zeta)\right)\mathrm{d}^3\vec{r}$$

这里，$r_s = \left(\dfrac{3}{4\pi\rho}\right)^{\frac{1}{3}}$，$\zeta = \dfrac{\rho_\alpha - \rho_\beta}{\rho_\alpha + \rho_\beta}$，$\varepsilon_C(r_s, \zeta) = \varepsilon_C(\rho, 0) + a_C(r_s)\dfrac{f(\zeta)}{f'(0)}\left(1 - \zeta^4\right) +$

$\left[\varepsilon_C(\rho, 1) - \varepsilon_C(\rho, 0)\right]f(\zeta)\zeta^4$，$f(\zeta) = \dfrac{(1+\zeta)^{\frac{3}{4}} + (1-\zeta)^{\frac{3}{4}} - 2}{2^{\frac{3}{4}} - 2}$。

(4) 杂化交换和相关能量泛函中注明的 B3LYP：

$$E_{\text{B3LYP}}^{\text{XC}} = E_{\text{LDA}}^{\text{X}} + c_0\left(E_{\text{HF}}^{\text{X}} - E_{\text{LDA}}^{\text{X}}\right) + c_{\text{X}}\Delta E_{\text{B88}}^{\text{X}} + E_{\text{VWN3}}^{\text{C}} + c_{\text{C}}\left(E_{\text{LYP}}^{\text{C}} - E_{\text{VWN3}}^{\text{C}}\right)$$

1.4　基　组　问　题

1.4.1　基组的选择

基函数(基组)的选择对 SCF 计算结果至关重要，若不考虑计算效率，任何理论上的完备函数集合都可以选为基组，但实际上，我们倾向于选择计算量小而结果尽可能好的基组。分子轨道可以表示成一组原子轨道的线状组合 (LCAO-MO)：

$$\Psi_i = \sum_{\mu=1}^{N} c_{\mu i}\Phi_{\mu}$$

这里，$c_{\mu i}$ 是分子轨道的组合系数，$\{\Phi_{\mu}, \mu=1,2,3,\cdots,N\}$ 是原子轨道的基函数集合。

在从头计算方法中，广泛使用的基函数有两种，即 Slater 型基函数(STO)和 Gauss 型基函数(GTO)。Slater 型基函数下的原子轨道在描述电子云分布方面比其他基函数有明显优势，但当计算包含 Slater 原子轨道的三中心和四中心积分时，由于用到 $1/r_{12}$ 的无穷级数展开式，使积分变得复杂。如果用若干个 Gauss 函数的线性组合来拟合 Slater 原子轨道，就可以将难以处理的多中心积分大大简化。Slater 函数反映分子中的电子运动远比 Gauss 函数好，只是远不如 Gauss 函数计算方便。为了能够把两个函数的优点结合起来，可以用 Slater 函数向 Gauss 函数集合展开的方法来选择基函数。球 Gauss 函数的形式为：

$$\chi_{nlm}(\alpha;r,\theta,\phi) = R_n(\alpha;r)Y_{lm}(\theta,\phi)$$

$$R_n(\alpha;r) = N_n(\alpha)r^{n-1}\text{e}^{-\alpha r^2}$$

归一化常数为：

$$N_n(\alpha) = 2^{n+1}\alpha^{\frac{2n+1}{4}}\left[(2n-1)!!\right]^{-\frac{1}{2}}(2\pi)^{-\frac{1}{4}}$$

Slater 函数的形式为：

$$\Phi_{nlm}(\zeta;r,\theta,\phi) = R_n(\zeta;r)Y_{lm}(\theta,\phi)$$

$$R_n(\zeta,r) = N_n(\zeta)r^{n-1}\text{e}^{-\zeta r}$$

归一化常数为：

$$N_n(\zeta) = (2\zeta)^{\frac{n+1}{2}} \left[(2n)!\right]^{-\frac{1}{2}}$$

球 Gauss 函数集合是完备集，可把 Slater 函数向球 Gauss 函数集合展开：

$$\Phi_{nlm}(\zeta;r,\theta,\phi) = \sum_{k=1}^{K} c_{klm}\chi_{n_klm}(\alpha_k,r,\theta,\phi)$$

在 Slater 函数向 Gauss 函数展开的过程中，根据计算需要，仅近似地选择 K 项、系数和参数用最小二乘法进行选择。由于球谐函数 $Y_{lm}(\theta,\phi)$ 的正交归一化性质，量子数 l 和 m 只能取相同的数值，只要对径向部分的函数加以展开就可以了。一旦选定了 Slater 函数基集合，就可以将每个 Slater 函数向 Gauss 函数展开，从而所有这些 Gauss 函数组成 Gauss 函数基集合。该基函数集合通常用 STO-KG 表示。

比 STO-KG 更好的基组是"分裂价基"(split valence basis sets)。分裂价基是通过每个 Slater 原子内层轨道用一个 STO-KG 逼近，而每个价层轨道用两个新的具有不同指数的 STO-KG 来逼近，从而改善计算结果与实验结果的偏差，例如 4-31G，每个内层轨道用一个 STO-4G 逼近而每个价层轨道用一个 STO-3G 和一个 STO-1G 逼近。

对于元素周期表中第三周期以下的元素(主族和过渡金属元素)，随着 d 轨道的出现，其化学性质和结构特点都会发生变化，此时，含有极化函数的 Gauss 基对于处理计算结果会更合理。

利用从头计算方法解决分子的电子结构，含有 N 个电子的分子所耗费的计算机时(CPU)与 N^4 成正比。对于过渡金属元素而言，电子数目多，内层电子与价电子性质差异大，相对论效应对于价层电子有着很大的影响。为了节省机时，对于重原子的内层化学惰性电子用一有效核势来代替，并考虑相对论效应的影响，从而更加合理地解释价层电子的化学性质。

1.4.2　键函数

分子间通常较分子内的原子核间距离大得多，我们常用的基函数几乎都是针对单分子来构造和优选的。它的位置定在分子各原子核的中心，对分子内区域的描述就是充分和具体的。但是，由于 Gaussian 函数随着距离的增大而衰减迅速，对分子外部区域的描述都不够充分。在核中心位置上加上高角量子数的极化函数和弥散函数，如 g、h 函数，在一定程度上加强了对分子间区域的描述。然而，Feller 和 Woon 的研究表明，这样做的效果并不明显。特点是：在接近极限时，计算性质对于基函数的收敛非常缓慢。同时，伴随高角量子数极化和弥散函数的引入，计算量急剧增加，这使得大体系的计算较难实现。

根据变分函数选择的任意性，基函数的位置是可以选择的，在核中心基函数延伸不到的薄弱区域加上一些基函数，能有效地弥补核中心基函数的不足，使分子间性质的计算结果迅速收敛到完全极限，提高了计算精度和基组效率。

基于上述思想，陶福明等人提出了在基函数集合中增加键函数集合的思路[35-42]。键函数也是一种基函数，它与一般基函数的不同之处在于：一般基函数的原点在原子核上，但键函数的中心在两个原子核的中间，或者在单体的质量中心。键函数通常只是很小的高斯函数，一般是 s、p 类型，能够很好地反映出形成分子时电子的形变，提高了计算的精确度。同时，由于键函数只是小的高斯函数，所以，此类计算省时、收敛快，比在核中心加入大的极化函数(一般为 d、f、g 型)要优越得多。

1.4.3 基组重叠误差

对于由单体 A、B 构成的相互作用体系 $A \cdots B$，根据传统的计算方法，相互作用能直接由定义式进行计算。计算单体 A 用基组 X_a，B 用基组 X_b，体系 AB 用 X_{ab}。因此，

$$E_{int} = E_{ab}(X_{ab}) - \left[E_a(X_a) + E_b(X_b) \right]$$

但是，这种方法有个严重的缺陷，即基组重叠误差(basis set superposition error, BSSE)[36,37,43]。这种误差的产生并非由于物理原因，而仅是因为在相互作用体系中，其中一个单体的基函数会对另一个单体的基函数产生影响，使总能量增加，从而使相互作用能增加。由于氢键的研究必须在相关能校正水平下进行，并且常常要在基函数中加入低指数的极化函数和弥散函数，甚至中心不在原子核上的键函数，BSSE 明显增大，它在计算出的相互作用能中占很大比例，会夸大相互作用能 E_{int} 的数值，已经达到影响计算结果可靠性的程度。这对正常考察氢键体系的性质不利。因此，BSSE 不可忽略，必须进行校正。

对 BSSE 校正，公认的方法是由 Boys 和 Bernardi 提出的均衡校正法，那么，相互作用能的计算公式为：

$$E_{int} = E_{ab}(R, X_{ab}) - \left[E_a(R, X_{ab}) + E_b(R, X_{ab}) \right]$$

即，对单体 A、B 能量的计算，采用与 $A \cdots B$ 体系相同的基组。对于单体 A，计算其能量时，将单体B的核电荷数和电子数设为零，即将单体B的所有原子用"虚"原子代替，只用其轨道，这就消除了基组重叠误差。

1.5　振动频率和热力学性质的计算

作为分子势能面的一种表征方法，振动频率扮演着十分重要的角色。首先，

振动频率可以被用来确定势能面上的稳定点，即可以区分全部为正频率的局域极小点(local minima)或存在一个虚频的鞍点；其次，振动频率可以确认稳定的，但又有高的反应活性或者寿命短的分子；最后，计算得到的正则振动频率按统计力学方法可以给出稳定分子的热力学性质，例如被实验化学家广泛使用的熵、焓、平衡态同位素效应，以及零点振动能估测等。

　　分子的振动涉及由化学键连接的原子间相对位置的移动。假定 Born-Oppenheimer 原理是正确的，将电子运动与核运动分离开来。由于分子内化学键的作用，各原子核处于能量最低的平衡构型，并在平衡位置附近以很小的振幅作振动，将振动与运动尺度相对较大的平动和转动分离开来，从而，核运动波函数被近似分离为平动、转动和振动三个部分。对于一个由 N 个原子组成的分子，忽略势能高次项，在平衡态附近，原子核的振动总能量可近似表述为：

$$E = T + V = \frac{1}{2}\sum_{i=1}^{3N}\dot{q}_i{}^2 + V_{eq} + \frac{1}{2}\sum_{i,j=1}^{3N}\left(\frac{\partial^2 V}{\partial q_i \partial q_j}\right)_{eq} q_i q_j$$

式中，$q_i = M_i^{\frac{1}{2}}\left(x_i - x_{i,eq}\right)$，$M_i$ 是原子质量，$x_{i,eq}$ 是核的平衡位置坐标，x_i 代表偏离平衡位置的坐标，V_{eq} 是平衡位置的势能，可作为势能零点。

　　按照 Lagrange 方程 $\frac{\mathrm{d}}{\mathrm{d}t}\left(\frac{\partial T}{\partial \dot{q}_i}\right) + \frac{\partial V}{\partial q_i} = 0$，$i = 1,2,3,\cdots,3N$，代入 T 和 V 的表达式，就有微分方程：

$$\ddot{q}_i = -\sum_{i=1}^{3N} f_{ij} q_i \qquad j = 1,2,3,\cdots,3N$$

式中，$f_{ij} = \left(\frac{\partial^2 V}{\partial q_i \partial q_j}\right)_{eq}$ 是力常数矩阵 $\boldsymbol{F}$ 的矩阵元，f_{ij} 可以由势能一阶导数的数值微商或解析的二次微商得到，最后可得到久期方程：

$$\sum_{j=1}^{3N}\left(f_{ij} - \lambda\delta_{ij}\right)C_j = 0$$

其中，$i = j$ 时，$\delta_{ij} = 1$；$i \neq j$ 时，$\delta_{ij} = 0$。当久期行列式 $|\boldsymbol{F}-\lambda\boldsymbol{I}|=0$ 时，C_j 才有非零解，$\boldsymbol{I}$ 是单位矩阵。解此本征方程可求出本征值 λ 和相应的本征矢量。各原子以相同的频率和初相位绕其平衡位置作简谐振动并同时通过其平衡位置，这种振动称为正则振动。利用标准方法求得 $3N$ 个正则模式下的频率模式，其中 6 个(线性分子为 5 个)频率值趋于零，其物理意义是扣除了平动和转动自由度。

　　完成平衡几何下频率的计算后，按照统计力学可得到绝对熵：

$$S = S_{tr} + S_{rot} + S_{el} - nR\left[\ln(nN_0) - 1\right] + S_{vib}$$

平动熵：$S_{tr} = nR\left\{\dfrac{3}{2} + \ln\left[\left(\dfrac{3\pi MKT}{2}\right)^{\frac{3}{2}}\left(\dfrac{nRT}{p}\right)\right]\right\}$；

转动熵：$S_{rot} = nR\left\{\dfrac{3}{2} + \ln\dfrac{(\pi v_A v_B v_C)^{\frac{1}{2}}}{s}\right\}$；

电子熵：$S_{el} = nR\ln\varpi_{el}$；

振动熵：$S_{vib} = nR\sum\limits_i\left\{\left(\mu_i e^{\mu_i} - 1\right)^{-1} - \ln\left(1 - e^{-\mu_i}\right)\right\}$。

式中，n 为分子的物质的量；R 为摩尔气体常数；N_0 为阿伏伽德罗常数；M 为摩尔分子质量；K 为玻尔兹曼常数；T 为热力学温度；p 为压强；S 为转动对称数；ϖ_{el} 为电子基态简并度。$v_{A(B,C)}\dfrac{h^2 KT}{8\pi I_{A(B,C)}}$，其中，$h$ 为普朗克常数；$I_{A(B,C)}$ 为转动惯量。$\mu_i = \dfrac{h v_i}{KT}$，其中，$v_i$ 为振动频率。

按照统计力学，假定所研究的体系是理想气体，从绝对零度到某一温度 T，焓的变化为：

$$\Delta H(T) = H_{trans}(T) + H_{rot}(T) + \Delta H_{vib}(T) + RT$$

式中，$H_{trans}(T) = \dfrac{3}{2}RT$，$H_{rot}(T) = \dfrac{3}{2}RT$（线性分子 $H_{rot}(T) = RT$），$\Delta H_{vib}(T) =$

$H_{vib}(T) - H_{vib}(0) = hN\sum\limits_i\dfrac{v_i}{e^{\frac{h v_i}{kT}} - 1}$（$i$ 代表正则振动模式）。

零点振动能定义为：$H_{vib}(0) = \dfrac{1}{2}h\sum\limits_i v_i$。根据标准的统计力学公式，同样可以得到相应的自由能变化。

参 考 文 献

[1] Born M, Oppenheimer R. Zur Quantentheorie der Molekeln [J]. Annalen der Physik, 1927, 389(20): 457-484.

[2] (a) Hehre W J, Radom L, Schleyer P V R. *Ab Initio* Molecular Orbital Theory [M]. John Wiley & Sons, Inc., 1986; (b) McQuarrie D A. Quantum Chemistry [M]. Mill Vally, CA: University Science Books, 1983.

[3] (a) 唐敖庆, 杨忠志, 李前树. 量子化学 [M]. 北京: 科学出版社, 1982; (b) 徐光宪, 黎乐民, 王德民. 量子化学基本原理和从头计算法 [M]. 北京: 科学出版社, 1985.

[4] (a) Alexandrova A N, Boldyrev A I. σ-Aromaticity and σ-antiaromaticity in alkali metal and alka-line earth metal small clusters [J]. Journal of Physical Chemistry A, 2003, 107: 554-560;　(b) Aihara J, Kanno H, Ishida T. Aromaticity of planar boron clusters confirmed [J]. Journal of the American Chemical Society, 2005, 127: 13324-13330; (c) Li Q S, Cheng P. Aromaticity of square planar N_4^{2-} in the M_2N_4 (M=Li, Na, K, Rb, or Cs) species [J]. Journal of Physical Chemistry A, 2003, 107(16): 2882-2889; (d) Jin Q, Jin B, Xu W G. Aromaticity of the square P_4^{2-} dianion in the P_4M (M=Be, Mg, and Ca) and P_4M_2 (M=Li, Na, and K) clusters [J]. Chemical Physics Let-ters, 369: 398-403; (e) Li Q S, Jin Q. Aromaticity of planar B_5^- anion in the MB_5 (M=Li, Na, K, Rb, and Cs) and MB_5^+ (M=Be, Mg, Ca, and Sr) clusters [J]. Journal of Physical Chemistry A, 2004, 108: 855-860.

[5] (a) Schleyer P V R, Maerker C, Dransfeld A, Jiao H, Hommes J V E. Nucleus-independent chemical shifts: A simple and efficient aromaticity probe [J]. Journal of the American Chemical Society, 1996, 118: 6317-6318; (b) Schleyer P V R, Jiao H, Hommes N J V E, Malkin V G, Malkina O L. An evaluation of the aromaticity of inorganic rings: Refined evidence from mag-netic properties [J]. Journal of the American Chemical Society, 1997, 119: 12669-12670;　(c) Goldfuss B, Schleyer P V R, Hampel F. Aromaticity in silole dianions: Structural, energetic, and magnetic aspects [J]. Organometallics, 1996, 15: 1735-1757.

[6] Connerade J P. Quasi-atom and super-atom [J]. Physica Scripta, 2003, 68(2): C25-C32.

[7] Knight W D. Electronic shell structure and abundances of sodium clusters [J]. Physical Review Letters, 1984, 52(24): 2141-2143.

[8] Ekardt W. Work function of small metal particles: Self-consistent spherical jellium-background model [J]. Physical Review B, 1984, 29(4): 1558-1564.

[9] Fassler T F, Hoffmann S D. Endohedral zintl ions: Intermetalloid clusters [J]. Angewandte Chemie—International Edition, 2004, 43(46): 6242-6247.

[10] Neukermans S, Janssens E, Chen Z F, Silverans R E, Schleyer P V R, Lievens P. Extremely stable metal-encapsulated $AlPb_{10}^+$ and $AlPb_{12}^+$ clusters: Mass-spectrometric discovery and den-sity functional theory study [J]. Physical Review Letters, 2004, 92(16): 163401.

[11] Zhao J, Xie R H. Density functional study of onion-skin-like $[As@Ni_{12}As_{20}]^{3-}$ and $[Sb@Pd_{12}Sb_{20}]^{3-}$ cluster ions [J]. Chemical Physics Letters, 2004, 396(1-3): 161-166.

[12] Kumar V, Kawazoe Y. Metal-doped magic clusters of Si, Ge, and Sn: The finding of a magnetic superatom [J]. Applied Physics Letters, 2003, 83: 2677-2679.

[13] Ren X Y, Liu Z Y. Structural and electronic properties of S-doped fullerene C_{58}: Where is the S atom situated? [J]. Journal of Chemical Physics, 2005, 122(3): 034306.

[14] Makurin Y N, Sofronov A A, Gusev A I, Ivanovsky A L. Electronic structure and chemical stabi-lization of C_{28} fullerene [J]. Chemical Physics, 2001, 270(2): 293-308.

[15] Bergeron D E, Castleman Jr A W, Morisato T, Khanna S N. Formation of $Al_{13}I^-$: Evidence for the superhalogen character of Al_{13} [J]. Science, 2004, 304(5667): 84-87.

[16] Moran D, Stahl F, Jemmis E D, Schaefer H F, Schleyer P V R. Structures, stabilities, and ioniza-tion potentials of dodecahedrane endohedral complexes [J]. Journal of Physical Chemistry A, 2002, 106(20): 5144-5154.

[17] Lievens P, Thoen P, Bouchaert S, Bouwen W, Vanhoutte F, Weidele H, Silverans R E, Navar-ro-Vazquez A, Schleyer P V R. Ionization potentials of Li$_n$O ($2<n<70$) clusters: Experiment and theory [J]. Journal of Chemical Physics, 1999, 110(21): 10316-10329.

[18] Alexandrova A N, Boldyrev A I. σ-Aromaticity and σ-antiaromaticity in alkali metal and alka-line earth metal small clusters [J]. Journal of Physical Chemistry A, 2003, 107(4): 554-560.

[19] Wang X B, Ding C F, Wang L S, Boldyrev A I, Simons J. First experimental photoelectron spec-tra of superhalogens and their theoretical interpretations [J]. Journal of Chemical Physics, 1999, 110(10): 4763-4771.

[20] Wang X B, Wang L S. Experimental observation of a very high second electron affinity for ZrF$_6$ from photodetachment of gaseous ZrF_6^{2-} doubly charged anions [J]. Journal of Physical Chemistry A, 2000, 104(19): 4429-4432.

[21] Bergeron D E, Roach P J, Castleman A W, Jounes N, Khanna S N. Al cluster superatoms as hal-ogens in polyhalides and as alkaline earths in iodide salts [J]. Science, 2005, 307(5707): 231-235.

[22] Mercero J M, Ugalde J M. Sandwich-like complexes based on "all-metal" (Al_4^{2-}) aromatic compounds [J]. Journal of the American Chemical Society, 2004, 126(11): 3380-3381.

[23] Li Q S, Guan J. Theoretical study of Ni(N$_4$)$_2$, Ni(C$_4$H$_4$)$_2$ and Ni(C$_2$O$_2$)$_2$ complexes [J]. Journal of Physical Chemistry A, 2003, 107(41): 8584-8593.

[24] (a) Dougherty D A. Cation-π interactions in chemistry and biology: A new view of benzene, phe, tyr, and trp [J]. Science, 1996, 271(5246): 163-168; (b) Dougherty D A, Stauffer D A. Acetyl-choline binding by a synthetic receptor: Implications for biological recognition [J]. Science, 1990, 250(4987): 1558-1560; (c) Mitchell J B O, Nandi C L, Ali S, McDonald J K, Thornton J M, Price S L, Singh J. Amino/aromatic interactions [J]. Nature, 1993, 366(6454): 413; (d) Fong T M, Cascieri M A, Yu H, Bansal A, Swain C, Strader C D. Amino-aromatic interaction between histidine 197 of the neurokinin-1 receptor and CP 96345 [J]. Nature, 1993, 362(6418): 350-353; (e) Honig B, Nicholls A. Classical electrostatics in biology and chemistry [J]. Science, 1995, 268(5214): 1144-1149.

[25] (a) Kim K S, Dupuis M, Lie G C, Clementi E. Revisiting small clusters of water molecules [J]. Chemical Physics Letters, 1986, 131(6): 451-456; (b) Kim K S, Park I, Lee S, Cho K, Lee J Y, Kim J, Joannopoulos J D. The nature of a wet electron [J]. Physical Review Letters, 1996, 76(6): 956-959; (c) Kim K S, Lee S, Kim J, Lee J Y. Molecular cluster bowl to enclose a single electron [J]. Journal of the American Chemical Society, 1997, 119(39): 9329-9330; (d) Lee S, Kim J, Lee S J, Kim K S. Novel structures for the excess electron state of the water hexamer and the interaction forces governing the structures [J]. Physical Review Letters, 1997, 79(11): 2038-2041; (e) Cho J S, Hwang H, Park J, Oh K S, Kim K S. Starands vs ketonands: Ab initio study [J]. Journal of the American Chemical Society, 1996, 118(2): 485-486.

[26] (a) Lehn J M. Supramolecular chemistry [J]. Science, 1993, 260(5115): 1762-1763; (b) Lehn J M. Supramolecular chemistry: Scope and perspectives molecules, supermolecules, and molecular de-vices (Nobel lecture) [J]. Angewandte Chemie—International Edition, 1988, 27(1): 89-112.

[27] Hohenberg P, Kohn W. Inhomogeneous electro gas [J]. Physical Review B, 1964, 136(3):

B864-B871.

[28] Kohn W, Sham L J. Self-consistent equations including exchange and correlation effects [J]. Physical Review A, 1965, 140(4): A1133-A1138.

[29] Slater J C. Quantum Theory of Molecular and Solids. Vol. 4: The Self-consistent Field for Molecular and Solids [M]. New York: McGraw-Hill, 1974.

[30] Salahub D R, Zerner M C. The Challenge of d and f Electrons [M]. Washington DC: American Chemical Society, 1989.

[31] Parr R G, Yang W. Density-functional Theory of Atoms and Molecules [M]. Oxford: Oxford University Press, 1989.

[32] Pople J A, Gill P M W, Johnson B G. Kohn-Sham density-functional theory within a finite basis set [J]. Chemical Physics Letters, 1992, 199(6): 557-560.

[33] Johnson B G, Frisch M J. An implementation of analytic second derivatives of the gradient-corrected density functional energy [J]. Journal of Chemical Physics, 1994, 100(10): 7429-7442.

[34] Labanowski J K, Andzelm J W. Density Functional Methods in Chemistry [M]. New York: Springer-Verlag, 1991.

[35] Magalhaes A, Maigret B, Hoflack J, Gomes J N F, Scheraga H A. Contribution of unusual arginine-arginine short-range interactions to stabilization and recognition in proteins [J]. Journal of Protein Chemistry, 1994, 13: 195-215.

[36] Redko M Y, Huang R H, Jackson J E, Harrison J F, Dye J L. Barium azacryptand sodide, the first alkalide with an alkaline earth cation, also contains a novel dimer, $(Na_2)^{2-}$ [J]. Journal of the American Chemical Society, 2003, 125(8): 2259-2263.

[37] Sleator T, Tycko R. Observation of individual organic molecules at a crystal surface with use of a scanning tunneling microscope [J]. Physical Review Letters, 1988, 60: 1418.

[38] Gao J, Boudon S, Wipff G. *Ab initio* and crystal structure analysis of like-charged ion pairs[J]. Journal of the American Chemical Society, 1991, 113(25): 9610-9614.

[39] Buisine E, de Villiers K, Egan T J, Biot C. Solvent-induced effects: Self-association of positively charged π-systems [J]. Journal of the American Chemical Society, 2006, 128(37): 12122-12128.

[40] Chopra D, Cameron T S, Ferrara J D, Row T N G. Pointers toward the occurrence of C—F···F—C interaction: Experimental charge density analysis of 1-(4-fluorophenyl)-3,6,6-trimethyl-2-phenyl-1,5,6,7-tetrahydro-4*H*-indol-4-one and 1-(4-fluorophenyl)-6-methoxy-2-phenyl-1,2,3,4- tetrahydroisoquinoline [J]. Journal of Physical Chemistry A, 2006, 110(35): 10465-10477.

[41] Bach A, Lentz D, Luger P. Charge density and topological analysis of pentafluorobenzoic acide[J]. Journal of Physical Chemistry A, 2001, 105(31): 7405-7412.

[42] Choudhury A R, Guru Row T N. Organic fluorine as crystal engineering tool: Evidence from packing features in fluorine substituted isoquinolines [J]. CrystEngComm, 2006, 8: 265-274.

[43] Li R Y, Li Z R, Wu D, Li Y, Chen W, Sun C C. Study of π halogen bonds in complexes $C_2H_{4-n}F_n$-ClF (n=0-2) [J]. Journal of Physical Chemistry A, 2005, 109(11): 2608-2613.

第2章 微观尺度模拟

2.1 分 子 力 场

分子力场是原子/分子尺度上势能面的经验表达式,是分子力学、分子动力学、蒙特卡罗等模拟方法的内容基础,它决定着分子中原子的拓扑结构和运动行为。严格来说,每一个确定的分子系统都有一个对应的力场。分子体系中,原子的类型和几何结构,即原子的相对位置、连接形式等一旦确定,该体系的势函数形式也就随之确定了。

经典力学的计算是以力场为依据的,因此,力场的完备与否与计算的准确度直接相关。力场主要由原子的类型、势函数和力场参数三个部分组成,其中,力场原子类型用于区分不同化学环境中的原子,势函数以解析式形式描述体系中各粒子相互作用的函数关系式,是力场的"骨架结构"。通常地,体系的总势能表达式为

$$E_{\text{total}} = E_{\text{valence}} + E_{\text{nonbond}} + E_{\text{crossterm}}$$

式中,E_{valence} 为成键能;E_{nonbond} 为非键能;$E_{\text{crossterm}}$ 为交叉项能量。成键能包括键伸缩能、键角弯曲能、二面角扭转能、离平面能等,见图 2-1。非键能包括库仑力和范德瓦耳斯相互作用,见图 2-2。交叉项相互作用能包括键伸缩-键伸缩、键角弯曲-键角弯曲、键伸缩-键角弯曲-键伸缩、二面角扭转-键伸缩、键伸缩-二面角扭转-键伸缩、二面角扭转-键角弯曲、键角弯曲-二面角扭转-键角弯曲、离平面能-键伸缩-键伸缩等,见图 2-3。

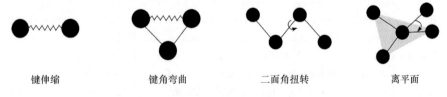

| 键伸缩 | 键角弯曲 | 二面角扭转 | 离平面 |

图 2-1 成键相互作用

常见的第一代分子力场有:适合于模拟有机分子的 MM 力场[1],适合于模拟

生物分子的 AMBER 力场[2],适合于有机生物分子(有机金属除外)的 CHARMM 力场[3]等。第二代力场的形式比第一代力场形式复杂，需要更多的力常数，如 CFF 力场[4]等。第二代力场最初都是针对有机分子或生物分子的，仅能涵盖元素周期表中的部分元素，为使力场能广泛地适用于整个周期表所涵盖的元素，发展了从原子角度为出发点的力场，这些力场参数来源于实验或理论计算，具有真实的物理意义，如 UCFF 力场[5]、DREIDING 力场[6]等。

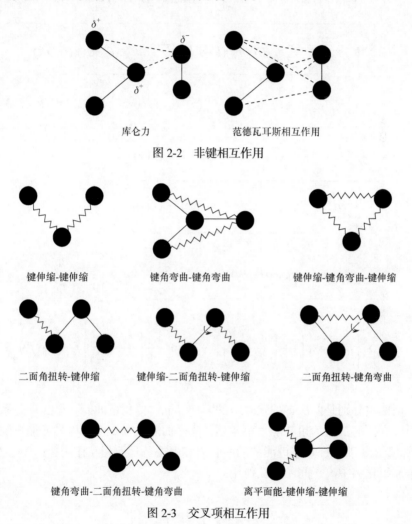

库仑力　　　　　　　　　　范德瓦耳斯相互作用

图 2-2　非键相互作用

键伸缩-键伸缩　　　　键角弯曲-键角弯曲　　　　键伸缩-键角弯曲-键伸缩

二面角扭转-键伸缩　　键伸缩-二面角扭转-键伸缩　　二面角扭转-键角弯曲

键角弯曲-二面角扭转-键角弯曲　　　离平面能-键伸缩-键伸缩

图 2-3　交叉项相互作用

本书中所用的是 COMPASS 力场[7]，力场形式为：

$$E_{\text{pot}} = \underbrace{\sum_b \left[K_2 (b - b_0)^2 + K_3 (b - b_0)^3 + K_4 (b - b_0)^4 \right]}_{(1)}$$

$$+ \underbrace{\sum_\theta \left[H_2 (\theta - \theta_0)^2 + H_3 (\theta - \theta_0)^3 + H_4 (\theta - \theta_0)^4 \right]}_{(2)}$$

$$+ \underbrace{\sum_\varphi \left\{ V_1 \left[1 - \cos(\varphi - \varphi_1^0) \right] + V_2 \left[1 - \cos(2\varphi - \varphi_2^0) \right] + V_3 \left[1 - \cos(3\varphi - \varphi_3^0) \right] \right\}}_{(3)}$$

$$+ \underbrace{\sum_\chi K_\chi \chi^2}_{(4)} + \underbrace{\sum_b \sum_{b'} F_{bb'} (b - b_0)(b' - b_0')}_{(5)} + \underbrace{\sum_\theta \sum_{\theta'} F_{\theta\theta'} (\theta - \theta_0)(\theta' - \theta_0')}_{(6)}$$

$$+ \underbrace{\sum_b \sum_\theta F_{b\theta} (b - b_0)(\theta - \theta_0)}_{(7)} + \underbrace{\sum_b \sum_\varphi (b - b_0)(V_1 \cos\varphi + V_2 \cos 2\varphi + V_3 \cos 3\varphi)}_{(8)}$$

$$+ \underbrace{\sum_{b'} \sum_\varphi (b' - b_0')(V_1 \cos\varphi + V_2 \cos 2\varphi + V_3 \cos 3\varphi)}_{(9)}$$

$$+ \underbrace{\sum_\theta \sum_\varphi (\theta - \theta_0)(V_1 \cos\varphi + V_2 \cos 2\varphi + V_3 \cos 3\varphi)}_{(10)}$$

$$+ \underbrace{\sum_\varphi \sum_\theta \sum_{\theta'} K_{\varphi\theta\theta'} \cos\varphi (\theta - \theta_0)(\theta' - \theta_0')}_{(11)} + \underbrace{\sum_{i>j} \frac{q_i q_j}{\in r_{ij}}}_{(12)} + \underbrace{\sum_{i>j} \left[\frac{A_{ij}}{r_{ij}^9} - \frac{B_{ij}}{r_{ij}^6} \right]}_{(13)}$$

$$+ \underbrace{\sum_{i>j} \left\{ D_0 \left[\left(\exp\left(-\frac{y}{2}\left(\frac{r_{ij}}{R_0} - 1 \right) \right) \right)^2 - 2\exp\left(-\frac{y}{2}\left(\frac{r_{ij}}{R_0} - 1 \right) \right) \right] f_s - (1 - f_s)\frac{C_6}{r_{ij}^6} \right\}}_{(14)}$$

式中，前两项分别是四次多项式表示的键伸缩能、键角弯曲能，第 3 项是采用三项傅里叶变换的二面角扭转能，第 4 项是离平面能，第 5～11 项是各能量的交叉项，第 12～13 项分别是非键能项的库仑力和范德瓦耳斯相互作用，第 14 项用于模拟金属氧化物中离子间的相互作用。

2.2　周期性边界条件

如何用少量的粒子数目来有效地模拟宏观体系?这是我们必须要面对的一个关键问题，为此，周期性边界条件应运而生。图 2-4 展示了周期性边界条件的三维模型，图中的中央区域是模拟体系，其周围的格子与模拟体系具有相同的排列及运动，称为周期性镜像。如图 2-5 所示，当模拟单元中的任一粒子移出盒外，会有另一粒子由相反方向移入。通过这样的设定来保证体系中的粒子数目恒定、密度不变，符合真实体系的要求。

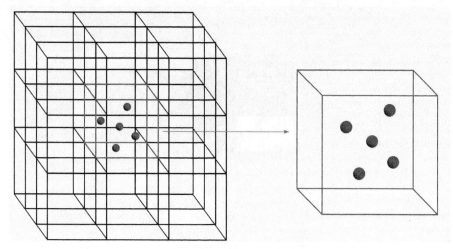

图 2-4　周期性边界条件三维模型

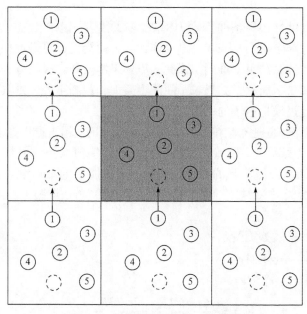

图 2-5　周期性边界条件二维模型

由于采用了周期性边界条件，在处理系统中的分子间作用力时，需采取最近镜像方法，在图 2-6 中，计算 3 号与 1 号粒子的相互作用力，是取与 3 号粒子最近距离的 E 格子中的 1 号镜像粒子，而非和它在同一格子中的 1 号粒子。

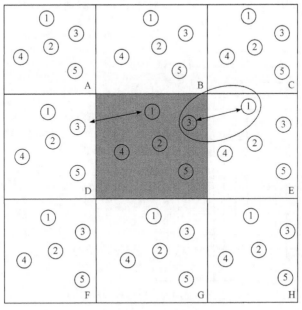

图 2-6　最近的镜像粒子

　　由于采用周期性边界条件，模拟体系中多了很多"镜像"，在计算粒子间相互作用力时，镜像粒子也会参与计算。这样，一方面会使运算量增加，另一方面，重复计算会导致计算结果不准确。因此，需要采用截断半径的方法计算非键的远程作用力。如图 2-7 所示，如果粒子间的距离大于截断半径，则其作用为零，一般截断半径不超过模拟格子的一半。

　　采用截断半径处理镜像粒子间非键相互作用时，超过截断半径的相互作用就不再考虑，但实际上，虽然在截断半径处的势能值很小，但却不等于零，如果完全忽略的话，会使计算的能量值偏小，造成能量的不连续。通常用势能乘以开关函数来弥补这一缺陷，图 2-8 表示利用开关函数调整非键相互作用的示意图。

　　开关函数的形式如下所示：

当 $r = R_s$ 时，$S(r) = 1$；

当 $r = R_c$ 时，$S(r) = 0$；

当 $R_s \leqslant r \leqslant R_c$ 时，$S(r) = \dfrac{(R_c - r)^2 (R_c^2 + 2r - 3R_s)}{(R_c - R_s)^3}$。

式中，R_c 为截断半径；R_s 为开关函数的起始点。

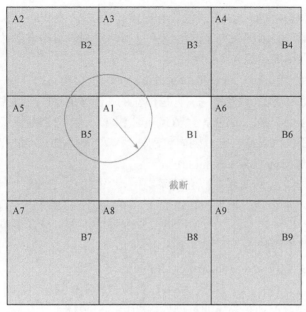

图 2-7　截断半径作用示意图

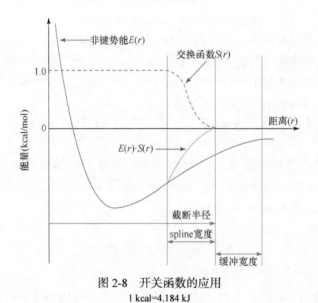

图 2-8　开关函数的应用
1 kcal=4.184 kJ

2.3　统 计 系 综

在统计物理中，系综代表一群类似的体系集合。对一类具有相同性质的体系来说，其微观状态(如每个粒子的位置和速度)仍可以大不相同。采用分子动力学或蒙特卡罗模拟，必须要在一定的系统下进行，根据宏观约束条件的不同，系综可分成多种，常用的系综如下：

1) 微正则系综(micro-canonical ensemble)

微正则系综又称为 NVE 系综，它是孤立的、保守的系统统计系综。在分子动力学模拟的过程中，系统中的原子数(N)、体积(V)、能量(E)都保持不变。在该系综中，温度和压强可以在一定范围内波动，系统与外界没有质量和能量交换。

2) 正则系综(canonical ensemble)

正则系综又称为 NVT 系综。在此系综中，系统的原子数(N)、体积(V)、温度(T)都保持不变，且总动量为零。在恒温条件下，系统的总能量不是一个守恒量，系统要与外界发生能量交换。为了保持系统的温度不变，通常采用的方法是让系统与外界处于热平衡状态。

3) 巨正则系综(grand canonical ensemble)

巨正则系综又称为 μVT 系综，要求在模拟过程中保持体系的化学势(μ)、体积(V)、温度(T)不变，但却是物质的量会发生变化的开放体系。该系综在较复杂的多相共存体系中应用较多，特点是在模拟过程中粒子数会发生变化。

4) 等温等压系综(temperature and pressure constant)

等温等压系综又称为 NpT 系综，系统的原子数(N)、压强(p)、温度(T)都保持不变，但能量和体积会发生变化。因为实验中的体系所处环境一般与此相同，模拟结果正好可以与实验结果直接对比，因此，该系综也是使用概率最高的。

5) 等压等焓系综(pressure and enthalpy constant)

等温等焓系综又称为 NpH 系综，系统的原子数(N)、压强(p)、焓(H)都保持不变。

在系综的调节中还涉及对温度和压力的控制，对温度控制的常用方法有 Anderson 热浴、Berendsen 热浴、Nosé-Hoover 热浴；对压力控制的常用方法有 Anderson 热浴、Berendsen 热浴。

2.4 蒙特卡罗模拟

蒙特卡罗(Monte Carlo，MC)模拟方法[8]是第一个应用到分子体系的计算机模拟技术[9]，凭借系统中质点的随机运动，再结合统计力学的概率分配原理得到体系的统计数据和热力学性质，在分子建模的历史上占据着特殊的地位。该方法通过随机抽样来求解统计平均，在数学上称为随机模拟、随机抽样技术或统计试验，基本思想是：当所求解的问题是某种事件出现的概率或者某个随机变量的期望值时，可以通过"试验"的方法，得到这个事件出现的频率，或者这个随机变量的平均值，用它们作为问题的解。

由于高分子体系中存在着大量的不确定因素，如高分子链上重复单元的键接形式、序列分布、构象分布、支化、凝胶化等，使得如何建立一个合理的高分子链模型成为决定计算模拟成败的关键问题之一。常用的高分子建模大多采用 Theodorou 和 Suter 方法[10]，即旋转异构态(rotational isomeric state, RIS)理论结合 MC 方法的 RIS-MC 方法，该建模方法为链状分子的构型及其性质的表征提供了有效途径，其实质是典型的 MC 重要性取样过程：首先，将由两个化学键连接的三个骨架原子组成的嵌段随机放入三维周期性元胞盒子中；然后，分子链按骨架上的键和原子逐一构建。

对于任意键 i 的每一个可能的 RIS 状态，符合概率：

$$q'_{i-1,i}(\phi',\phi) = \frac{q_{i-1,i}(\phi',\phi)\exp\left[-\Delta U_i(\phi)/RT\right]}{\sum_{\{\phi\}_i} q_{i-1,i}(\phi',\phi)\exp\left[-\Delta U_i(\phi)/RT\right]}$$

式中，$\Delta U_i(\phi)$ 为将第$(i+1)$个骨架原子接到第 i 个骨架原子所导致的非键相互作用能量的增加；$q_{i-1,i}(\phi',\phi)$ 为键$(i-1)$在状态 ϕ 时键 i 在状态 ϕ 的条件概率。相反，这个概率可以定义为键的先验概率：

$$q_{i-1,i}(\phi',\phi) = \frac{p_{i-1,i}(\phi',\phi)}{p_{i-1}(\phi)}$$

这里，选择键 i 的状态与改进的条件概率是一致的。最后生成的长链，即母链，在三维周期性边界条件下折回到构建的"无定形"元胞(中心元胞)中。

MC 是最早对庞大体系采用的非量子力学方法，但它的弱点在于：只能计算系统的统计平均值，无法得到系统的动态信息。MC 是用随机技术控制粒子运动，使其符合 Boltzmann 分布，粒子的瞬时运动状态及分布不仅与实际情况不一致，也不符合物理学的运动规律。

2.5　分子力学模拟

分子力学(molecular mechanics, MM)起源于 1970 年前后，是一种采用经典力学方法来描述分子结构和几何变化的计算方法。MM 根据玻恩-奥本海默近似(Born-Oppenheimer approximation)对势能面进行经验性拟合，即原子核的运动与电子的运动看成各自独立，忽略电子的运动，将系统的能量视为原子核位置的函数。MM 使用了一个相对简单的相互作用模型，对体系相互作用的贡献来自于键伸缩、键角开合、单键旋转等。此外，可移植性是力场方法的重要属性，使得已开发的一套参数可以用来解决更广范围的问题,例如,从小分子得来的数据可以用来研究高分子体系[11]。

利用 MM 方法可以计算结构复杂分子的稳定构象、热力学性质、振动光谱等性质。与量子力学计算方法相比,MM 方法更加简便经济,可以快速得到体系的各种性质,在某些情况下,计算结果与高阶量子力学方法所得结果一致,但计算时间却远远少于量子力学计算。

MM 计算中所说的能量即势能,根据选择的力场来探索势能面,势能面上的极小点(minimum energy)对应着该分子的稳定状态,任何偏离该构象的变化,都会引起能量的升高,寻找最稳定构象的过程称为能量最小化,所得的构象称为几何优化构象。在整个势能面上有很多极小点,能量最低的称为全局最小点(global energy minimum)。为了找到体系能量最低的空间构型,能量最小化算法(minimization algorithm)应运而生,它能有效消除因搭建模型所造成的分子重叠和结构不合理而引起的高能构象,保证后续模拟的正常运行。

从数学的角度来看,能量最小化[12]就是求解势能函数的极小值,对于含有 n 个变量的函数 $f(x_1, x_2, \cdots, x_n)$,使其具有极小值的条件是:

$$\frac{\partial f}{\partial x_i} = 0$$

$$\frac{\partial^2}{\partial x_i^2} f > 0 \qquad i = 1, 2, \cdots, n$$

即函数的一阶导数为 0,二阶导数大于 0。一般求解函数极小值的方法都需要利用函数的导数,可以利用分析方法或数值方法求取函数的导数。MM 常采用一阶导数求极值法,最常用的是最速下降法与共轭梯度法,两者各有优缺点。最速下降法的求解过程如下:

设向量 $\vec{g}_k$ 表示势能函数在分子位于 $\vec{x}_k$ 构象的梯度,即一阶导数,则可由移动原子的坐标求出沿此方向的能量最小的构象 $\vec{x}_{k+1}$,即:

$$\vec{x}_{k+1} = \vec{x}_k + \lambda \vec{s}_k$$

$$\vec{s}_k = -\frac{\vec{g}_k}{|\vec{g}_k|}$$

式中,$\vec{s}_k$ 为沿着力方向的单位向量;λ 为找到极小值需要移动的幅度。最速下降法每步所得的梯度,与上一步都有如下的正交关系:

$$\vec{g}_{k+1} \cdot \vec{g}_k = 0$$

即 k 点的梯度方向与 $k+1$ 点的梯度方向互相垂直。

采用最速下降法求解，只需进行一次求导运算，同时，第一次迭代就会使体系能量大幅度减小，但是，随着迭代步数的增加，在极小值附近出现振荡，收敛变慢。图 2-9 是采用最速下降法求解函数 $f(x,y) = x^2 + y^2$ 的示意图。

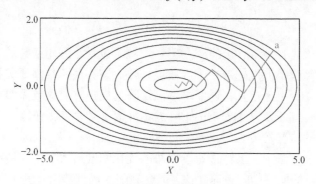

图 2-9　最速下降法求解极值示意图

共轭梯度法是将原子由 $\vec{x}_k$ 处的构象沿着向量 $\vec{v}_k$ 移动；$\vec{v}_k$ 由 k 点的梯度和前一步的 $\vec{v}_{k-1}$ 计算得到：

$$\vec{v}_k = -\vec{g}_k + \gamma_k \vec{v}_{k-1}$$

γ_k 为一纯量，数值为：

$$\gamma_k = \frac{\vec{g}_k \cdot \vec{g}_k}{\vec{g}_{k-1} \cdot \vec{g}_{k-1}}$$

各步的梯度与方向向量满足如下关系：

$$\vec{g}_i \cdot \vec{g}_j = 0$$

$$\vec{v}_i \cdot U''_{ij} \cdot \vec{v}_j = 0$$

$$\vec{g}_i \cdot \vec{v}_j = 0$$

共轭梯度法只需一次求导，可以根据前面的迭代步骤所得的信息调整能量最小化的进程，如表 2-1 所示，其所需的存储空间比二次求导法少，比较适合大的分子模型，但当初始构象与能量极小值构象相差比较远时，说明共轭梯度法的稳定性欠佳。

表 2-1　各能量最小化算法所需的存储空间

算法	存储内容	尺度
最速下降法	一阶导数	$3N$
共轭梯度法	一阶导数，前次迭代的梯度	$3N$
牛顿-拉森法	Hessian 矩阵，特征向量	$(3N)^2$

同一次求导法相比,利用势能函数的二次微分求函数极小值的方法比较复杂,但得到的结果比一次求导法准确,常用的二次导数求极值法为牛顿-拉森法,其原理为对于多元函数,其极小值 $\vec{x}^*$ 为:

$$\vec{x}^* = \vec{x}_k - \widetilde{U}''(\vec{x}_k)^{-1}\widetilde{U}'(\vec{x}_k)$$

式中, $\widetilde{U}''(\vec{x}_k)^{-1}$ 是 Hessian 矩阵的反矩阵。牛顿-拉森法利用函数的一阶和二阶导数,初始构象离极小值点越近,收敛效果越好。该方法不仅需要求解函数的二阶导数矩阵,即 Hessian 矩阵,还要求解该矩阵的反矩阵,这就需要更多的计算机存储空间。同时,还要求 Hessian 矩阵的本征值必须全部大于零,否则会导致能量移到较高点的情况发生。

在以上三种算法中,虽然最速下降法的优化幅度最大,但在极小值附近收敛很慢;虽然共轭梯度法的收敛速度快,但容易陷入局部势阱;虽然牛顿-拉森法的计算量较大,但在极小值附近收敛快,准确性高。因此,当模拟体系模型较大时,可以在运算的开始阶段采用最速下降法,当能量降低到一定程度时,再采用共轭梯度法,而在运算的结尾部分则采用相对精确的牛顿-拉森法。

2.6　分子动力学模拟

分子动力学是一门结合数学、物理和化学的综合技术。分子动力学是一套分子模拟方法,该方法主要是依靠牛顿力学来模拟分子体系的运动,从由分子体系的不同状态构成的系统中抽取样本,计算体系的构型积分,并以构型积分的结果为基础,进一步计算体系的热力学量和其他宏观性质。

2.6.1　基本原理

分子动力学方法的基本原理是利用牛顿第二定律,先由原子的位置和势能函数得到各原子所受的力和加速度,令 $t = \delta t$,测出经过 δt 后各原子的位置和速度,再重复以上的步骤,计算力和加速度,预测再经过 δt 后各原子的位置和速度⋯⋯如此,即可得到系统中各原子的运动轨迹和各种动态信息。

根据力学原理,原子所受到的力是势能的梯度:

$$\vec{F}_i = -\nabla_i U = -\left(\vec{i}\frac{\delta}{\delta x_i} + \vec{j}\frac{\delta}{\delta y_i} + \vec{k}\frac{\delta}{\delta z_i}\right)U$$

由牛顿运动定律,可得 i 原子的加速度:

$$\vec{a} = \frac{\vec{F_i}}{m_i}$$

将牛顿运动定律对时间积分，可预测 i 原子在经过时间 t 后的速度和位置：

$$\vec{v_i} = \vec{v_i}^0 + \vec{a_i}t \quad \vec{r_i} = \vec{r_i}^0 + \vec{v_i}^0 t + \frac{1}{2}\vec{a_i}t^2$$

2.6.2　牛顿运动方程求解

分子动力学计算中，必须求解运动方程来获得原子的运动轨迹，一般采用有限差分法来解运动方程。有限差分的基本思想是：将积分分成很多小步，每一小步的时间固定为 δt，用有限差分法积分运动方程有许多方法，如 Verlet 算法和 Beeman 算法。

Verlet 算法[13]的计算公式为：

$$\vec{r}(t+\delta t) = \vec{r_i}(t) + \vec{v_i}(t + \frac{1}{2}\delta t)\delta t$$

$$\vec{v_i}(t + \frac{1}{2}\delta t) = \vec{v_i}(t - \frac{1}{2}\delta t) + \vec{a_i}(t)\delta t$$

计算时，应已知 $\vec{r_i}(t)$ 和 $\vec{v_i}(t - \frac{1}{2}\delta t)$，由 t 时刻的位置 $\vec{r_i}(t)$ 计算质点的 $F_i(t)$ 和 $\vec{a_i}(t)$，再依照上式预测时间 $t + \frac{1}{2}\delta t$ 时的速度 $\vec{v_i}(t + \frac{1}{2}\delta t)$，以此类推。这种算法使用简单，准确度高。

Beeman 算法[14]的计算公式为：

$$\vec{r_i}(t+\delta t) = \vec{r_i}(t) + \vec{v_i}(t)\delta t + \frac{1}{6}\Big[4\vec{a_i}(t) - \vec{a_i}(t-\delta t)\Big]\delta t^2$$

$$\vec{v_i}(t+\delta t) = \vec{v_i}(t) + \frac{1}{6}\Big[2\delta t^2 + 5\vec{a_i}(t) - \vec{a_i}(t-\delta t)\Big]\delta t$$

此方法的优点是：可以使用较长的积分时间间隔 δt。

除了上述方法之外，还有 Velocity-Verlet 算法[15]、Leap-frog 算法、Rahman 算法[16]等其他算法。

2.6.3　模拟的基本步骤

分子动力学模拟的基本步骤依次为：构建模型，给定初始条件，平衡计算，结果分析。

1. 构建模型

模型的构建原则是: 尽可能地反映目标体系的真实物理化学性质。实际体系模型的构建主要包括两个方面: 几何模型的构建和势能的设定, 分别表征对实际分子空间方位和相互作用的数学描述。在分子动力学模拟中, 相互作用势对模拟结果的影响是最直接的。通常根据实际情况对微观相互作用力进行简化, 以进行势能设定, 包括以下几个部分: 键伸缩能, 构成分子的各个化学键在键轴方向上的伸缩运动所引起的能量变化; 键角弯曲能, 键角变化引起的能量变化; 二面角扭曲能, 单键旋转引起分子骨架扭曲所产生的能量变化, 非键相互作用, 包括范德瓦耳斯力、静电相互作用等。模型构建的正确性直接关系到模拟结果的准确度。足够精细的模型可完整描述实际体系, 得到完全准确的实际过程, 但限于现有计算能力的限制, 以及对原子水平相互作用的认识尚不完善, 现有模型都是对实际体系的简化, 区别只在于简化的程度不同。

2. 给定初始条件

在分子动力学模拟过程中, 对系统微分方程组做数值求解时, 需要知道粒子的初始位置和初始速度。初始条件的合理选择可以加快系统趋于平衡。不同的算法、不同的初始条件, 设置也不相同。在确定起始构型之后, 将赋予构成分子的各个原子初始速度, 这一速度是根据玻尔兹曼分布随机生成的, 由于速度的分布符合玻尔兹曼统计, 因此, 在这个阶段, 体系的温度是恒定的。另外, 在随机生成各个原子的运动速度之后需要进行调整, 使得体系总体在各个方向上的动量之和为零, 即保证体系没有平动位移。

3. 平衡计算

从理论上来讲, 按照上面给出的运动方程、边界条件和初始条件就可以进行分子动力学模拟计算, 但是, 此时系统不一定是平衡态, 所以, 模拟时需要一个达到平衡的过程, 即弛豫阶段。在这个过程中, 增加或从系统中移出能量, 直到系统达到所要求的能量, 此时系统达到平衡态。这段达到平衡所需的时间称为弛豫时间。然后, 再对运动方程中的时间向前积分, 使系统持续给出确定的能量值。

4. 结果分析

分子动力学计算可以得到系统内所有原子或基团在每一步的坐标和速度, 这些随着时间变化的原子坐标反映出了系统中原子的运动途径, 称为运动轨迹 (trajectory)。经过分子动力学计算之后, 系统达到平衡, 此时, 系统的性质也达到稳定, 各物理量会在各自平均值的附近小幅度波动, 以此计算相关的物理量, 得到体系需要的热力学和统计学信息：

（1）模拟体系构型图。最直接表征计算结果的方法是将所计算的轨迹文件以图形的方式展现，直观地表现出体系结构随着模拟时间的变化趋势。

（2）当取系统中某物理量在一段时间内的统计平均值时，可得到体系的能量、径向分布函数、扩散系数等。在每一个微观状态上取平均值，即可推导出系统的宏观性质。

参 考 文 献

[1] Weiner S J, Kollman P A, Case D A. A new force field for molecular mechanical simulation of nucleic acids and proteins [J]. Journal of the American Chemical Society, 1984, 106(3): 765-784.

[2] Weiner S J, Kollman P A, Nguyen D T. An all atom force field for simulations of proteins and nucleic acids [J]. Journal of Computational Chemistry, 1986, 7(2): 230-252.

[3] Brooks B R, Bruccoleri R E, Olafson B D. CHARMM: A program for macromolecular energy, minimization, and dynamics calculations [J]. Journal of Computational Chemistry, 1983, 4(2): 187-217.

[4] Maple J Hwang M J, Stockfisch T P. Derivation of class II force fields. I. Methodology and quantum force field for the alkyl functional group and alkane molecules [J]. Journal of Computational Chemistry, 1994, 15(2): 162-182.

[5] Rappe A, Casewit C, Colwell K. UFF, a full periodic table force field for molecular mechanics and molecular dynamics simulations [J]. Journal of the American Chemical Society, 1992, 114(25): 10024-10035.

[6] Mayo S L, Olafson B D, Goddard W A. DREIDING: A generic force field for molecular simulations [J]. Journal of Physical Chemistry, 1990, 94(26): 8897-8909.

[7] Sun H. COMPASS: An *ab initio* force-field optimized for condensed-phase applications overview with details on alkane and benzene compounds [J]. Journal of Physical Chemistry B, 1998, 102(38): 7338-7364.

[8] Landau D P, Binder K. A Guide to Monte Carlo Simulations in Statistical Physics [M]. 3rd edition. Cambridge University Press, 2009.

[9] Leach A R. Molecular Modelling: Principles and Applications [M]. Addison-Wesley Professional, 2001.

[10] Theodorou D N, Suter U W. Detailed molecular structure of a vinyl polymer glass [J]. Macromolecules, 1985, 18(7): 1467-1478.

[11] 杨小震. 分子模拟与高分子材料[M]. 北京: 科学出版社, 2002.

[12] 陈正隆, 徐为人, 汤立达. 分子模拟的理论与实践[M]. 北京: 化学工业出版社, 2007.

[13] Verlet L. Computer experiments on classical fluids. I. Thermodynamical properties of Lennard-Jones molecules [J]. Physical Review, 1967, 159: 98-103.

[14] Beeman D. Some multistep methods for use in molecular-dynamics calculations [J]. Journal of Computational Physics, 1976, 20: 130-139.

[15] Swope W C, Andersen H C, Berens P H, Wilson K R. A computer-simulation method for the

calculation of equilibrium-constants for the formation of physical clusters of molecules: Application to small water clusters [J]. Journal of Chemical Physics, 1982, 76: 637-649.

[16] Stich I. Correlations in the motion of atoms in liquid silicon [J]. Physical Review A, 1991, 44: 1401-1404.

第 3 章　介观尺度模拟

3.1　动态密度泛函理论

　　介观动力学是由欧盟资助的 ESPRIT 项目,其中,MesoDyn 是由巴斯夫(德国)、IBM 德意志信息系统有限公司(德国)、分子模拟有限公司(英国)、壳牌化工 BV(荷兰)、挪威水电公司(挪威)和格罗宁根大学(荷兰)共同开发[1],它是基于时变 Ginzburg-Landau 模型的计算方法,包含了自由能泛函中的液体分子描述,用 Gauss 链作为高分子链的粗粒化模型,每个珠子代表着一个或多个链节。Gauss 链是根据研究对象和体系来构建的。文献中已报道的方法包括:①由一个珠子代表真实高分子中的一个链节[2-4];②拟合高斯链和真实分子的相应函数得出高斯链的结构[5];③等效链方法[6]。与后两种方法相比,第一种方法对计算机资源的消耗非常大,故较少采用。Gauss 链分子内珠子的相互作用由弹簧势(harmonic oscillator potentials)来描述[7]。利用随机偏微分方程,即泛函 Langevin 方程来描述高分子的扩散行为,由平均场密度泛函理论来计算区域内的相互作用,介观的噪声参数由涨落-耗散定理计算[8]。与经典的 Ginzburg-Landau 模型相比,MesoDyn 的主要特点是引入了分子模型,允许在时间积分内产生更加复杂的密度分布模型,这对高分子熔体中的微相分离现象来说非常重要。

3.1.1　热力学理论

　　MesoDyn 是基于平均场密度泛函理论的方法[9],非均相体系中的自由能是区域密度函数 ρ 的函数,所有的热力学函数都可以从自由能推导出来,假设系统的分布函数、密度和外加势能场存在着一一对应的关系。

　　在粗粒化时间尺度下,定义 $\rho_I^0(r)$ 为珠子 I 在某一时刻的密度场,定义 $\psi(R_{11}, \cdots, R_{\gamma s}, \cdots, R_{nN})$ 为体系中珠子的分布函数,$R_{\gamma s}$ 是链 γ 中珠子 s 的空间位置,n 和 N 分别是高分子链数和珠子的类型数。按照给定的分布函数,定义链中珠子 s 的密集度为:

$$\rho_I[\psi](r) = \sum_{\gamma=1}^{n} \sum_{N=1}^{N} \delta_{IS}^{K} Tr\psi \delta(r - R_{\gamma s})$$

式中，δ_{IS}^{K} 为克罗内克(Kronecker)函数，即当珠子 S 属于 I 类型时等于 1，反之，当珠子属于其他类型时等于 0。如果相互作用力大小与时间无关，则坐标的空间积分可以简化为：

$$Tr(0) = \frac{1}{n! \Lambda^{3nN}} \int_{I^{nN}} (0) \prod_{\gamma=1}^{n} \prod_{S=1}^{N} \mathrm{d}R_{\gamma S}$$

式中，$n!$ 代表高分子链间的不可分辨性；Λ 为热波长，$\Lambda = \left(\dfrac{h^2 \beta}{2\pi m}\right)^{\frac{1}{2}}$；$\Lambda^{3nN}$ 是为了保证分布函数 ψ 为无量纲的归一化因子；m 为珠子的质量。

在限制条件 $\rho_I^0(r) = \rho_I[\psi](r)$ 下，定义一个分布函数集：

$$\Omega = \left\{ \psi(R_{11}, \cdots, R_{nN}) \mid \rho_I[\psi](r) = \rho_I^0(r) \right\}$$

在该集合中，所有分布函数都得到同一个密度值 $\rho_I^0(r)$，再定义一个内在自由能密度泛函 $F[\psi]$：

$$F[\psi] = Tr\left(\psi H^{id} + \beta^{-1} \psi \ln \psi\right) + F^{nid}[\rho^0]$$

式中第一项是高斯链相互作用的哈密顿算符的平均值：

$$H^{id} = \sum_{\gamma=1}^{n} H_{\gamma}^{G}$$

式中，H_{γ}^{G} 为高斯链的哈密顿算符；系数 α 为高斯链的键长。

自由能泛函中的第二项代表分布函数的吉布斯熵，第三项代表平均场非理想化贡献。动力学密度泛函中，分布函数 ψ 需要保证自由能密度泛函取最小值，与系统演变的历史过程无关，只与密度的分布和外部约束有关，可以通过外加势场来实现对密度场的外部约束，从而得到分布函数、密度和外加势场之间的一一对应关系：

$$\beta F[\rho] = n \ln \Phi + \beta^{-1} \ln n! - \sum_I \int U_I(r) \rho_I(r) \mathrm{d}r + \beta F^{nid}[\rho]$$

非理想化相互作用被认为是 Flory-Huggins 相互作用：

$$F^{nid}[\rho] = \frac{1}{2} \iint [\varepsilon_{AA}(|r-r'|)\rho_A(r)\rho_A(r') + \varepsilon_{AB}(|r-r'|)\rho_A(r)\rho_B(r')$$
$$+ \varepsilon_{BA}(|r-r'|)\rho_B(r)\rho_A(r') + \varepsilon_{BB}(|r-r'|)\rho_B(r)\rho_B(r')]\mathrm{d}r\mathrm{d}r'$$

式中，$\varepsilon_{IJ}(r-r')$ 为珠子 I 在位置 r 与珠子 J 在位置 r' 之间的平均场能量相互作用：

$$\varepsilon_{IJ}(r-r') = \varepsilon_{IJ}^0 \left| \frac{3}{2\pi\alpha^2} \right|^{\frac{3}{2}} \mathrm{e}^{\frac{3}{2\alpha^2}(r-r')}$$

通过对自由能泛函进行微分就能得到平均场的内在化学势：

$$\mu_I(r) = \frac{\delta F}{\delta\rho_I(r)}$$

在平衡态时，$\mu_I(r)$ 是常数，该方程有多个解，其中一个解对应能量最小态，其余的解为亚稳态。当体系未达到稳定状态时，$-\nabla\mu_i(r)$ 就是体系热力学的驱动力。

3.1.2　动力学理论

假设每种珠子 I，区域通量正比于区域热动力学推动力 $-\nabla\mu_i(r)$ 与区域珠子浓度 r_I 的乘积：

$$J_I = -M\rho_I\nabla\mu_I + J_I'$$

式中最后一项 J_I' 表示的是随机通量，与热噪声有关。连续性方程为：

$$\frac{\partial\rho_I}{\partial t} + \nabla\cdot J_I = 0$$

将上式变形后可推导出具有高斯分布热噪声的简单对角朗之万方程，即随机扩散方程：

$$\frac{\partial\rho_I}{\partial t} = M\nabla\cdot\rho_I\nabla\mu_I + \eta_I$$

但是，简单系统的总密度涨落波动与实际情况不同，为了避免密度涨落对体系的影响，这里需要引入不可压缩的限制条件：

$$\left(\rho_A(r,t) + \rho_B(r,t)\right) = \frac{1}{v_B}$$

式中，v_B 为珠子的平均体积，从该限制条件可得到交换朗之万方程：

$$\frac{\partial\rho_A}{\partial t} = Mv_A\rho_A\rho_B\nabla[\mu_A - \mu_B] + \eta$$

$$\frac{\partial\rho_B}{\partial t} = Mv_B\rho_A\rho_B\nabla[\mu_B - \mu_A] + \eta$$

式中，M 为珠子的流动性参数——淌度，动力学系数 $Mv\rho_A\rho_B$ 代表区域的交换机制，高斯噪声 η 分布需要满足涨落-耗散定理(fluctuation-dissipation theorem)才能保证朗之万方程对时间的积分后，可以产生服从玻尔兹曼分布的密度场，即符合如下要求：

$$\langle \eta(r,t) \rangle = 0$$

$$\langle \eta(r,t) \cdot \eta(r',t') \rangle = -\frac{2Mv_{\mathrm{B}}}{\beta} \delta(t-t') \nabla_r \cdot \delta(r-r') \rho_{\mathrm{A}} \rho_{\mathrm{B}} \nabla_{r'}$$

3.1.3　粗粒化过程

真实的高分子链是通过共价键连接的长链大分子，在介观模拟中，都是利用"珠子-弹簧"模型来代表分子链结构，珠子代表高分子链段，弹簧代表链段间的相互作用。介观模拟中的"珠-簧"模型具有理想化的"自由连接链"特征，连接珠子的弹簧不受键角和相邻键旋转角的限制，在三维空间内，任何方向上的取向概率都是相同的。由于真实分子链与介观模型存在差异，在模拟之前就需要对真实高分子的分子链进行粗粒化处理，转化成高斯链，见图3-1。

原子模型　　　　　　　　　　　　　　　粗粒化模型

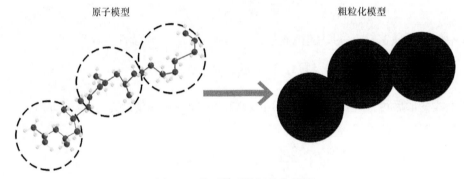

图 3-1　分子模型的粗粒化过程

粗粒化过程需要按照下列公式来确定高斯链中每个珠子的长度 a 和珠子的个数 n：

$$\alpha = C_\infty l$$

$$n = \frac{N}{C_\infty}$$

式中，N 为聚合度；l 为重复单元的长度；C_∞ 为极限特征比，它可以衡量高分子链的柔顺性，数值越小表示链的柔顺性越好。C_∞ 的计算公式如下：

$$C_\infty = \frac{\langle r^2 \rangle_0}{Nl^2}$$

$$l^2 = \sum_{i=1}^{N_l} l_i^2$$

C_∞ 是无扰均方末端距与自由结合链的均方末端距之比,当分子链较短时,该数值随着键数的增加而增大,最后趋于一个固定值,用C_∞来表示,见图 3-2。

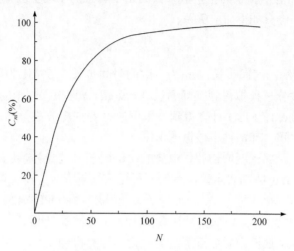

图 3-2　极限特征比与高分子重复单元个数的关系

在介观模拟的粗粒化过程中,N 可以由高分子的聚合度得到,C_∞ 是分子链的固有属性,可以查阅 *Polymer Data Handbook*[10]之类的工具书得到实验值,也可由分子模拟得到理论值(模拟流程见图 3-3),还可通过结构-性能的定量关系(quantitative structure-property relationships,QSPR)方法得到。

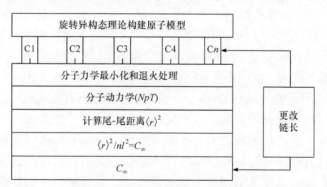

图 3-3　求解极限特征比的模拟流程

在粗粒化链中,最小的结构单元会变成代表链段的"珠子",不同链段的相互作用会转变成不同"珠子"之间的相互作用。在 MesoDyn 中,各珠子之间的相互作用参数为 $v^{-1}\varepsilon$,该数值的大小只与 Flory-Huggins 参数 χ 有关:

$$v^{-1}\varepsilon = \chi RT$$

3.1.4 其他参数

在 MesoDyn 中，珠子的自扩散系数决定了珠子的平均扩散系数，模拟时间与无量纲的时间单位有如下对应关系：

$$\tau = \beta^{-1}Mh^{-2}\Delta t$$

式中，τ 为无量纲的时间步长；Δt 为有效的时间步长；$\beta^{-1}M$ 为珠子的自扩散系数，它可以通过分子模拟得到，即通过 Einstein 方程根据珠子的均方位移(mean square displacement，MSD)计算得到，也可通过 QSPR 方法得到，但是，后者虽然节约了计算时间，却牺牲了数据的精度。

压缩系数是局部密度增长和化学势的比例因子，是控制体系压缩性的力常数，单位为 k_BT，该数值越高表示该体系的不可压缩性越大，在 MesoDyn 模拟中的推荐取值范围是 $10\sim20$ [11,12]，低于 10 时无效，但是，在 DPD 中的压缩系数是包含在相互作用参数之中的[13]。如果默认数值 $10\,k_BT$ 无法满足要求，可通过 NpT 系综的分子模拟计算施加压力后体系能量的变化而计算得到。

3.2　耗散粒子动力学

3.2.1　发展历程

经典的分子动力学模拟描述了体系中所有的原子细节，是从微观尺度对体系进行研究，这就使得不仅在时间尺度上，在空间尺度上也限制了研究范围。对于一些需要在不同特征尺度上表现性质的复杂流体来说，涉及的很多过程往往是发生在微观尺度之外的，这就需要我们在更高的时间尺度、更大的空间尺度上来模拟体系的动力学行为。在此类方法中，需要对体系进行粗粒化处理，虽然会丢失原子信息，但在粗粒化的时间尺度和空间尺度却得到了很大提升，甚至可增加数个数量级以上，合理处理之后，体系可以保持不失真。我们此时所关注的物理特性往往只有在这种粗粒化的尺度上才能研究得更好，此外，我们并不需要去关注体系在原子尺度上的细节，或者说，在原子尺度上不能获得我们所关注的介观性质。

20 世纪 90 年代初，Hoogerbrugge 和 Koelman 发展了一种全新的计算机模拟技术来研究流体动力学行为[14,15]，即耗散粒子动力学模拟(DPD)技术。该模拟技术是基于对软球体系进行模拟的基础上进行的，软球的运动遵循一定的碰撞规则，通过在此方法中引入"珠-簧"模型(bead-spring model)，适用于高分子体系的模拟研究[16,17]。在 1995 年，Español 和 Warren[18]基于涨落-耗散理论(fluctuation-

dissipation theorem)，将它与耗散粒子动力学方法结合在一起，对 DPD 方法进行了新公式的推导。在他们的模型中，所有粒子之间的相互作用被划分成三种，即保守力(conservative force)、耗散力(dissipative force)、随机力(random force)，而且，耗散力和随机力必须满足确定的关系才能确保体系满足正则系综的统计规律。将这两个力耦合在一起，就能起到热浴的作用，使体系的温度保持稳定，当然，体系的温度也与这两个力的相对大小密切相关。

3.2.2　基本理论

在 DPD 模型[19]中，所有相互作用的粒子，其运动遵循牛顿运动方程：

$$\frac{\mathrm{d}\vec{r_i}}{\mathrm{d}t} = \vec{v_i}$$

$$\frac{\mathrm{d}\vec{v_i}}{\mathrm{d}t} = \sum_{j \neq i} \left(\vec{F_{ij}^C} + \vec{F_{ij}^D} + \vec{F_{ij}^R} \right) = \vec{f_i}$$

式中，$\vec{r}$ 和 $\vec{v}$ 分别为粒子的坐标矢量和速度。为了计算方便，模型中所有粒子的质量都设为 1，这样，每个粒子受到的总作用力就等于加速度。总作用力由三部分组成，且都是成对的相互作用力，即保守力 $\vec{F_{ij}^C}$、耗散力 $\vec{F_{ij}^D}$ 和随机力 $\vec{F_{ij}^R}$，这些力的作用范围都在一个确定的截断半径范围 r_c 内，以此作为体系中唯一的空间尺度标准，在实际模拟中，一般会将它设定为单位长度，即 $r_c = 1$。保守力是一个作用在相互作用对粒子中心连线方向上的软作用力，它与作用粒子对之间的距离成反比，随着粒子间距离的增加而单调递减，作用形式为：

$$\vec{F_{ij}^C} = \alpha_{ij} \left(1 - r_{ij} \right) \vec{e_{ij}}$$

式中，α_{ij} 为粒子 i 和 j 之间的最大排斥力；$\vec{r_{ij}} = \vec{r_i} - \vec{r_j}$；$r_{ij} = \left| \vec{r_{ij}} \right|$；$\vec{e_{ij}} = \vec{r_{ij}} / r_{ij}$。其余两个作用力——耗散力和随机力的作用形式为：

$$\vec{F_{ij}^D} = -\gamma w^D \left(r_{ij} \right) \left(\vec{e_{ij}} \cdot \vec{v_{ij}} \right) \vec{e_{ij}}$$

$$\vec{F_{ij}^R} = \sigma w^R \left(r_{ij} \right) \theta_{ij} \vec{e_{ij}}$$

式中，w^D 和 w^R 是两个依赖于 r 的权重函数，它们分别描述了这两个力随着粒子间距离增加时的衰减情况；$\vec{v_{ij}} = \vec{v_i} - \vec{v_j}$；$\theta_{ij}$ 是具有高斯分布且具有单位方差(unit variance)的随机数，$\left\langle \theta_{ij}(t) \right\rangle = 0$，且 $\left\langle \theta_{ij}(t) \theta_{kl}(t') \right\rangle = \left(\delta_{ik} \delta_{jl} + \delta_{il} \delta_{jk} \right) \delta(t - t')$，这个关系保证了不同作用粒子对在不同时刻的随机力是互不依赖、互相独立的，对称关系 $\theta_{ij} = \theta_{ji}$ 保证了体系动量的守恒。在实际模拟中，采用 0 到 1 之间平均分布的

对称的随机数序列 $u \in U(0,1)$，对于每一时刻的每一对相互作用粒子对，都随机生成一个不同的随机数 u，再用 $\xi_{ij} = \sqrt{3}(2u-1)$ 代替高斯随机数 θ_{ij}，这种产生随机数的方法是非常有效的，并且和高斯随机数生成器所得到的随机数没有区别[20]。γ 和 σ 这两个前置系数分别用来描述两个作用力的大小。在此，耗散力与相互作用粒子对之间的相对速度成正比，代表了粒子之间的相互摩擦，它的存在会消耗体系的能量，而随机力恰好能补偿由粗粒化引起的体系自由度的减少，作为热源，为体系提供能量的补充。

1995 年，Español 和 Warren[18]通过证明指出，耗散力和随机力的权重函数可以随机选择，但是，这两个权重函数必须符合下列关系：

$$w^{\mathrm{D}}(r_{ij}) = \left[w^{\mathrm{R}}(r_{ij}) \right]^2$$

$$\sigma^2 = 2\gamma k_{\mathrm{B}} T$$

一般情况下，根据文献[19]，我们常取下面的简单形式：

$$w^{\mathrm{D}}(r_{ij}) = \left[w^{\mathrm{R}}(r_{ij}) \right]^2 = (1 - r_{ij})^2$$

3.2.3 积分算法

计算机模拟中的一个中心问题就是：如何积分体系的运动方程。在分子动力学模拟中，人们对这一问题的理解和应用都已经比较成熟和完善[21]。在 DPD 方法中，这个问题还有待于人们进一步研究和讨论，主要存在两个问题：①随机力的存在使得体系的时间可逆性行为不复存在；②耗散力与作用粒子对之间的相对速度成正比，这种作用力和粒子速度的相关性，造成很难向积分方法中引入其他参数，并且导致在模拟中得到的一些物理量会产生一些人为的错误或者偏差[19,22-24]。在 2002 年，Vattulainen 等[25,26]讨论了不同积分算法在 DPD 中的应用。在此，我们对几种代表性积分算法简单介绍。

1. DPD-velocity-Verlet(DPD-VV)算法

这个方法的基础是经典的 Verlet 型算法，未引入任何调节参数，与分子动力学模拟中的 velocity-Verlet 相比，只是增加了耗散力对速度的依赖性。积分过程如下：

$$\vec{v}_i \leftarrow \vec{v}_i + \frac{1}{2}\frac{1}{m}\left(\vec{F}_i^{\mathrm{C}}\delta t + \vec{F}_i^{\mathrm{D}}\delta t + \vec{F}_i^{\mathrm{R}}\sqrt{\delta t} \right)$$

$$\vec{r}_i \leftarrow \vec{r}_i + \vec{v}_i \delta t$$

计算 $\vec{F}_i^C(\vec{r})$，$\vec{F}_i^D(\vec{r}_i,\vec{v}_i)$，$\vec{F}_i^R(\vec{r})$；

$$\vec{v}_i \leftarrow \vec{v}_i + \frac{1}{2}\frac{1}{m}\left(\vec{F}_i^C\delta t + \vec{F}_i^D\delta t + \vec{F}_i^R\sqrt{\delta t}\right)$$

计算 $\vec{F}_i^D(\vec{r}_i,\vec{v}_i)$。

式中，δt 为积分步长。

该方法的优点是：速度快，不需要设置任何参数；缺点是：稳定性较差。

2. GW-VV 方法

1997 年，Groot 和 Warren[19]对上述 DPD-VV 方法进行了修饰。这个方法的主要特点是：考虑到耗散力对速度的依赖，在积分过程中引入一个可调参数 λ，用该参数先预测一个新的粒子速度 $\vec{v}_i^{\square}$，再用这个速度求算力的大小，最后，更新速度。基本过程如下：

$$\vec{v}_i \leftarrow \vec{v}_i + \frac{1}{2}\frac{1}{m}\left(\vec{F}_i^C\delta t + \vec{F}_i^D\delta t + \vec{F}_i^R\sqrt{\delta t}\right)$$

$$\vec{v}_i^{\square} \leftarrow \vec{v}_i + \lambda\frac{1}{m}\left(\vec{F}_i^C\delta t + \vec{F}_i^D\delta t + \vec{F}_i^R\sqrt{\delta t}\right)$$

$$\vec{r}_i \leftarrow \vec{r}_i + \vec{v}_i\delta t$$

计算 $\vec{F}_i^C(\vec{r})$，$\vec{F}_i^D(\vec{r}_i,\vec{v}_i^{\square})$，$\vec{F}_i^R(\vec{r})$，

$$\vec{v}_i \leftarrow \vec{v}_i + \frac{1}{2}\frac{1}{m}\left(\vec{F}_i^C\delta t + \vec{F}_i^D\delta t + \vec{F}_i^R\sqrt{\delta t}\right)$$

式中，一般在模拟中设置参数 λ 为 0.65。如果将该数值设置为 0.5，就会变回 velocity-Verlet 算法。

3. S1 方法

这个方法是由 Shardlow 提出的[27]，他采用的是解微分方程的一些常用想法，主要思想是把积分的过程分解，将保守力的计算与耗散力和随机力分离开来。通过这样的分解之后，保守力部分的计算就可以用传统的分子动力学模拟来解决，而涨落-耗散部分可以用解随机微分方程(Langevin 方程)的方法来求解。为了达到这个目的，Shardlow 提出了两种方法，分别称为 S1 和 S2。S1 是使用 Trotter 展开法[28,29]对运动方程进行一级展开，S2 是使用 Strang 展开法[30]对运动方程进行二级展开。具体的展开过程可以查询 Shardlow 的原始文献[27]。比较这两种方法，S1 的效率更高一些，在此，我们仅对 S1 作简单介绍，具体的积分过程如下：

(1) 对于所有处于作用范围 r_c 内的作用粒子对

$$\vec{v}_i \leftarrow \vec{v}_i - \frac{1}{2}\frac{1}{m}\gamma w^D\left(r_{ij}\right)\left(\vec{v}_{ij} \cdot \vec{e}_{ij}\right)\vec{e}_{ij}\delta t + \frac{1}{2}\frac{1}{m}\sigma w^R\left(r_{ij}\right)\xi_{ij}\vec{e}_{ij}\sqrt{\delta t}$$

$$\vec{v}_j \leftarrow \vec{v}_j + \frac{1}{2}\frac{1}{m}\gamma w^D\left(r_{ij}\right)\left(\vec{v}_{ij} \cdot \vec{e}_{ij}\right)\vec{e}_{ij}\delta t - \frac{1}{2}\frac{1}{m}\sigma w^R\left(r_{ij}\right)\xi_{ij}\vec{e}_{ij}\sqrt{\delta t}$$

$$\vec{v}_i \leftarrow \vec{v}_i + \frac{1}{2}\frac{1}{m}\sigma w^R\left(r_{ij}\right)\xi_{ij}\vec{e}_{ij}\sqrt{\delta t}$$

$$-\frac{1}{2}\frac{1}{m}\frac{\gamma w^D\left(r_{ij}\right)\delta t}{1 + \gamma w^D\left(r_{ij}\right)\delta t}\left[\left(\vec{v}_{ij} \cdot \vec{e}_{ij}\right)\vec{e}_{ij} + \sigma w^R\left(r_{ij}\right)\xi_{ij}\vec{e}_{ij}\sqrt{\delta t}\right]$$

$$\vec{v}_j \leftarrow \vec{v}_j - \frac{1}{2}\frac{1}{m}\sigma w^R\left(r_{ij}\right)\xi_{ij}\vec{e}_{ij}\sqrt{\delta t}$$

$$+\frac{1}{2}\frac{1}{m}\frac{\gamma w^D\left(r_{ij}\right)\delta t}{1 + \gamma w^D\left(r_{ij}\right)\delta t}\left[\left(\vec{v}_{ij} \cdot \vec{e}_{ij}\right)\vec{e}_{ij} + \sigma w^R\left(r_{ij}\right)\xi_{ij}\vec{e}_{ij}\sqrt{\delta t}\right]$$

(2) $\vec{v}_i \leftarrow \vec{v}_i + \frac{1}{2}\frac{1}{m}\vec{F}_i^C\delta t$ ；

(3) $\vec{r}_i \leftarrow \vec{r}_i + \vec{v}_i\delta t$ ；

(4) 计算 $\vec{F}_i^C\left\{\vec{r}_i\right\}$ ；

(5) $\vec{v}_i \leftarrow \vec{v}_i + \frac{1}{2}\frac{1}{m}\vec{F}_i^C\delta t$ 。

正是因为运用了求解随机微分方程的方法，因此，该方法的优点就是：稳定性高，但也存在着明显的缺点：求解速度比较慢。

4. Lowe-Andersen 方法

1999 年，Lowe[31]提出了 Lowe-Andersen 方法，在每一个积分步中，先对牛顿方程进行积分，再对体系按照一定概率施加热浴。具体方法如下：

$$\vec{v}_i \leftarrow \vec{v}_i + \frac{1}{2}\frac{1}{m}\vec{F}_i^C\delta t$$

$$\vec{r}_i \leftarrow \vec{r}_i + \vec{v}_i\delta t$$

计算 $\vec{F}_i^C\left(\vec{r}_i\right)$ 。

对于所有满足条件 $r_{ij} \leqslant r_c$ 的作用粒子对，以 $\varGamma\delta t$ 为概率，按随机分布 $\xi_{ij}\sqrt{2k_B T / m}$ 生成 $\vec{v}_{ij} \cdot \vec{e}_{ij}$

$$2\Delta_{ij} = \vec{e}_{ij}\left(\vec{v}_{ij}^{\,\square} - \vec{v}_{ij}\right)\cdot\vec{e}_{ij}$$

$$\vec{v}_i \leftarrow \vec{v}_i + \Delta_{ij}$$

$$\vec{v}_j \leftarrow \vec{v}_j - \Delta_{ij}$$

根据 Maxwell 分布来更新它们的相对速度，对于每一对需要更新速度的粒子，按高斯分布 $\xi_{ij}\sqrt{2k_B T/m}$ 产生一个相对速度 $\vec{v}_{ij}^{\,\square}\cdot\vec{e}_{ij}$，然后用这个相对速度更新它们沿着质心连线方向的速度，其中 ξ_{ij} 是平均值为 0 且拥有单位方差的高斯随机数。该方法源自 Andersen 热浴[32]，所以被称为 Lowe-Andersen 热浴，优点是：速度快，无须计算耗散力和随机力，可直接从 Maxwell-Boltzmann 分布计算新速度，温度收敛好；缺点是：在计算新速度时不能完全对相空间进行取样。

3.2.4　涨落-耗散理论

1995 年，Español 和 Warren[18]写出了 DPD 积分算法中的随机微分方程(stochastic differential equations)，以及与之相应的 Fokker-Planck 方程，通过涨落-耗散(fluctuation-dissipation)理论将体系的温度和噪声与耗散力之间的相对强度直接联系到一起。

从本质上来讲，DPD 方法也是一种分子动力学模拟方法，只是在模型中加入了一个使体系总动量保持守恒的朗之万(Langevin)热浴。如果将该方法与随机动力学(stochastic dynamics)[33]方法作比较就能更好地理解这个方法的特点，随机动力学方法也可以看成是在分子动力学方法的基础上加入朗之万热浴。但是，在该方法中，体系的动量是不守恒的。

在随机动力学方法中，从牛顿运动方程出发：

$$\frac{\mathrm{d}\vec{q}_i}{\mathrm{d}t} = \frac{\partial \mathcal{H}}{\partial \vec{p}_i}$$

$$\frac{\mathrm{d}\vec{p}_i}{\mathrm{d}t} = -\frac{\partial \mathcal{H}}{\partial \vec{q}_i}$$

式中，$\vec{q}_i$ 为广义坐标；$\vec{p}_i$ 为广义动量；$\mathcal{H}$ 为体系的哈密顿(Hamilton)能量。如果在上述方程中加入摩擦和噪声，就能得到随机动力学运动方程：

$$\frac{\mathrm{d}\vec{q}_i}{\mathrm{d}t} = \frac{\partial \mathcal{H}}{\partial \vec{p}_i}$$

$$\frac{\mathrm{d}\vec{p}_i}{\mathrm{d}t} = -\frac{\partial \mathcal{H}}{\partial \vec{q}_i} - \zeta_i \frac{\partial \mathcal{H}}{\partial \vec{p}_i} + \sigma_i f_i$$

式中，ζ_i 为相空间中第 i 个自由度，也就是第 i 个粒子受到的摩擦系数（$\dfrac{\partial \mathcal{H}}{\partial \vec{p}_i}$，此项在笛卡儿坐标中就是粒子的速度）；$\sigma_i$ 为体系中噪声的强度；f_i 的平均值 $\langle f_i \rangle = 0$，还要满足条件 $\langle f_i(t) f_j(t') \rangle = 2\delta_{ij}\delta(t - t')$。

对于一个随机动力学过程，假设相空间中的相态概率密度为 $P\left(\{\vec{q}_i\}, \{\vec{p}_i\}, t\right)$，这个相态概率密度随着时间的演变过程可以用 Fokker-Planck 方程来描述。对这种随机动力学过程的描述和在经典力学中将哈密顿运动方程转变为刘维尔方程 (Liouville equation) 的过程类似。Fokker-Planck 方程的形式可以直接从朗之万方程的推导得到，该方程可以写成：

$$\frac{\partial P}{\partial t} = \mathcal{L}P$$

$\mathcal{L}$ 是 Fokker-Planck 算符，它可以被分解成两项，即

$$\mathcal{L} = \mathcal{L}_{\mathrm{H}} + \mathcal{L}_{\mathrm{SD}}$$

式中，第一项 $\mathcal{L}_{\mathrm{H}}$ 是哈密顿部分，是刘维尔算符：

$$\mathcal{L}_{\mathrm{H}} = -\sum_i \frac{\partial}{\partial \vec{q}_i} \frac{\partial \mathcal{H}}{\partial \vec{p}_i} + \sum_i \frac{\partial}{\partial \vec{p}_i} \frac{\partial \mathcal{H}}{\partial \vec{q}_i} = -\sum_i \frac{\partial \mathcal{H}}{\partial \vec{p}_i} \frac{\partial}{\partial \vec{q}_i} + \sum_i \frac{\partial \mathcal{H}}{\partial \vec{q}_i} \frac{\partial}{\partial \vec{p}_i}$$

第二项是摩擦和噪声部分：

$$\mathcal{L}_{\mathrm{SD}} = \sum_i \frac{\partial}{\partial \vec{p}_i}\left[\zeta_i \frac{\partial \mathcal{H}}{\partial \vec{p}_i} + \sigma_i^2 \frac{\partial}{\partial \vec{p}_i} \right]$$

因为体系处于平衡状态，所以吉布斯-玻尔兹曼分布就是上述 Fokker-Planck 方程的稳态解：

$$\mathcal{L}\exp(-\beta\mathcal{H}) = 0$$

式中，$\beta = \dfrac{1}{k_{\mathrm{B}}T}$。对于正则系综，哈密顿部分 $\mathcal{L}_{\mathrm{H}}\exp(-\beta\mathcal{H}) = 0$ 是恒成立的，所以，要使体系满足正则分布，必须保证摩擦和噪声部分也等于零，即 $\mathcal{L}_{\mathrm{SD}}\exp(-\beta\mathcal{H}) = 0$，把该式展开，即：

$$\sum_i \frac{\partial}{\partial \vec{p}_i}\left[\zeta_i \frac{\partial \mathcal{H}}{\partial \vec{p}_i} + \sigma_i^2 \frac{\partial}{\partial \vec{p}_i} \right]\exp(\beta\mathcal{H}) = 0$$

得到关系式：

$$\sigma_i^2 = k_\mathrm{B} T \xi_i$$

这个关系就是涨落-耗散理论，体系的温度代表体系中噪声与耗散之间的平衡关系。

在 DPD 方法中，Fokker-Planck 方程的推导过程与上述过程非常相似，定义了两个依赖于粒子间距离的权重函数 $w^\mathrm{D}(r_{ij})$ 和 $w^\mathrm{R}(r_{ij})$，前者代表粒子间的相对摩擦系数，后者是同一对粒子之间的随机碰撞的强度，即随机力的大小，这两个权重函数使得体系中粒子间的耗散力和随机力都在一个相同的局部作用范围内才有作用。

在实际模拟中，随机力会变成：

$$\vec{F}_{ij}^{\,\mathrm{R}} = \sigma w^\mathrm{R}(r_{ij}) \theta_{ij} \delta t^{\frac{1}{2}} \vec{e}_{ij}$$

把这个随机力的作用形式连同另外两个力，即保守力和耗散力代入牛顿运动方程中，就可以得到朗之万运动方程，可写成随机微分方程的形式：

$$\mathrm{d}\vec{r}_i = \frac{\vec{p}_i}{m_i}\mathrm{d}t$$

$$\mathrm{d}\vec{p}_i = \left[\sum_{j\neq i}\vec{F}_{ij}^{\,\mathrm{C}}(\vec{r}_{ij}) + \sum_{j\neq i}-\gamma w^\mathrm{D}(r_{ij})\left(\vec{e}_{ij}\cdot\vec{v}_{ij}\right)\vec{e}_{ij}\right]\mathrm{d}t + \sum_{j\neq i}\sigma w^\mathrm{R}(r_{ij})\vec{e}_{ij}\mathrm{d}W_{ij}$$

式中，m_i 为粒子 i 的质量；$\mathrm{d}W_{ij} = \mathrm{d}W_{ji}$ 是维纳过程(Wiener process)中相互独立的递增量，它满足如下关系：

$$\mathrm{d}W_{ij}\mathrm{d}W_{kl} = \left(\delta_{ik}\delta_{jl} + \delta_{il}\delta_{jk}\right)\mathrm{d}t$$

式中，$\mathrm{d}W_{ij}(t)$ 为一个积分时间步长 $\mathrm{d}t$ 的 $\frac{1}{2}$ 次幂的无限小量[34]，这就是 $\delta t^{\frac{1}{2}}$ 因子出现的原因。

和随机动力学中 Fokker-Planck 算符相同，DPD 中的 Fokker-Planck 算符也可以被分解成两项：

$$\mathcal{L} = \mathcal{L}_\mathrm{C} + \mathcal{L}_\mathrm{DPD}$$

式中，$\mathcal{L}_\mathrm{C}$ 是保守力的哈密顿部分，对于一个符合正则系综的保守体系，吉布斯-玻尔兹曼分布是它的一个平衡态的解，$\mathcal{L}_\mathrm{C}\exp(-\beta\mathcal{H}) = 0$。算符 $\mathcal{L}_\mathrm{DPD}$ 可写成：

$$\mathcal{L}_\mathrm{DPD} = \sum_{ij}\gamma w^\mathrm{D}(r_{ij})\vec{e}_{ij}\frac{\partial}{\partial\vec{p}_i}\left(\vec{e}_{ij}\cdot\vec{v}_{ij}\right)$$

$$-\sum_{i\neq j}\sigma^2\left(w^\mathrm{R}(r_{ij})\right)^2\left(\vec{e}_{ij}\cdot\frac{\partial}{\partial\vec{p}_i}\right)\left(\vec{e}_{ij}\cdot\frac{\partial}{\partial\vec{p}_j}\right) + \sum_i\sum_{j\neq i}\sigma^2\left(w^\mathrm{R}(r_{ij})\right)^2\left(\vec{e}_{ij}\cdot\frac{\partial}{\partial\vec{p}_i}\right)^2$$

$$= \sum_i \sum_{j \neq i} \vec{e}_{ij} \cdot \frac{\partial}{\partial \vec{p}_i} \left[2\gamma w^D (r_{ij}) \vec{e}_{ij} \cdot \vec{v}_{ij} + \sigma^2 \left(w^R (r_{ij}) \right)^2 \left(\frac{\partial}{\partial \vec{p}_i} - \frac{\partial}{\partial \vec{p}_j} \right) \right]$$

$$= \sum_i \sum_{j \neq i} \vec{e}_{ij} \cdot \frac{\partial}{\partial \vec{p}_i} \left[2\gamma w^D (r_{ij}) \vec{e}_{ij} \cdot \left(\frac{\partial \mathcal{H}}{\partial \vec{p}_i} - \frac{\partial \mathcal{H}}{\partial \vec{p}_j} \right) + \sigma^2 \left(w^R (r_{ij}) \right)^2 \left(\frac{\partial}{\partial \vec{p}_i} - \frac{\partial}{\partial \vec{p}_j} \right) \right]$$

在这个 DPD 算符中，包含了耗散力和随机力两部分。若 $\mathcal{L}_{DPD} \exp(-\beta\mathcal{H}) = 0$，就能将体系与热力学平衡态分布真正地对应起来，$\mathcal{L} P(\{\vec{q}_i\},\{\vec{p}_i\},t) = 0$，$P(\{\vec{q}_i\},\{\vec{p}_i\},t) = \exp(-\beta\mathcal{H})$ 符合玻尔兹曼分布的相空间概率密度，故 DPD 中的涨落-耗散理论：$w^D(r_{ij}) = \left[w^R (r_{ij}) \right]^2$ 和 $\sigma^2 = 2\gamma k_B T$。

随机力中，$\delta t^{-\frac{1}{2}}$ 因子的出现主要是因为随机力在随机微分方程中体现为维纳过程。Groot 和 Warren[19]试着给出了另外一种合理的解释，利于我们更好地理解 DPD 这种方法。在液体中，考察任意一个粒子在一个固定时间段内的运动过程时，由于它和其他粒子之间的随机碰撞，该粒子会受到随机力作用，该随机力的平均值等于零，但是，其单位方差却不等于零。为了计算这个运动过程，我们将时间均分成 N 等分，在每一个时间等份内，假设受到的随机力大小为 f_i，平均值 $\langle f_i \rangle = 0$，方差为 $\langle f_i^2 \rangle = \sigma^2$，这个方差的大小和时间步长的大小 $dt = \frac{t}{N}$ 没有关系。

但是，如果随机力中不带 $\delta t^{-\frac{1}{2}}$ 这个因子，就会得到不符合物理规律的结果。众所周知，DPD 中的随机力与时间不相关，即 $\langle f_i(t) f_i(t') \rangle = 0$；对力的时间积分是粒子动量的变化，而摩擦力和速度之间相差一个摩擦系数，即 $f_i = \sigma v_i$，所以，这个积分也正比于粒子的位移。因此，该摩擦力对时间积分的均方值与粒子在这个时间段内所经过的距离的均方值成正比：

$$\langle S^2 \rangle \sim \left\langle \left(\int_0^t f_i(t') dt' \right)^2 \right\rangle \sim \left\langle \left(\sum_{i=1}^N f_i \right)^2 \left(\frac{t}{N} \right)^2 \right\rangle \sim \frac{\sigma^2 t^2}{N} \sim t \times \sigma^2 dt$$

根据这个关系，当 N 增加时，积分步长 $dt = \frac{t}{N}$ 减小，上述平均值也会随之减小，直到趋近于零。然而，这个结果却有悖于物理常识，一个粒子在某个固定时间段内发生的位移不会因为我们在计算时所使用的积分步长的改变而改变。只有当摩擦系数变成 $\frac{\sigma}{\sqrt{dt}}$ 时，结果才是合理的，这种摩擦力对时间步长的依赖关系正好体现在 $\delta t^{-\frac{1}{2}}$ 上。

3.2.5　DPD 方法结合 Flory-Huggins 平均场理论

在平均场 Flory-Huggins 理论中，利用格子模型，将不同的分子分配到不同的格点上。体系的能量被描述为对理想混合均匀状态的微扰。对于双组分 A/B 体系，每个格点上的自由能形式可写成：

$$\frac{F}{k_BT}=\frac{\phi}{N_A}\ln\phi_A+\frac{\phi}{N_B}\ln\phi_B+\chi\phi_A\phi_B$$

N_A、N_B 分别代表 A、B 分子的链段数，ϕ_A、ϕ_B 分别代表 A、B 的体积分数，且 $\phi_A+\phi_B=1$。

在 DPD 方法中，从体系的状态方程[19]出发：

$$P=\rho k_BT+0.1\alpha k_BT\rho^2$$

通过积分可以得到二组分体系中的自由度密度。在单组分体系中，体系的 Helmholz 自由能密度 $f=\frac{F}{V}$，所以 $F=Vf$，体系的压强：

$$p=-\left(\frac{\partial F}{\partial V}\right)_T=-V\frac{\partial f}{\partial V}-f=\rho\frac{\partial f}{\partial\rho}-f$$

根据前两个公式，可以得到：

$$\rho\frac{\partial f}{\partial\rho}-f=\rho k_BT+0.1\alpha k_BT\rho^2$$

将上式两边同时除以 ρ^2，可得到：

$$\frac{\partial}{\partial\rho}\left(\frac{f}{\rho}\right)=\frac{k_BT}{\rho}+0.1\alpha k_BT$$

再对上式积分，可得到：

$$\frac{f}{\rho}=k_BT\ln\rho+0.1\alpha k_BT\rho+C$$

变换成：

$$\frac{f}{k_BT}=\rho\ln\rho+0.1\alpha\rho^2+C\rho$$

将上述结果应用到二元体系中：

$$\frac{f}{k_BT}=\rho_A\ln\rho_A+\rho_B\ln\rho_B+0.1\alpha_{AA}\rho_A^2+0.1\alpha_{BB}\rho_B^2+C\rho_A+C\rho_B+0.1\times2\alpha_{AB}\rho_A\rho_B$$

$$=\rho_A\ln\rho_A+\rho_B\ln\rho_B+C\rho+0.1\left(\alpha_{AA}\rho_A^2+\alpha_{BB}\rho_B^2+2\alpha_{AB}\rho_A\rho_B\right)$$

若假设 $\alpha_{AA} = \alpha_{BB}$ ，而且 $\rho_A + \rho_B = \rho$ 是一个常数，则：

$$\frac{f}{\rho k_B T} = \phi_A \ln \phi_A + \phi_A \ln \rho + \phi_B \ln \phi_B + \phi_B \ln \rho + C$$

$$+ 0.1\left(\alpha \rho - 2\alpha \rho_A \rho_B \frac{1}{\rho} + 2\alpha_{AB} \rho_A \rho_B \frac{1}{\rho}\right)$$

$$= \phi_A \ln \phi_A + \phi_B \ln \phi_B + 0.2(\alpha_{AB} - \alpha)\phi_A \phi_B \rho + C'$$

定义 $\chi = 0.2(\alpha_{AB} - \alpha)$ ，则上式变为：

$$\frac{f}{\rho k_B T} = \phi_A \ln \phi_A + \phi_B \ln \phi_B + \chi \phi_A \phi_B \rho + C'$$

该结果与 Flory-Huggins 理论的自由能密度形式非常相似。若相互作用参数 χ 符合上述线性关系，与排斥参数 $\Delta\alpha_{AB} = \alpha_{AB} - \alpha_{AA}$ 成正比，那么 DPD 流体的自由能就会与 Flory-Huggins 理论相吻合。

Groot 和 Warren[19]经过大量的模拟实验发现，在不同密度时，该线性关系的前置因子会有不同的数值：

$$\chi = (0.286 \pm 0.002)\Delta\alpha \qquad (\rho = 3)$$

$$\chi = (0.689 \pm 0.002)\Delta\alpha \qquad (\rho = 5)$$

参 考 文 献

[1] Altevogt P, Evers O A, Fraaije J G E M, Maurits N M, van Vlimmeren B A C. The MesoDyn project: Software for mesoscale chemical engineering [J]. Journal of Molecular Structure: THEOCHEM , 1999, 463(1): 139-143.

[2] Hurter P N, Scheutjens J M H M, Hatton T A. Molecular modeling of micelle formation and solubilization in block copolymer micelles. 2. Lattice theory for monomers with internal degrees of freedom [J]. Macromolecules, 1993, 26: 5030-5040.

[3] Hurter P N, Scheutjens J M H M, Hatton T A. Molecular modeling of micelle formation and solubilization in block copolymer micelles. 1. A self-consistent mean-field lattice theory [J]. Macromolecules, 1993, 26: 5592-5601.

[4] Lime P, Bjorling M. Lattice theory for multicomponent mixtures of copolymers with internal degrees of freedom in heterogeneous systems [J]. Macromolecules, 1991, 24: 6700-6711.

[5] van Vlimmeren B A C, Maurits N M, Zvelindovsky A V, Sevink G J A, Fraaije J G E M. Simulation of 3D mesoscale structure formation in concentrated aqueous solution of the triblock polymer surfactants (ethylene oxide)13(propylene oxide)30(ethylene oxide)13 and (propylene oxide)19(ethylene oxide)33(propylene oxide)19. Application of dynamic mean-field density functional theory [J]. Macromolecules, 1999, 32: 646-656.

[6] Li Y, Hou T, Guo S, Wang K, Xu X. The MesoDyn simulation of Pluronic water mixtures using

the "equivalent chain" method [J]. Physical Chemistry Chemical Physics, 2000, 2(12): 2749-2753.

[7] Doi M, Edwards S F. The Theory of Polymer Dynamics [M]. Oxford: Oxford Science Publications, 1986.

[8] Cross M C, Hohenberg P C. Pattern formation outside of equilibrium [J]. Reviews of Modern Physics, 1993, 65(3): 851-1112.

[9] Podzorov V, Chen C H, Gershenson M E, Cheong S W. Mesoscopic, non-equilibrium fluctuations of inhomogeneous electronic states in manganites [J]. Europhysics Letters, 2001, 55(3): 411-417.

[10] Mark J E. Polymer Data Handbook [M]. 2nd edition. Oxford, New York: Oxford University Press, 2009.

[11] Fraaije J, van Vlimmeren B, Maurits N. The dynamic mean-field density functional method and its application to the mesoscopic dynamics of quenched block copolymer melts [J]. The Journal of Chemical Physics, 1997, 106(10): 4260-4270.

[12] Altevogt P, Evers O A, Fraaije J G E M. The MesoDyn projet: Software for mesoscale chemical engineering [J]. Journal of Molecular Structure: THEOCHEM, 1999, 463(1-2): 139-143.

[13] Groot R D, Rabone K L. Mesoscopic simulation of cell membrane damage, morphology change and rupture by nonionic surfactants [J]. Biophysical Journal, 2001, 81(2): 725-736.

[14] Hoogerbrugge P J, Koelman J M V A. Simulating microscopic hydrodynamic phenomena with dissipative particle dynamics [J]. Europhysics Letters, 1992, 19(3): 155-160.

[15] Koelman J M V A, Hoogerbrugge P J. Dynamic simulations of hard-sphere suspensions under steady shear [J]. Europhysics Letters, 1993, 21(3): 363-368.

[16] Kong Y, Manke C W, Madden W G, Schlijper A G. Simulation of a confined polymer in solution using the dissipative particle dynamics method [J]. International Journal of Thermophysics, 1994, 15: 1093-1101.

[17] Schlijper A G, Hoogerbrugge P J, Manke C W. Computer simulation of dilute polymer solutions with the dissipative particle dynamics method [J]. Journal of Rheology, 1995, 39: 567-579.

[18] Español P, Warren P B. Statistical mechanics of dissipative particle dynamics [J]. Europhysics Letters, 1995, 30(4): 191-196.

[19] Groot R D, Warren P B. Dissipative particle dynamics: Bridging the gap between atomistic and mesoscopic simulation [J]. The Journal of Chemical Physics, 1997, 107(11): 4423-4435.

[20] Dünweg B, Paul W. Brownian dynamics simulations without Gaussian random numbers [J]. International Journal of Modern Physics C, 1991, 2(3): 817-827.

[21] Tuckerman M E, Martyna G J. Understanding modern molecular dynamics: Techniques and applications [J]. The Journal of Physical Chemistry B, 2000, 104(2): 159-178.

[22] Novik K E, Coveney P V. Finite-difference methods for simulation models incorporating non-conservative forces [J]. The Journal of Chemical Physics, 1998, 109(18): 7667-7677.

[23] Pagonabarraga I, Hagen M H J, Frenkel D. Self-consistent dissipative particle dynamics algorithm [J]. Europhysics Letters, 1998, 42(4): 377-382.

[24] Gibson J B, Chen K, Chynoweth S. The equilibrium of a velocity-Verlet type algorithm for DPD with finite time steps [J]. International Journal of Modern Physics C, 1999, 10(1): 241-261.

[25] Vattulainen I, Karttunen M, Besold G, Polson J M. Integration schemes for dissipative particle dynamics simulations: From softly interacting systems towards hybrid models [J]. The Journal of Chemical Physics, 2002, 116(10): 3967-3979.

[26] Nikunen P, Karttunen M, Vattulainen I. How would you integrate the equations of motion in dissipative particle dynamics simulations? [J]. Computer Physics Communications, 2003, 153(3): 407-423.

[27] Shardlow T. Splitting for dissipative particle dynamics [J]. SIAM Journal on Scientific Computing, 2003, 24(4): 1267-1282.

[28] Frenkel D, Smit B. Understanding Molecular Simulation: From Algorithms to Applications [M]. San Diego: Academic Press, 2002.

[29] Martyna G J, Klein M L, Tuckerman M. Nosé-Hoover chains: The canonical ensemble *via* continuous dynamics [J]. The Journal of Chemical Physics, 1992, 97(4): 2635-2643.

[30] Strang G. On the construction and comparison of difference schemes [J]. SIAM Journal on Numerical Analysis, 1968, 5(3): 506-517.

[31] Lowe C P. An alternative approach to dissipative particle dynamics [J]. Europhysics Letters, 1999, 47(2): 145-151.

[32] Andersen H C. Molecular dynamics simulations at constant pressure and/or temperature [J]. The Journal of Chemical Physics, 1980, 72(4): 2384-2393.

[33] Schneider T, Stoll E. Molecular-dynamics study of a three-dimensional one-component model for distortive phase transitions [J]. Physical Review B, 1978, 17: 1302-1322.

[34] Gardiner C W. Handbook of Stochastic Methods [M]. Berlin: Springer-Verlag, 1983.

第 4 章　气相光谱实验

4.1　振动光谱实验技术

4.1.1　多光子电离

　　激光技术的发展，拓宽了激光的应用领域，甚至出现了一些新的物理现象，形成了一系列新的激光分支和应用技术领域，还提供了研究原子、分子微观领域的新手段[1]。原子、分子和团簇是物质结构从微观过渡到宏观的必经层次和桥梁，因此，通过激光对原子、分子及团簇的作用，人们对物质内部的结构机理有了新的认识，对探寻物质的微观领域更深入了一步，有利于挖掘能源、材料、信息等领域的新应用。多光子电离技术是研究分子光谱结构及其与光相互作用的较为简单的方法。

　　多光子电离(multiphoton ionization，MPI)是将多个光子同时打到分子上，使分子从基态跃迁到激发态的某一振动能级，再吸收能量跃迁到离子态，过程如图 4-1 所示，在跃迁时，分子可能吸收一个波长的光子，也可能吸收多个光子到达激发态，同样地，吸收一个波长的光子或是几个光子跃迁至离子态。

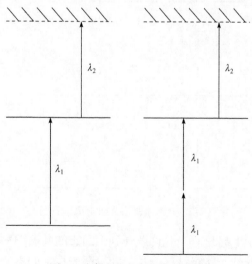

图 4-1　多光子电离吸收示意图

目前，人们利用多光子电离对有机分子进行作用，分子吸收光子电离，实验中会获得母体离子和碎片离子，通过对母体离子和主要碎片离子的生成机理进行探讨，分析碎片离子的电离/解离通道。将多光子电离与飞行时间质谱仪联合起来，研究分子团簇或混合团簇的多光子电离质谱，能够了解其电离过程、团簇组成、团簇内分子反应等问题。分子的多光子电离可以不经过共振中间态而直接电离分子，这就需要分子吸收数目更多的光子，相应地，要求激光器必须具备更大的输出功率。

4.1.2　共振增强多光子电离

在多光子电离中，研究最多的是共振增强多光子电离(resonance enhanced multiphoton ionization，REMPI)，它的特点是：探测灵敏度高，收集离子(或电子)的效率也高。此外，把分子从中间态激发到电离态的效率同样很高，分子被激发到电离态，形成一个离子与一个电子，这为研究分子离子的物理和化学性质提供了新思路。

一般来说，共振增强多光子电离的过程是以 m 个光子将在基态的分子激发到某一共振中间态，再用 n 个光子将在激发态的分子激发到离子态。"共振增强"是指分子的电离过程中会经过特定的中间态，该中间态通常为中性分子的电子激发态或电子激发振动态，"多光子"通常指最少的光子数目的光子能量和可超过分子的电离能，中性分子 M 吸收光子后到达共振中间态 M^*，再吸收光子到达离子态变成 M^+，见图4-2。

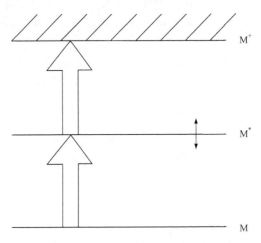

图 4-2　共振增强多光子电离示意图

共振增强多光子电离只有当允许跃迁到中间态的共振频率之上时才能发生，这有助于研究得到的分子能级结构信息。随着激光技术的不断发展，可调谐激光器在实验中的应用也越来越广泛，只要选择适合的波长，就能使分子到达共振的中间态，能得到大部分分子的光谱信息。

4.1.3　单色共振双光子电离

分子先通过共振吸收一个光子而被激发到电子的激发态，处于激发态的分子再吸收另外一个光子而被电离，分别是激发过程和电离过程，那么，相应的两束激光称为激发激光和电离激光。单色共振双光子电离(1C-R2PI)是以单色光为光源，即只使用一套可调式脉冲紫外光系统，对于电离能低于两倍第一电子激发能的能级结构情况，通过单色(1+1)过程实现激发和电离，测得中性分子在激发态的光谱信息，这些电子态振动光谱数据有助于了解中性分子在电子激发态的结构、振动频率(能量)、振动模式等。

4.1.4　双色共振双光子电离

双色共振双光子电离(2C-R2PI)是使用两套可调式脉冲紫外光系统作为激光光源，当面对电离能高于两倍第一电子激发能的能级结构情况时，可通过双色(1+1′)过程实现激发和电离，用于测量分子的电离能和中性分子的激发态光谱。

4.2　质谱基本理论

质谱是一种与光谱分析对应的谱学探测手段，广泛涉及各个应用领域，是制备、分离和检测气相带电离子产物的专业技术。

4.2.1　质谱分析工作原理及分类

质谱分析是测量离子质荷比(m/z)的分析方法，其原理是待测样品先在离子源中发生电离，再经电场加速作用形成离子束流，最后进入质量分析器进行分析。在质量分析器中，离子束在电磁场作用下发生速度色散，这时离子会在探测器平面发生时间或位置聚焦，根据探测器给出的时间或者位置信号就可以确定离子的质荷比，进而确定离子产物种类。根据加在电磁场的方式不同，常用以下四种质量分析器：

1. 扇形磁场分析器

作为历史上最古老的质量分析器件，扇形磁场分析器在质谱学发展历史上有着重要的地位，其主要部件是一个固定半径的圆形管道，在垂直方向放置一块扇形磁铁，产生稳定均匀的磁场。入射离子束就会在磁场的作用下，运动轨迹由直线变为弧线运动。不同质荷比的离子，运动半径不同，在位置上被分开。实际操作时一般会采用固定探测器的位置、改变磁场强度的方法，使不同质荷比的离子依次到达探测器，得到质谱图。扇形磁场分析器的特点是：结构相对简单，操作便捷；缺点是：分辨率较低。

2. 飞行时间质量分析器

用一个脉冲电场将离子源中的离子瞬间引出，经加速电压加速之后，具有相同动能的离子在固定长度的漂移管中飞行直到末端的探测器。不同质荷比的离子具有不同的飞行速度，到达探测器的时间也不同，根据探测器信号上的时间就可以得到离子的质荷比。飞行时间质量分析器，其核心器件是离子漂移管。脉冲电场越窄、加速电压越高、漂移管的长度越长，其质量分辨率就越高。飞行时间分析器的特点是：质量分辨率比较高、质量分析范围大，尤其适合分析蛋白质等生物大分子。

3. 四极杆质量分析器

四极杆质量分析器是由四根平行的圆柱形金属极杆组成，相对的极杆被对角地连接起来，构成两组电极。在两电极间加有数值相等、方向相反的直流电压和射频交流电压，四根极杆内所包围的空间便产生双曲线形的电场分布。当从离子源射出的离子束穿过四极杆的双曲型电场时，只有电场选定的质荷比的离子可以稳定地通过四极杆质量分析器，而其他离子则一碰到极杆上就被吸滤掉，不能通过四极杆滤质器，即达到"滤质"的作用。扫描电场的频率和电压可使不同质荷比的离子通过，因此，改变直流和射频交流电压可达到质量扫描的目的。四极杆质量分析器的特点是：结构紧凑、体积小、扫描速度快；缺点是：分辨率一般，仅适用于色谱-质谱联用。

4. 离子回旋共振质量分析器

将离子源产生的离子束引入离子回旋共振质量分析器中，随后施加一个覆盖了所有离子回旋频率的宽频域射频信号。在此信号的激发下，所有离子同时发生共振并沿着一个半径逐渐增大的螺旋形轨迹运动。当运动半径增大到一定程度之后停止激发，此时，所有离子都同时从共振状态回落，并且在检测板上形成一个衰减信号，即像电流(image current)，被电学仪器放大和记录。得到的像电流包括了所有离子的时域信号，经过傅里叶转换以后就可以获得一个完整的频率域谱，再通过离子的质荷比与共振频率的一一对应关系就可以方便地得到以质荷比为横坐标的质谱图。离子回旋共振质量分析器的特点是：灵敏度高、质量范围宽、速度快、性能可靠。

4.2.2　飞行时间质谱技术简介

线性飞行时间质谱(time of flight mass spectrometry，TOF-MS)技术最早是由 Stephensen 于 1946 年提出的；20 世纪 80 年代，TOF-MS 开始尝试应用到生物、药学和物理学等领域；20 世纪 90 年代，TOF-MS 的应用愈发活跃，范围也扩展到了分析化学、工业生产、原子和分子物理学等领域[2]。飞行时间质谱分析法的基本原理是：带电粒子经过一定强度的电场或磁场加速后获得动能，在动能相同的情况下，带电粒子获得的速度由粒子的质量决定，质量小的带电粒子的飞行速度大于质量大的；在给定相同的飞行距离的条件下，带电粒子的质量越大，飞行速度越慢，飞行时间也越长；反之，质量越小的带电粒子，飞行速度越快，飞行时间越短。因为不同质量的带电粒子经过的时间不同，所以在离子探测器上就会形成按时间顺序(或荷质比)大小排列而成的质量谱图，再对质谱谱峰的位置和丰度来定性或定量地分析带电的原子、分子等物质的成分或结构。

TOF-MS 技术具有分析速度快、灵敏度高、分辨率高、对测量对象没有质量范围限制等特点，常用于分析同位素成分、有机物构成、元素成分以及痕量分析等。目前，飞行时间质谱分析法已经成为研究原子和分子光谱及特性的常用方法，被广泛用于生命科学领域中对多肽、核酸、多糖等生物大分子进行分子量测定、药物筛选、蛋白质序列确定等，还应用于药学、分析化学、表面科学、原子物理学、地质学、石油化工、工艺过程监控等诸多领域[3,4]，被称为 20 世纪 90 年代以来应用最为广泛的质谱分析技术之一[2]。

4.2.3　飞行时间质谱的基本原理

基于飞行时间的质量分析器原理见图 4-3，离子在脉冲加速电场中获得动能：

$$E = \frac{1}{2}mv^2$$

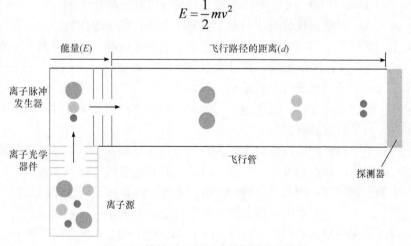

图 4-3　线性飞行时间质谱仪装置示意图

那么，速度与动能的关系即：

$$v=\sqrt{\frac{2E}{m}}$$

在飞行时间质谱仪中，离子在大部分距离做匀速运动，时间与飞行距离 d 的关系为 $t=d/v$，由此得出质量与飞行时间的关系：

$$m=\frac{2E}{d^2}t^2$$

当具有特定动能 E 时，质量小的离子有较大的末速度，质量大的离子有着较小的末速度，而实验中测量时间比测量速度容易得多，所以，可以通过测量带电离子的飞行时间来确定离子种类，飞行时间质谱的命名由此而来。定义常数 $A=\frac{2E}{d^2}$ 之后，则上式变为：

$$m=At^2$$

这是通过飞行时间确定离子质荷比的理想方程。对上式作微分，即可得到：

$$\Delta m=2At\Delta t$$

结合上两式，可得到质量分析器的分辨率表达式：

$$\frac{m}{\Delta m}=\frac{1}{2}\frac{t}{\Delta t}$$

式中，t 为离子的飞行时间；Δt 为离子飞行时间谱图中的半高全宽。由上式可知，质量分析器的质量分辨率是时间分辨率的一半，质量分辨率可描述离子最大能被分辨的本领。例如，若飞行时间质谱仪的质量分辨率为 1500 amu，说明质量大小分别为 1500 amu 和 1499 amu 的两种离子完全可以被分辨开来。

影响飞行时间质谱仪分辨率的两个主要因素是：离子的初始空间位置和速度分布大小。在离子的形成过程即制备离子时，有脉冲放电、电子枪轰击、激光溅射等方式；空间位置即在加载 TOF 电场的瞬间离子的空间分布范围，如果初始空间分布越大，离子的质量分辨就越小。初始速度分布包括两部分，离子动能大小和离子产生时的飞行方向，动能越大，质量分辨越差；离子飞行的方向与电场方向越垂直，质量分辨越好。

上面对于飞行时间质谱仪的描述为理想情况，然而在实际中，整个系统为脉冲运行，从时间控制电路发送一个启动脉冲加载到电极时会有一个延迟，即脉冲上升产生的延迟时间(一般为百纳秒级别)。此外，还有离子到达探测器时响应带来的延迟，以及信号采集电子设备进行数字化处理时的延迟，这意味着离子的真实飞行时间是无法精确测量的，所以，对于实际测量到的时间 t_m 需要用 t_0 进行修

正, 即实际飞行时间变为 $t=t_m-t_0$, 则质量与飞行时间的关系会变成

$$m = A\left(t_m - t_0\right)^2$$

在实际测量离子飞行时间时, 对上式可以做如下展开, 即

$$m = At_m^2 + Bt_m + C$$

由此可知, 只要有三组以上已知的离子类型以及对应的飞行时间, 就可以对方程进行拟合, 得到常数 A、B 和 C, 如此, 就能完成对线性飞行时间质谱仪的标定, 数据越多, 质量标定就越精确。

4.3　分子振动红外光谱理论

红外光谱(infrared spectroscopy, IR)是研究分子运动的光谱, 也称为分子光谱, 通常是指波长在 2～25 μm 之间的吸收光谱, 此波长范围可以反映出分子中原子之间的振动和转动。1889 年瑞典科学家 Angstrem 首次证实: 尽管 CO 和 CO_2 都是由碳原子和氧原子组成, 但因为是不同的气体分子, 会形成不同的红外光谱图。该实验的重要意义在于: 它表明了红外吸收产生的根源是分子而不是原子。而分子光谱学科就是建立在这个基础上的。分子同时进行着振动和转动, 虽然转动所涉及的能量变化很小, 基本上处于远红外区, 但它会间接影响到分子振动产生的偶极矩变化, 因此, 实验上测量得到的红外光谱图实际上是分子的振动和转动的加和结果。

虽然不同分子中的各个原子之间的振动形式非常复杂, 但是都有其特征性, 通过分析化合物的红外光谱图可以获得很多反应物分子的化学结构信息, 用于鉴定化合物的分子结构。例如, 根据光谱中吸收峰的位置和形状, 可以推断未知化合物的分子结构; 根据特征吸收峰的强度, 可以测定混合物中各组分的含量。此外, 利用红外光谱技术还可以测定分子的键长、键角等, 从而推断出分子的三维结构, 判断化学键的强弱等。

4.3.1　红外吸收光谱

在具有连续波长的红外光的照射下, 分子会吸收一定波长的红外光的能量, 并将其转化为分子的振动能量和转动能量, 此时, 如果用波长(或波数)为横坐标, 光谱的百分透过率或分子的吸收率为纵坐标来记录吸收曲线, 那么, 得到的谱图就是该分子的红外吸收光谱。

一般来说, 红外光分为三个区域: 近红外区、中红外区和远红外区, 见图 4-4。其中, 近红外区(0.75～2.5 μm)主要用于研究 O—H、N—H 和 C—H 键的吸收,

吸收峰的强度一般较弱；中红外区(2.5～25 μm)主要用于研究分子的振动能级跃迁，绝大多数的无机、有机化合物的基频吸收都在此范围内；远红外(25～1000 μm)主要用于研究分子的纯转动能级的跃迁、晶体的晶格振动等。

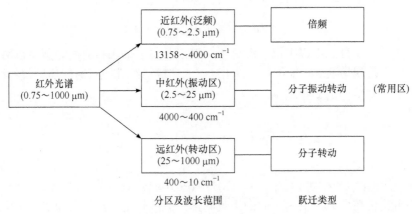

图 4-4　红外光谱的分类区间图

从经典力学的观点来看，分子类似于一个简单的谐振子，以简单的双原子分子为例，其化学键可以看作是一个弹簧，其简谐振动符合胡克定律[5]，只有沿着化学键这一种振动方式。分子振动时，电荷分布发生变化，若两个原子不同，分子的电荷中心会随着两个原子核同步振荡，分子犹如一个偶极子，用波长连续的红外光照射时，分子就会吸收某些波长的红外光而增大其振动能量，使分子的振动频率和所吸收红外光频率一致。此时，波数可以表示为：

$$\tilde{v} = \frac{1}{2\pi c}\sqrt{\frac{K}{\mu}}$$

式中，μ 为折合质量；K 为化学键的力常数；$\tilde{v}$ 为波数，即波长的倒数。力常数是衡量价键性质的重要参数，可以通过振动光谱计算得到，反过来，也可以用于计算简单分子振动基频的吸收位置。由上式可以看出，分子的折合质量越小，化学键的力常数越大，则分子的振动频率越高。当分子振动伴随着偶极矩变化时，偶极子的振动就会形成电磁波，并与入射电磁波发生相互作用，即发生吸收，吸收光的频率就是分子的振动频率。

从量子力学的角度来看，简谐振动体系的势能函数可表示为：

$$V = \frac{1}{2}Kx^2$$

求解体系能量的薛定谔方程为：

$$\left[-\frac{h}{8\pi^2\mu}\frac{\mathrm{d}^2}{\mathrm{d}q^2}+\frac{1}{2}Kx^2\right]\varphi=E\varphi$$

求解得：

$$E=\left(m+\frac{1}{2}\right)hcv$$

式中，m 为振动量子数；E 为对应的体系能量。

如图 4-5 所示，双原子分子并不是理想中的谐振子，实际势能曲线并不是如虚线所示的抛物线，实际的势能随着核间距的增大而增大，当达到某一极限值时，化学键断裂，分子裂解成原子，势能曲线成为常数。因此，按非谐振子求解薛定谔方程，可得体系的振动能：

$$E=\left(m+\frac{1}{2}\right)hcv-\left(m+\frac{1}{2}\right)^2hcv+\cdots$$

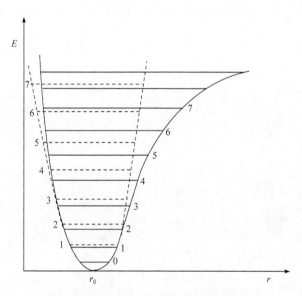

图 4-5　双原子分子的势能曲线
虚线表示谐振子，实线表示非谐振子

原子和分子与电磁波相互作用的结果，使其从一个能量状态跃迁到另一个能量状态，这种跃迁需要符合基于量子化学理论的跃迁定则，从而分为"允许跃迁"和"禁阻跃迁"。

对于简谐振动，跃迁定则是 $\Delta m=\pm 1$，即跃迁必须在相邻的振动能级之间进行。最主要的红外跃迁是 $m_0\to m_1$，称为本征跃迁，对应的吸收谱带称为本征吸收带。真实分子体系的振动只能近似为简谐振动，并不严格遵循 $\Delta m = \pm 1$ 的定律，可以是 $\Delta m = \pm 2$ 或 $\Delta m = \pm 3$ 等。由 n 个原子组成的分子体系有 $3n$ 个自由度，其中 3 个分子整体平动自由度，3 个分子整体转动自由度，其余 $3n-6$ 个是分子的振动自由度，其基本运动称为分子的简正振动，特点是：分子的质心保持位置不变，所有原子在同一瞬间通过各自的平衡位置，每一个简正振动都代表了一种振动模式，有着特定的振动频率，在一定程度上反映着分子整体结构的特点。

4.3.2　分子振动类型

多原子分子的分子振动形式非常复杂，通常分为伸缩振动和弯曲振动两种。在不改变键角大小的情况下，伸缩振动又分为对称伸缩振动和不对称伸缩振动。如图 4-6 所示，对称伸缩振动时，各键同时伸长或缩短；而不对称伸缩振动时，在某些键伸长的同时，另外一些键缩短，这对分子偶极矩的改变较大，吸收带一般出现在高频范围内。弯曲振动分为面内和面外弯曲振动，其中面内弯曲又分为剪式振动和面内摇摆，面外弯曲包括面外摇摆和扭曲振动。剪式振动中，基团的

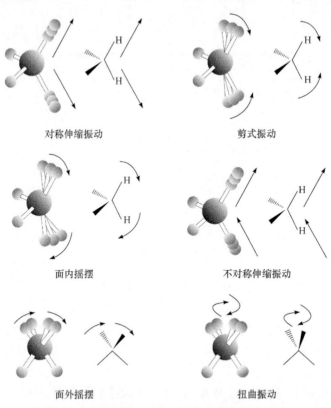

图 4-6　甲烷分子的伸缩振动和弯曲振动示意图

键角不断发生变化；面内摇摆中，基团的键角不变，而是以整体形式在对称面内左右摇摆。分子内不同振动模式有着不同的频率，一般来说，键伸缩的能量变化最大，剪弯曲的能量变化其次，键扭曲能量再次，大分子中各基团的扭动、超分子的"呼吸"等能量变化最小。

4.3.3　红外光谱的吸收强度、吸收频率和影响因素

红外光谱的吸收强度既可用于定量分析，又可用于化合物的定性分析。在实际工作中，考虑到狭缝宽度、温度和溶剂等一系列外界因素的影响，其强度不易精确测量，经常以羰基的吸收为最强吸收，其他峰与之相比做出定性区分。

从微观角度来看，红外吸收强度与分子振动过程中偶极矩的变化有关，偶极矩变化越大，相应吸收强度越大。偶极矩的变化与多种因素有关，比如基团的极性、电效应、振动耦合和氢键作用等。通常情况下，基团的极性越大，振动过程中偶极矩变化越大，吸收强度也越大。由相同原子组成的双原子分子，如 H_2、O_2 等，仅有伸缩振动一种模式，在振动过程中没有偶极变化，没有红外吸收；对称性分子的对称伸缩振动也不会产生红外吸收谱，但是，像—$C\equiv N$、—O—H 等极性很强的基团，其伸缩振动均会产生强吸收谱。电效应中的诱导效应对分子内基团吸收强度的影响是通过其对基团极性的影响间接产生的，分子内氢键作用会提高化学键的极化程度，导致伸缩振动吸收谱变宽、增强。此外，分子内彼此相邻的振动基团，如果具有近似相同的振动频率，则它们之间的相互作用会产生多于两种基团参加的混合振动，又称为振动耦合(vibrational coupling)。

在多原子分子中，分子内的振动情况复杂，很难把所有的红外吸收峰都归结于分子内的某种振动模式，大量实践表明：分子内一定的官能团会形成一定的特征吸收谱，从这些特征吸收峰中，可以预测分子的结构。对官能团的识别重点不仅要看吸收峰的频率(峰的位置)，还要考虑峰的强度、峰的形状等信息。即使是同一种官能团，在多种因素的影响下，其吸收峰的位置也不是固定不变的，而是有一个波动范围。这些因素可作如下归类：

(1) 质量效应：同一类化学键，如果其构成原子的质量不同，其振动频率也不同。例如，对于 X—H 键的伸缩振动频率来说，当 X 代表同族元素时，随着质量增大，频率明显减小；而当 X 是同周期元素时，由于质量差异较小，电负性差别较大，频率随着原子数的增大反而升高。

(2) 电子效应：区分为诱导效应、中介效应和共轭效应。当电负性不同的基团连接到某化学键时，诱导该键极性改变，振动波束也随之发生相应的变化。一般说来，诱导效应与分子的空间结构无关，仅沿化学键直接作用。中介效应是指有孤对电子的原子与相邻的不饱和基团发生共轭，使得这些不饱和基团振动频率降低，而与自身连接的化学键振动频率却升高。共轭效应是指双键之间用一单键

相连时，双键 π 电子会发生共轭离域，导致双键的力常数降低，其伸缩振动频率也随之降低。

(3) 空间效应：分子内的大基团存在位阻作用，会迫使近邻基团间的键角变小或共轭体系间的单键键角偏转，使基团的振动频率和峰形发生变化。

(4) 氢键：分子内氢键的形式会改变原来化学键的力常数，导致吸收峰的强度和位置发生变化。

(5) 振动耦合。

(6) 其他外界因素，如制备样品的方法、溶剂的性质、样品所处物态、吸收池厚度、测试温度、压强等。

4.3.4　红外光谱的实验技术和图谱解析

红外光谱仪的发展历程可以分成三代：第一代用棱镜作为单色器，由于要求恒温、干燥、扫描速度慢和测量范围受棱镜限制等因素的影响，不能超过中红外区且分辨率很低；第二代采用光栅做单色器，对红外光的色散能力比棱镜高，能得到波谱范围较宽的单色光；第三代是干涉型分光光度计，即傅里叶变换红外光谱仪(Fourier transform infrared spectroscopy，FTIR)，相对于前两代的色散型光谱仪，傅里叶变换光谱仪的光源发出的光先通过麦格尔逊干涉仪将其变成干涉光，再用来照射样品，实际的吸收光谱是用计算机对检测器测量到的干涉图进行傅里叶变换得到的。

在红外光谱中的 1300～4000 cm^{-1} 波数区域中，每一个红外吸收峰都与一定的官能团相对应，因此被称为官能团区。在 650～1300 cm^{-1} 范围内，虽然也存在着一些官能团的吸收峰，但是，大量的吸收峰都不与特定的官能团相对应，仅显示出化合物的红外特征信息，被称为指纹区。分子结构上的细微变化都会在指纹区得到响应，因此，指纹区红外吸收峰的峰形和强度等信息对于判断化合物的化学结构至关重要。红外光谱图的解析主要就是通过样品的红外光谱峰的位置、形状和强度等信息来预测样品可能的分子结构。一般需要先确定官能团区中每一个吸收峰的归属，结合其他峰区的相关吸收，指出可能存在的官能团，再根据指纹区的红外特征综合分析，确定化合物结构。由于红外光谱的复杂性，并不是每一个红外光谱峰都可以给出确切的归属，因为有些峰是分子作为一个整体的吸收，有的则是多个基团振动吸收的叠加。这种解析往往带有一定的经验性，不够准确，需要结合样品的理化属性，查阅标准谱图，对比紫外光谱、质谱等其他谱图来确定分子结构。

与此同时，还可以通过理论计算来拟合目标化合物分子的红外光谱，与实验测量结果进行对比和指认，对实验技术上无法测量的分子给出理论预测。使用广泛的 Gaussian、Turbomole 等程序都包含体系的热化学分析,可以计算某特定温度、压强条件下的体系,默认是在 298.15 K、1 个大气压下进行计算的。计算分子的振动频率时,先对研究体系进行构型优化,得到平衡几何构型,再计算能量的二阶导数求力常数,进而得到分子的振动频率信息,频率分析所用的基组和理论方法必须与优化时的保持一致,否则容易出现虚频。用 Hartree-Fock 方法计算频率时,未考虑电子相关,一般会比实验值高 10%左右。密度泛函方法得到的频率在系统误差上要比从头计算小,但在处理结果时一般需要乘以校正因子才能很好地与实验结果吻合。

4.4　实　验　装　置

实验系统由四部分组成:激光光源系统、真空腔系统、时序控制系统和信号采集系统。

4.4.1　激光光源系统

激光光源系统用于提供激发、电离光,是由 Nd: YAG 脉冲激光器、磷酸二氢钾(KDP)倍频晶体、Sirah 脉冲染料激光器和 BBO 倍频晶体组成。

Nd: YAG 脉冲激光器的工作频率为 10 Hz 和 20 Hz,当选用 10 Hz 频率时,输出波长是 1064 nm 的基频光,最高输出能量是 450 mJ,脉冲宽度为 5～8 ns,光束直径小于 10 mm;经过具有较大的非线性光学系数和较高的激光损伤阈值的 KDP 晶体倍频之后,会生成波长为 532 nm 的倍频激光,最高输出能量为 200 mJ;再经过基频光和二倍频混频之后,得到波长为 355 nm 的三倍频,最高输出能量为 100 mJ。355 nm 激光作为泵浦光,泵浦染料激光器(染料为 Coumarin 153,输出激光范围为 520～566 nm,中心波长为 535 nm)在 355 nm 发出激光时,输出激光的最大强度为 21 mJ,效率高于 20%。染料输出的激光经过 220～280 nm 的非线性晶体偏硼酸钡(BBO)倍频、并通过四块石英 Pellin-Broca 分光镜片将基频光和紫外光分来之后,就能得到较纯净的紫外光。

由于激光器原本没有倍频功能,因此在 Sirah 染料激光器加装了倍频模块以实现倍频功能,还使其具备了倍频波长的自动跟踪功能。

4.4.2　真空腔系统

真空腔系统包括束源室、电离室、自由飞行区。真空腔系统在整个实验过程中,若真空保持在 10^{-6}～10^{-4} Pa 量级,腔内真空的背景粒子会成为实验结果中的本底噪声,会严重影响信噪比,可见,保持真空腔的高真空是十分必要的,是通过旋片式机械泵和复合分子泵来维持实验的高真空条件。由双级旋片式机械泵将气体粗略地抽到低真空，机械泵对被抽容器进行周期性地气体膨胀、压缩、排出，把气体从腔体里排出，周期性地改变机械泵内吸收气腔的容积，让容器中的空气通过泵的进气口膨胀到吸气腔中，再经压缩从排气口排出，获得极限压强 10^{-2} Pa 量级。然后，用复合分子泵在低真空的基础之上进一步抽到高真空，当抽气速率为 1300 L/s 时，极限压强可达 6×10^{-7} Pa，复合分子泵利用高速旋转的转子把动量传递给气体，使它获得定向转动的速度，被压缩，被推向排气口后再被前级泵抽走。束源室和电离室共用前级机械泵，电离室和自由飞行区共用复合分子泵，束源室和电离室的静态真空度可分别达到 9.1×10^{-7} Pa 和 7.1×10^{-7} Pa。束源室设有载气端口、样品池和脉冲阀。常用的载气有氩气、氦气、氮气、二氧化碳等。

脉冲阀的工作过程可分为打开和关闭两个过程，束源室主要通过绝热膨胀为实验提供超声分子束样品。在 2 atm 压强条件下，载气携带样品分子进入脉冲阀，脉冲阀在触发电压作用下将分子束气体从微型喷嘴喷入真空腔，经位于脉冲阀孔下游 20 mm 处、小孔直径 1 mm 的撇取器准直后进入电离室，形成超声分子束，使分子几乎全部布局在电子基态的最低振动态。超声分子束技术在分子结构和性质的研究实验中有着重要的作用：

(1) 样品分子因热运动产生的多普勒效应使谱线加宽，利用超声分子束装置，将样品分子以分子束的方式、垂直于光电子的探测方向射入电离区，那么，分子束中的分子相对于电子探测方向没有运动，消除了多普勒效应，有效改善了分辨率。

(2) 在常温下，分子中除了振动之外，还存在转动，造成区域中的光谱线很密集。超声冷却能将分子的转动温度降低，减少光谱中的"热带"，大大简化光谱，因而，利用超声分子束技术能够清楚地分出每条电子振动光谱。

电离室是脉冲激光与样品分子发生作用的场所，也对作用后的粒子(离子或电子)进行加速和聚焦。电离室侧面有两个透明的石英窗口，便于入射激光进入真空腔，也可用于观察电离室内部情况。电离室侧面上方有电离规接口和若干个法兰，法兰上的接线柱与电离室内部离子透镜的电极相连，离子透镜由相互平行的中间开圆孔的金属极板组成，电极之间用绝缘环隔离，加电场后形成类似光学聚焦的离子透镜，促使具有相同速度但空间位置不同的离子聚焦到飞行的轴线上，很大程度上提高了信号的强度，增强了信噪比。

自由飞行区是与电离室紧密连接的区域，作用是：让具有相同动能而质量不同的带电粒子区分开来。在该区域内，粒子不受任何场的作用，可以自由飞行。在自由飞行区的末端安装了离子探测器，它由两片级联的微通道板(microchannel plate，MCP)和相关电路构成，MCP 离子接收面与电离室的离子透镜极板平面在同一个轴线上, 以此保证 MCP 能够高效地放大和探测来自自由飞行区的离子或电子。MCP 是一种特殊的光学纤维器件, 内含上百万个相互平行的单通道电子倍增探测器, 它们是一种电阻率很高的薄壁玻璃管, 内壁涂有非常高的二次电子发射系数的材料, 能使每个通道的内壁发射次级电子。当给予 MCP 一定电压之后, 会在每个通道中产生一个均匀的轴向电场, 促使进入该电场的低能电子、光子或离子与内壁碰撞产生次级电子, 在轴向电场的作用下, 次级电子被加速而得到能量, 确保在下一次轰击通道时有充足的二次发射系数, 这样, 次级电子碰到壁上又会产生更多新的次级电子, 对于入射的任何一个载能粒子, 经过 MCP 的内壁碰撞作用后, 会在 MCP 的输出末端产生很多电子。只要是通道壁上能打出次级电子的, MCP 都能响应, 所以, 是弱电子、亚原子粒子、粒子、光子的多功能探测器。MCP 具有质量轻、体积小、噪声低、时间分辨率高、增益高等特点, 广泛应用于光电倍增器、高速示波管、像增强器、光子计数等的探测研究。

4.4.3　时序控制系统

时序控制系统是用于控制样品分子与电离激发光在时间和空间上的一致性, 以及加载在离子透镜上电压的时间。型号 DG645 的八通道脉冲函数发生器 (Stanford research system) 有 14 个 BNC 输出端口, 前面 5 个、后面 9 个, 利用六个通道来控制不同的仪器: 通道一是参考通道, 延时为 0; 通道二用于控制脉冲阀电源, 触发脉宽约为 200 μs; 通道三用于控制脉冲激光器 Nd: YAG 的氙灯, 它比通道一延迟了 293.5 μs; 通道四用于控制脉冲激光器 Nd: YAG 的 Q 开关, 相对于氙灯延时 183 μs, 该延时能保持脉冲激光器的输出激光能量最强; 通道五用于控制离子透镜电极电压的脉冲电源; 通道六用于控制离子透镜电极电压的脉冲电源。

4.4.4　信号采集系统

1. LabVIEW 介绍

LabVIEW(Laboratory Virtual Instrument Engineering Workbench)[6]是一种程序开发环境, 由美国国家仪器公司研制开发, 是开发测量或控制系统的理想选择。LabVIEW 是工业界领先的标准图形化编程软件, 具有适用于测试测量领域所需要的多种工具包, 易于编写完整的测试测量程序, 拥有专门用于控制领域的模块 LabVIEWDSC 和工业控制领域常用设备的驱动程序, 便于编写各种控制程序。而且, LabVIEW 有良好的平台一致性, 不需要做刻意修改, 就能运行在常见的操作系统上，支持各种实时操作系统和嵌入式设备。因此，LabVIEW 被广泛用于汽车、通信、国防、航空、半导体、电子设计生产、过程控制、生物医学等诸多领域，涵盖了从研发、测试、生产到服务的所有阶段。

除了 LabVIEW 编程软件，还辅以单光子计数器 SR430，用于探测低于 10^{-14}W 的微弱光信号，它利用弱电流信号自然离散化的特征，使用脉冲高度甄别技术和数字计数技术从背景噪声中将微弱的光信号提取出来，已经普遍应用于医学、物理学、生物学等涉及微弱光现象的研究领域中。

2. SR430 的 LabVIEW 控制程序

在染料激光器自动连续扫描的过程中，利用单光子计数器来收集来自 MCP 的电信号，每隔 300 个方波脉冲，激光器输出波长向前迈一步，实验需要每迈到一个波长，SR430 累加 300 个信号作为质谱数据，当步长为 0.001 nm 时，每 1 nm 之间就有 1000 个数据，这样的话，数据量会非常大，因此，可以根据实验需要来编写一套控制 SR430 的 LabVIEW 控制程序，该程序可以实现的功能包括：

(1) 根据实验需要来实现对 SR430 进行系统参数和波长信息的设置；

(2) 根据实验的特殊需要自动采集数据(实验的需求是指在特定波长下，对信号累计 N 次的质谱数据)；

(3) 自动将质谱数据和对应波长同步存储到指定文件；

(4) 显示当前仪器和程序运行状态的参数，例如信号累计的总次数、已经记录的数据组数、采集质谱与之对应的当前波长、运行状态是否正常等；

(5) 当记录数据到结束波长时，程序自动提醒。

SR430 的 LabVIEW 程序是由 SR430 官网上提供的子Ⅳ程序和 LabVIEW 软件中的功能模块组成，用 SR430 子Ⅳ程序和 LabVIEW 中的条件选择结构来对系统参数和波长信息进行实时设置，条件选择结构类似于 C 语言中的 switch 语句或 if else 结构或 case 结构，由条件选择器和条件分支构成。通过 SR430 子Ⅳ程序和条件选择结构与 while 循环结构的嵌套使用来实现自动采集数据，while 循环结构与 C 语言中的 Do 循环类似，主要由循环计数和循环终止条件构成，常和移位寄存器结合使用[7]。通过 LabVIEW 软件中的顺序结构，即 for 循环，配合移位寄存器、条件选择结构和二维数组[8]实现自动将质谱数据和对应波长同步存储到指定文件中，这里的数组是指将相同类型的数据元素进行组合，数据的元素可以是除了数组以外的其他任何类型，常与 for 循环和 while 循环的输出通道连在一起，可以按照自动索引的方式接收从循环结构中产生的所有数据。通过 LabVIEW 软件中的条件判断结构和反馈节点来实现从开始波长到结束波长的数据循环，直到满足设定的终止条件，以反馈节点在循环结构中传递数据，这相当于只有一个左侧端子的移位寄存器。

3. 数据处理的 LabVIEW 程序

SR430 采集到的数据利用 for 循环结构和数组命令来生成指定波长的质谱图，指定的输入波长必须在开始波长到结束波长之间，且是步长的整数倍。顺序结构中的 while 循环和 for 循环嵌套结构将 SR430 中任意指定的质谱区间的质谱转换成光谱图中的纵坐标，该结构可以将任意波长对应的信号累加转换成一个序列或数组；用 while 循环结构和两个条件选择结构配置的开始波长、结束波长和步长生成波长序列，即光谱图中的横坐标；将 for 循环和 while 循环的自动索引中出来的数据经过子Ⅳ来创建二维图，即转成光谱图。写入测量文件是用于将处理得到的光谱图存储到指定位置。因为入射激光强度的不同会引起质谱强度不同，所以用最小二乘法对质谱进行能量修正，使得实验数据更接近实际。

4. 数据采集过程

信号采集系统是由型号为 DG645 的八通道数字延时脉冲函数发生器、型号为 SR430 的单光子计数器和电脑组成，如图 4-7 所示，DG645 用于控制脉冲时序，若干个通道之一用来控制 SR430 的触发，SR430 显示的是来自 MCP 放大的信号，电脑用于记录和处理离子飞行时间质谱，再根据飞行质谱的工作原理将时间信号转化为质量数信息，以离子强度-质量数或飞行时间显示得到质谱图。

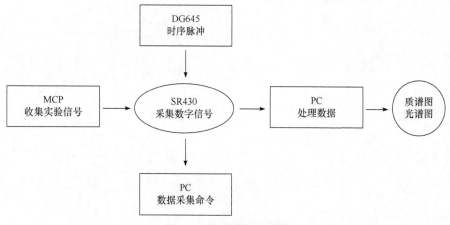

图 4-7 数据采集过程图

具体的数据采集过程是：用 MCP 收集从自由飞行区传输过来的微弱离子信号并将其转化为较强的电信号，再通过 BNC 线传递给 SR430，在 LabVIEW 控制指令下实现信号自动化采集，并将数据传输给计算机，再用 LabVIEW 程序处理数据，得到指定波长的光谱图和指定物质的质谱图。

参 考 文 献

[1] 蓝信钜. 激光技术[M]. 北京：科学出版社, 2005.

[2] 赵兵, 沈学静. 飞行时间质谱分析技术的发展[J]. 现代科学仪器, 2006, 4: 30-34.

[3] 吴炜亮, 李晓明, 朱文亮, 龙顺荣. 飞行时间质谱技术及其在食品安全检测中的应用[J]. 食品和机械, 2015, 31: 236-242.

[4] 冯金磊, 何永志, 史利利. 飞行时间质谱及其联用技术在中药领域中的应用[J]. 天津中医药大学学报, 2011, 3: 188-190.

[5] Fung Y C. Foundations of Solid Mechanics [M]. Englewood Cliffs, New Jersey: Prentice-Hall, 1965.

[6] 陈树学, 刘萱. LabVIEW 宝典[M]. 北京: 电子工业出版社, 2010.

[7] 李江全, 任玲, 廖结安. LabVIEW 虚拟仪器从入门到测控应用 130 例[M]. 北京: 电子工业出版社, 2013.

[8] Lin J L, Li C Y, Tzeng W B. Mass-analyzed threshold ionization spectroscopy of *p*-methylphenol and *p*-ethylphenol cations and the alkyl substitution effect [J]. The Journal of Chemical Physics, 2004, 120(22): 10513-10519.

下篇 应用实例

第 5 章　小分子反应路径

5.1　研究背景

HCNO 是燃烧化学和大气化学的重要中间体[1]，研究 HCNO 对防治 NO_x 污染物有重要意义。HCNO 主要来源于 CH_2+NO[2-5]和 $HCCO+NO$[6-11]反应，也可以在真空条件下对 3-苯基-4-肟基异唑进行高温分解得到[12-14]。文献中有一些关于 HCNO 的实验[15-18]和理论方法[19-21]的报道，用来研究 NO 的再燃烧机理。Miller 及其课题组用理论的方法研究了 $O+HCNO$[19]反应，他们用 Quack 和 Troe[22]的最大自由能方法估算了此反应的总速率常数为 $7×10^{-10}$ $cm^3/(molecule \cdot s)$，并且与温度无关。

Hershberger 及其课题组用实验的方法研究了 O+HCNO 反应，采用红外二极管吸收光谱法探测到了产物，观察到在 $298\sim375$ K 的温度范围内呈现很小的速率常数 $k_1=(9.84±3.52)×10^{-12}\exp[(-195±120)/T]cm^3/(molecule \cdot s)$，而在 298 K 时，$k_1=(5.32±0.40)×10^{-12}\exp[(-195±120)/T]cm^3/(molecule \cdot s)$。通过测量确定 O+HCNO 反应的产物为：

$$O+HCNO \rightarrow HCN+O_2, \quad \Delta H_{298}^0 = -285.3 \text{ kJ/mol} \tag{5-1a}$$

$$O+HCNO \rightarrow NCO+OH, \quad \Delta H_{298}^0 = -249.6 \text{ kJ/mol} \tag{5-1b}$$

$$O+HCNO \rightarrow HCO+NO, \quad \Delta H_{298}^0 = -286.6 \text{ kJ/mol} \tag{5-1c}$$

$$O+HCNO \rightarrow CO+HNO, \quad \Delta H_{298}^0 = -431.4 \text{ kJ/mol} \tag{5-1d}$$

$$O+HCNO \rightarrow CO_2+NH, \quad \Delta H_{298}^0 = -437.4 \text{ kJ/mol} \tag{5-1e}$$

$$O+HCNO \rightarrow CO+NO+H, \quad \Delta H_{298}^0 = -222.7 \text{ kJ/mol} \tag{5-1f}$$

从产物中检测到的大量 CO 可以得知，式(5-1d)和式(5-1f)都是主要反应路径；少量的 CO_2 则说明式(5-1e)是次要的产物路径。他们猜测：式(5-1f)即 CO+NO+H 是反应的最主要路径[18]。但目前为止，还没有利用理论方法全面研究 O+HCNO 反应机理的报道。

此外，有关 HCNO 与常见的 H_2O 之间的反应还没有通过理论或实验的方法研究过，因此，我们利用理论计算的方法对该反应进行了研究，得到了很多具有预见性的结果，为日后的实验研究提供了有力的理论依据。

5.2　计 算 方 法

所有计算均利用 Gaussian 03 程序完成。所有反应物、产物、中间体及过渡态的几何构型均在 B3LYP/6-311G(d, p)水平上进行优化获得。通过在 B3LYP/6-311G(d, p)水平上进行振动频率分析表明，稳定点的所有频率都是正值，而过渡态有且仅有一个虚的振动频率。为了得到更可靠的相对能量数值，在 B3LYP/6-311G(d, p)优化的几何构型基础上，利用 CCSD(T)/6-311G(d, p)方法得到所有反应物、产物、中间体及过渡态的单点能量，并采用 B3LYP/6-311G(d, p)零点振动能校正。为了确证过渡态连接指定的中间体或产物，在 B3LYP/6-311G(d, p)水平上进行了内禀反应坐标(IRC)计算。结合 B3LYP 方法得到的零点振动能(ZPVE)，绘制反应的势能面剖面图(PES)。在下面的讨论中，所有的能量值都是经过零点振动能校正的 CCSD(T)/6-311G(d, p)单点能量。另外，为了方便讨论，我们将反应物的总能量设为能量零点。

5.3　O+HCNO 反应机理

图 5-1 至图 5-3 分别是经过几何优化后的反应物、产物、中间体和过渡态，相对能量的数值列于表 5-1。图 5-1 是在 B3LYP/6-311G(d, p)水平下优化的反应物 R(O+HCNO)、产物 P_1(HCO+NO)、P_2(HNO+CO)、P_3(NCO+OH)、P_4(NH+CO$_2$)、P_5(H+NO+CO)、P_6(CNO+OH)、P_7(HCN+O$_2$)、P_8(HON+CO)的几何构型。图 5-2 是在 B3LYP/6-311G(d, p)水平下优化的 15 个中间体，它们都由 5 个原子组成，其中 b_1、b_2 和 b_3 是异构体，结构为 HC(O)NO。图 5-3 是在 B3LYP/6-311G(d, p)水平下优化的 27 个过渡态：a/b_1、b_1/b_2、b_1/b_3、b_1/c、b_1/d、b_1/P_2、b_2/c、b_2/i、b_2/n、b_2/P_2、b_2/P_8、b_3/d、b_3/i、c/f、c/y、c/P_2、d/e、d/P_7、e/g、e/h、g/h、k/m、m/P_2、n/k、y/d、P_1/P_5、P_2/P_4，其中，用 x/y 表示过渡态，x 和 y 分别表示相应的中间体和

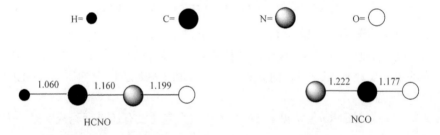

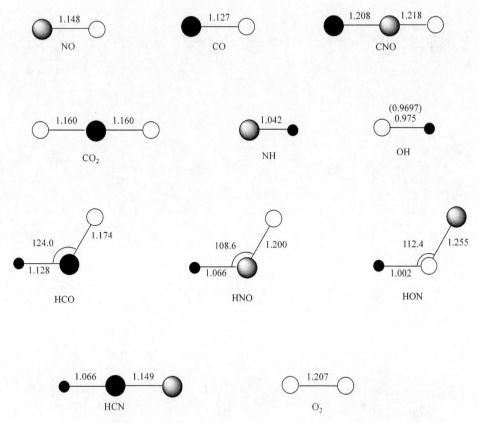

图 5-1　B3LYP/6-311G(d, p)优化后的反应物 R(O+HCNO)、产物 P₁(HCO+NO)、P₂(HNO+CO)、
P₃(NCO+OH)、P₄(NH+CO₂)、P₅(H+NO+CO)、P₆(CNO+OH)、P₇(HCN+O₂)和
P₈(HON+CO)的几何构型

键长单位为 Å，键角单位为(°)

过渡态。图 5-4 显示的是势能面(PES)，包含 CCSD(T)/6-311G(d,p)//B3LYP/6 -311G(d, p)+ZPVE 水平下计算 O+HCNO 反应的主要结果。

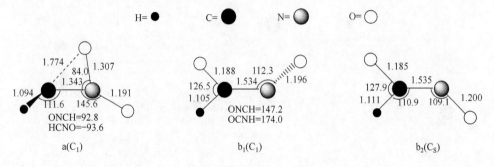

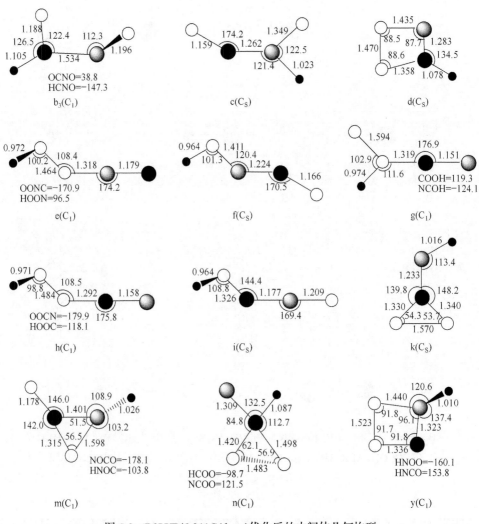

图 5-2　B3LYP/6-311G(d, p)优化后的中间体几何构型

链长单位为 Å，键角单位为(°)

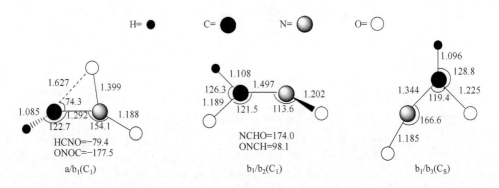

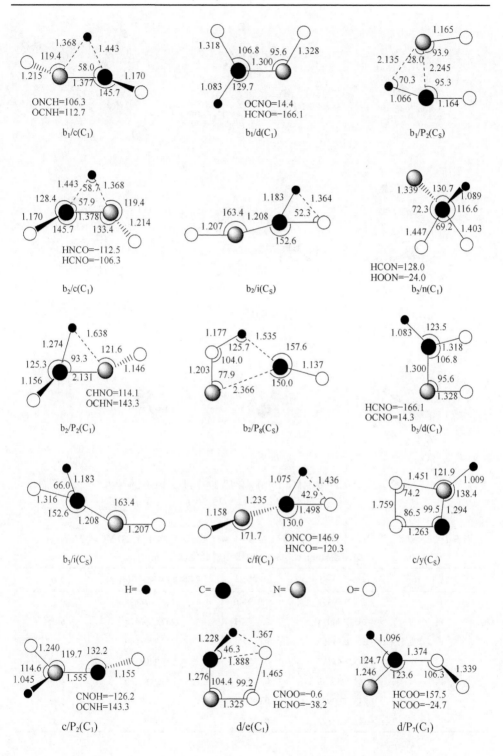

ONCH=106.3
OCNH=112.7

b₁/c(C₁)

OCNO=14.4
HCNO=−166.1

b₁/d(C₁)

b₁/P₂(Cₛ)

HNCO=−112.5
HCNO=−106.3

b₂/c(C₁)

b₂/i(Cₛ)

HCON=128.0
HOON=−24.0

b₂/n(C₁)

CHNO=114.1
OCHN=143.3

b₂/P₂(C₁)

b₂/P₈(Cₛ)

HCNO=−166.1
OCNO=14.3

b₃/d(C₁)

b₃/i(Cₛ)

ONCO=146.9
HNCO=−120.3

c/f(C₁)

c/y(Cₛ)

H= ●　　　C= ●　　　N= ●　　　O= ○

CNOH=−126.2
OCNH=143.3

c/P₂(C₁)

CNOO=−0.6
HCNO=−38.2

d/e(C₁)

HCOO=157.5
NCOO=−24.7

d/P₇(C₁)

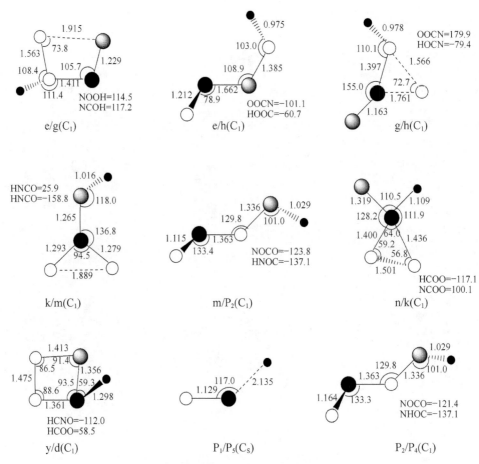

图 5-3　B3LYP/6-311G(d，p)优化后 27 个过渡态的几何构型

链长单位为 Å，键角单位为(°)

表 5-1　反应物、产物、中间体和过渡态的 DFT 和 CCSD(T)水平下的总能量(Hartree)、ZPVE(Hartree/particle)和相对能量(kcal/mol)

物种	B3LYP/6-311G(d，p)	ZPVE	CCSD(T)/6-311G(d，p)	ΔE
R	−243.7079879	0.019440	−243.1478425	0.0
P_1	−243.8134974	0.017451	−243.2556428	−68.9
P_2	−243.8551465	0.018911	−243.3093699	−101.7
P_3	−243.8045147	0.017110	−243.2408161	−59.8
P_4	−243.7955293	0.017680	−243.2482769	−64.1
P_5	−243.7750935	0.009586	−243.2327580	−59.5
P_6	−243.7037822	0.016320	−243.1402326	2.8

续表

物种	B3LYP/6-311G(d, p)	ZPVE	CCSD(T)/6-311G(d, p)	ΔE
P_7	−243.6863474	0.021575	−243.2091773	−37.1
P_8	−243.8019754	0.021471	−243.2463357	−60.5
a	−243.7325906	0.023553	−243.1623060	−6.5
b_1	−243.8526757	0.023985	−243.2947894	−89.4
b_2	−243.8575859	0.024207	−243.2998752	−92.4
b_3	−243.8526758	0.023988	−243.2948507	−89.5
c	−243.8330539	0.024745	−243.2567612	−65.0
d	−243.7779909	0.026126	−243.2156098	−38.3
e	−243.7404121	0.023468	−243.1775308	−16.1
f	−243.8942763	0.026262	−243.3249643	−106.9
g	−243.7227150	0.024169	−243.1600713	−4.7
h	−243.8252217	0.024799	−243.2623613	−68.5
i	−243.8413036	0.025671	−243.2697668	−72.6
k	−243.8257774	0.025565	−243.2633365	−68.6
m	−243.8761734	0.026485	−243.3139816	−99.8
n	−243.6720793	0.022578	−243.1086197	14.0
y	−243.7505218	0.023560	−243.1628912	−6.9
a/b_1	−243.7318523	0.022898	−243.1613517	−6.3
b_1/b_2	−243.8519869	0.023420	−243.2938305	−89.1
b_1/b_3	−243.8142059	0.024115	−243.2419270	−56.1
b_1/c	−243.7920926	0.018752	−243.2200268	−45.7
b_1/d	−243.7499679	0.023801	−243.1923493	−25.2
b_1/P_2	−243.7799304	0.021741	−243.2196875	−43.6
b_2/c	−243.7920930	0.023244	−243.2521456	−63.1
b_2/i	−243.7535665	0.019303	−243.1789308	−19.6
b_2/n	−243.6682930	0.021613	−243.1089112	25.8
b_2/P_2	−243.7932215	0.017190	−243.2354543	−56.4
b_2/P_8	−243.7997510	0.018290	−243.2388962	−57.9
b_3/d	−243.7499678	0.023799	−243.2998772	−92.7
b_3/i	−243.7535665	0.019303	−243.1789290	−19.7
c/f	−243.7925135	0.020496	−243.2165266	−42.4
c/y	−243.7258260	0.023560	−243.1608194	−5.6
c/P_2	−243.8282475	0.023261	−243.2638288	−70.4
d/e	−243.6460615	0.019227	−243.0826633	40.8

续表

物种	B3LYP/6-311G(d, p)	ZPVE	CCSD(T)/6-311G(d, p)	ΔE
d/P$_7$	−243.3133345	0.021575	−243.2021538	−32.7
e/g	−243.6550804	0.023078	−243.0912921	37.8
e/h	−243.6984560	0.021737	−243.1354992	9.2
g/h	−243.7094158	0.023658	−243.1460100	3.8
k/m	−243.8067369	0.023244	−243.2521456	−63.1
m/P$_2$	−243.567845	0.022438	−243.2875674	−85.8
n/k	−243.6625217	0.021068	−243.2633365	25.6
y/d	−243.6739026	0.020651	−243.1118807	23.3
P$_1$/P$_5$	−243.7740029	0.010104	−243.2271004	−55.6
P$_2$/P$_4$	−243.7875674	0.022436	−243.2287080	−48.9

注：ΔE 为基于 DFT-B3LYP/6-311G(d, p)振动频率、经过 ZPVE 校正的相对能量

1. R→b$_1$，初始过程

从图 5-4 可以看出，R→b$_1$ 是 O+HCNO 反应所有路径涉及的共同初始步骤，表示为：

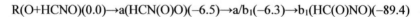

R(O+HCNO)(0.0)→a(HCN(O)O)(−6.5)→a/b$_1$(−6.3)→b$_1$(HC(O)NO)(−89.4)

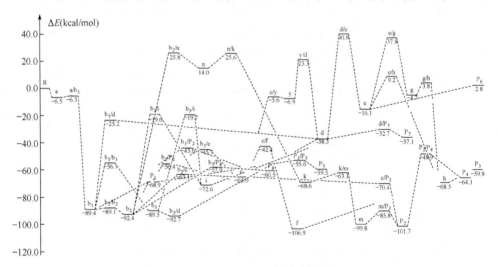

图 5-4　O+HCNO 反应的势能面

初始能量为−243.1284025 Hartree，相对能量数值来源于表 5-1

设反应物 R(O+HCNO)的能量为起始能量，其他物质的相对能量都是以它作为参考，所以 R 的相对能量为 0.0。中间体 a(HCN(O)O)(−6.5)是 O 原子进攻 HCNO

的 N 原子形成的，图 5-5 表示 R→a 过程 N—O 键的能垒曲线，这是一个无势垒过程。过渡态 a/b₁ 是由 a 到 b₁ 的过渡态。a 中的氧原子通过过渡态 a/b₁ 发生迁移，然后 O—N 键断裂，再与中间产物 c 相连，最终形成 b₁。从 R(0.0)→b₁(-89.4) 的相对能量可以看出，这是一个富能过程，三元过渡态 a/b₁ 有助于后续反应的进行。

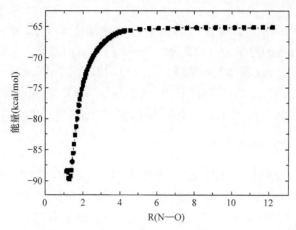

图 5-5　B3LYP/6-311G(d, p)方法计算 R→a 过程 N—O 键的能垒曲线

2. P₂路径，主要产物路径

图 5-4 显示从反应物 R 到产物 P₂(HNO+CO)有四条路径：

$$R(0.0) \rightarrow b_1(HC(O)NO)(-89.4) \rightarrow b_1/P_2(-43.6) \rightarrow P_2(-101.7) \qquad ①$$

$$R(0.0) \rightarrow b_1(HC(O)NO)(-89.4) \rightarrow b_1/b_2(-89.1) \rightarrow b_2(HC(O)NO)(-92.4)$$
$$\rightarrow b_2/P_2(-56.4) \rightarrow P_2(-101.7) \qquad ②$$

$$R(0.0) \rightarrow b_1(HC(O)NO)(-89.4) \rightarrow b_1/c(-45.7) \rightarrow c(HN(O)CO)(-65.0)$$
$$\rightarrow c/P_2(-70.4) \rightarrow P_2(-101.7) \qquad ③$$

$$R(0.0) \rightarrow b_1(HC(O)NO)(-89.4) \rightarrow b_1/b_2(-89.1) \rightarrow b_2(HC(O)NO)(-92.4)$$
$$\rightarrow b_2/n(25.8) \rightarrow n(H(COO)(N))(14.0) \rightarrow n/k(25.6) \rightarrow k(HN(COO))(-68.6)$$
$$\rightarrow k/m(-63.1) \rightarrow m(H(NOC)O)(-99.8) \rightarrow m/P_2(-85.8) \rightarrow P_2(-101.7) \quad ④$$

路径 P₂①和 P₂②分别经历了 b₁/P₂ 和 b₂/P₂ 过渡态，二者都具有 HCN 结构，以及 C—N 和 C—H 键断裂，中间体 b₁ 和 b₂ 分解为 HNO 和 CO，它们的势垒分别为 45.8 kcal/mol 和 36.0 kcal/mol,其中 $b_1(-89.4) \rightarrow b_1/b_2(-89.1) \rightarrow b_2(-92.4)$ 过程需要越过的势垒仅为 0.3 kcal/mol,这个能量很小,可以忽略不计。

路径 $P_2$③中,H 原子从 C 迁移到中间体 b_1 的 N 原子上,形成 c,$b_1(-89.4) \rightarrow b_1/c(-45.7) \rightarrow c(-65.0)$ 过程的势垒为 43.7 kcal/mol。值得一提的是,过渡态 $c/P_2(-70.4)$ 的相对能量低于中间体 c,这使得 $c(-65.0) \rightarrow c/P_2(-70.4) \rightarrow P_2(-101.7)$ 过程很容易进行。

路径 $P_2$④中,O 原子从 N 迁移到 C 上,中间体 b_2 形成 n,$b_2(-92.4) \rightarrow b_2/n(25.8) \rightarrow n(14.0)$ 过程的势垒为 118.2 kcal/mol,这个数值很高,会造成此过程热力学上不可行。另外,过渡态 $b_2/n(25.8)$、$n/k(25.6)$ 以及中间体 $n(14.0)$ 的相对能量都在反应物 $R(0.0)$ 之上,这会造成路径 $P_2$④比 $P_2$①、$P_2$②和 $P_2$③都难进行。最重要的是,路径 $P_2$④涉及 11 步之多,更加大了此路径的实现难度。

3. P_4 路径,次要产物路径

图 5-4 显示路径 $P_4(NH+CO_2)$ 可以写成 $R(0.0) \rightarrow P_2(HNO+CO)(-101.7) \rightarrow P_2/P_4(-48.9) \rightarrow P_4(-64.1)$。这是唯一的路径。$P_2$ 中的 CO 分子可以抓住 HNO 中的 O 原子生成 CO_2,这是从 P_2 生成 P_4 的一个二级过程,势垒为 52.8 kcal/mol,比 $P_2$①、$P_2$②和 $P_2$③的势垒高,使得从 P_2 很难转变为 P_4,因此,P_4 路径是次要产物路径。

4. P_1 路径

图 5-4 显示从反应物 R 到 $P_1(HCO+NO)$ 有两条路径:

$R(0.0) \rightarrow b_1(HC(O)NO)(-89.4) \rightarrow P_1(-68.9)$ ①

$R(0.0) \rightarrow b_1(HC(O)NO)(-89.4) \rightarrow b_1/b_2(-89.1) \rightarrow b_2(HC(O)NO)(-92.4)$

$\rightarrow P_1(-68.9)$ ②

在路径 $P_1$①中,中间体 $b_1(HC(O)NO)$ 直接分解成 HCO 和 NO,b_1 中的 C—N 键断裂生成产物 P_1。图 5-6 为 $b_1 \rightarrow P_1$ 过程 C—N 键的能垒曲线,可以看出这是一个无势垒过程。$b_1(-89.4) \rightarrow P_1(-68.9)$ 的势垒为 20.5 kcal/mol,$R(0.0) \rightarrow b_1(-89.4)$ 的富能过程能支持此过程容易进行。

在路径 $P_1$②中,$b_1(-89.4)$ 通过过渡态 $b_1/b_2(-89.1)$ 异构化为 $b_2(-92.4)$,势垒仅为 0.3 kcal/mol,因此,路径 $P_1$②可以大致被认为是 $R(0.0) \rightarrow b_2(-92.4) \rightarrow P_1(-68.9)$ 两步反应,需要克服 23.5 kcal/mol 的能垒,通过中间体 b_2 的 C—N 键断裂后可以直接生成 P_1。图 5-7 显示 $b_2 \rightarrow P_1$ 过程 C—N 键的能垒曲线,说明这是无势垒过程。虽然 $b_2(-92.4) \rightarrow P_1(-68.9)$ 的势垒为 23.5 kcal/mol,但是之前的 $R(0.0) \rightarrow b_2(-92.4)$ 的富能过程可以促进该步骤容易进行。

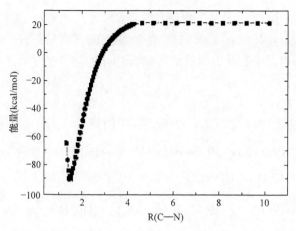

图 5-6 B3LYP/6-311G(d，p)方法计算 $b_1 \rightarrow P_1$ 过程 C—N 键的能垒曲线

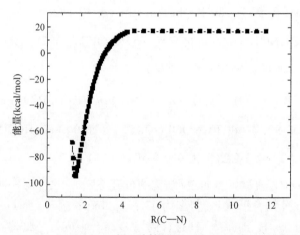

图 5-7 B3LYP/6-311G(d，p)方法计算 $b_2 \rightarrow P_1$ 过程中 C—N 键的能垒曲线

中间体 b_1 和 b_2 是异构体，由于 OCNO 的主链能形成"双-单-双"的共轭键结构，所以它们的相对能量值都很低，二者的 C—N 键长分别为 1.534 Å 和 1.535 Å，因此，它们都可以通过 C—N 键断裂转化为产物 P_1。

路径 $P_1$①和 $P_1$②分别涉及 2 步和 4 步反应，步骤都较少，并且中间体、过渡态和产物都比反应物的相对能量低，从热力学和动力学的角度来看，这些因素都使得这两个路径很容易进行。

5. P_5 路径，主要反应路径

从图 5-4 可以看出，P_5(H+NO+CO) 路径为 R(0.0)→P_1(HCO+NO)(−68.9)→P_1/P_5(−55.6)→P_5(−59.5)，只有一条路径，而且是 P_1 反应路径的二级反应过程。P_1

的 HCO 分解成 H 和 CO，C—H 键断裂需要克服很低的势垒 13.3 kcal/mol，最终生成产物 P_5。这个路径只有三步，这将使得路径 P_5 很容易进行。另外，需要克服的势垒很低，从热力学和动力学的角度都能说明 P_5 路径是主要反应路径。

6. P_3 路径

图 5-4 显示从产物 R 到 P_3(NCO+OH)有四条路径：

R(0.0)→b_1(HC(O)NO)(−89.4)→b_1/c(−45.7)→c(HN(O)CO)(−65.0)

　　→c/f(−42.4)→f(HONCO)(−106.9)→P_3(−59.8)　　　　　　　　　①

R(0.0)→b_1(HC(O)NO)(−89.4)→b_1/d(−25.2)→d(H(CNOO))(−38.3)→d/e(40.8)

　　→e(HOONC)(−16.1)→e/h(9.2)→h(HOOCN)(−68.5)→P_3(−59.8)　　②

R(0.0)→b_1(HC(O)NO)(−89.4)→b_1/d(−25.2)→d(H(CNOO))(−38.3)→d/e(40.8)

　　→e(HOONC)(−16.1)→e/g(37.8)→g(HO(O)CN)(−4.7)→g/h(3.8)

　　→h(HOOCN)(−68.51)→P_3(−59.8)　　　　　　　　　　　　　③

R(0.0)→b_1(HC(O)NO)(−89.4)→b_1/b_3(−56.1)→b_3(HC(O)NO)(−89.5)

　　→b_3/d(−92.7)→d(H(CNOO))(−38.3)→d/e(40.8)→e(HOONC)(−16.1)

　　→e/h(9.2)→h(HOOCN)(−68.5)→P_3(−59.8)　　　　　　　　　④

在路径 $P_3$①中，通过具有 HCN 结构的过渡态 b_1/c，b_1 中 C—H 键断裂，H 原子发生了迁移与 N 结合形成 c，势垒为 43.7 kcal/mol；接着，通过 HCO 结构的过渡态 c/f，c 中的 N—H 键断裂，H 迁移到与 O 结合生成 f，势垒为 22.6 kcal/mol，最终，中间体 f 中的 N—O 键断裂，直接生成产物 P_3。图 5-8 为 f→P_3 过程 N—O

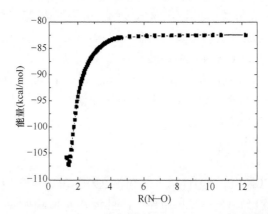

图 5-8　B3LYP/6-311G(d，p)方法计算 f→P_3 过程 N—O 键的能垒曲线

键的能垒曲线，此过程无势垒。整个过程的势垒值高达 47.1 kcal/mol，从能量的角度来讲，此过程较难实现。

在路径 $P_3$②和 $P_3$③中，子过程 R(0.0)→b_1(−89.4)→b_1/d(−25.2)→d(−38.3)→d/e(40.8)→e(−16.1)是共有的步骤，中间体 b_1 通过 O 原子与 O 原子的接近，组成了 d 中的 O—O 键，形成 CNOO 结构，势垒高达 64.2 kcal/mol；接着，通过具有 HCNOO 的过渡态 d/e，d 经过 C—H 键断裂形成 e，势垒为 79.1 kcal/mol，甚至比 64.2 kcal/mol 还要高，这将造成路径 $P_3$②和 $P_3$③不易进行。路径 $P_3$②中，通过 NCO 结构的过渡态 e/h，e 中的 N 发生迁移形成 h，势垒为 25.3 kcal/mol。路径 $P_3$②中，中间体 e 经 C—O 键的形成组成一个 NCOO 的结构形成 g，然后 N—O 键发生断裂；接着，C 和 O 原子逐渐接近形成中间体 g 中的 C—O 键，经过具有 COO 的过渡态 g/h，另一个 C—O 键断裂形成 h。路径 $P_3$②和 $P_3$③具有共有的最终步骤，h(HOOCN)→P_3，中间体 h 具有直线结构，此过程的势垒为 8.7 kcal/mol，然后，具有 1.484 Å 键长的 O—O 键发生断裂，最终直接生成产物 P_3。通过 O—O 键发现，该步骤是无势垒过程。

路径 $P_3$④中，中间体 b_1 通过过渡态 b_1/b_3 形成 b_3，能垒为 33.3 kcal/mol。在分过程 b_3(−89.5)→b_3/d(−92.7)→d(H(CNOO))(−38.3)中，实现第一步没有困难，但是实现第二步的话需要克服 54.4 kcal/mol。下一个分过程 d(H(CNOO))→d/e→e(HOONC)→e/h→h(HOOCN)→P_3 已经在路径 $P_3$②中讨论过了。

过渡态 d/e、e/h、e/g 和 g/h 的相对能量都是正值，也就是说，它们的实际能量都比反应物的高，因此，路径 $P_3$②、$P_3$③和 $P_3$④都是很难进行甚至是不可能进行的，它们分别涉及 8 步、10 步、10 步，这会使得 P_3 产物路径不容易实现。

7. P_6 路径

图 5-4 显示从反应物 R 到产物 P_6(CNO+OH)有三条路径：

R(0.0)→b_1(HC(O)NO)(−89.4)→b_1/b_2(−89.1)→b_2(HC(O)NO)(−92.4)

　　　　→b_2/i(−19.6)→i(HOCNO)(−72.6)→P_6(2.8)　　　　　　　　①

R(0.0)→e(HOONC)(−16.1)→P_6(2.8)　　　　　　　　　　　　　　②

R(0.0)→b_1(HC(O)NO)(−89.4)→b_1/b_3(−56.1)→b_3(HC(O)NO)(−89.5)

　　　　→b_3/i(−19.7)→i(HOCNO)(−72.6)→P_6(2.8)　　　　　　　③

路径 $P_6$①中，中间体 b_1 通过过渡态 b_1/b_2 异构化成 b_2，势垒仅为 0.3 kcal/mol。分过程 b_2(−92.4)→b_2/i(−19.6)→i(−72.6)的势垒为 72.8 kcal/mol，数值如此之高会导致这个过程不易进行。经过 HCO 结构的过渡态 b_2/i，H 原子从 C 迁移到 O 原子上，中间体 i 必须克服 75.4 kcal/mol 的势垒才能生成产物 P_6，这个能量太高，会造成反应不易进行。

路径 $P_6$②中，中间体 e(HOONC)可以经过 O—O 键断裂直接生成 P_6，势垒为 18.9 kcal/mol，这个能量比较低，反应容易进行。

路径 $P_6$③中，中间体 b_1 经过过渡态 b_1/b_3 形成 b_3，势垒为 33.3 kcal/mol。接着，中间体 b_3 经过 H 原子从 C 迁移到 O 形成 i，势垒为 69.9 kcal/mol，这个能量很高，会阻止反应进行。

产物 P_6(CNO+OH)的相对能量是 2.8 kcal/mol，比反应物高，因此，路径 P_6 是 O+HCNO 反应的非常次要的路径。总而言之，路径 $P_6$①、$P_6$②和 $P_6$③都不容易进行。

8. P_7 路径

图 5-4 显示从反应物 R 到产物 P_7(HCN+O_2)只有一条反应路径，为 R(0.0)→b_1(HC(O)NO)(−89.4)→b_1/b_2(−89.1)→b_2(HC(O)NO)(−92.4)→b_2/c(−63.1)→c(HN(O)CO)(−65.0)→c/y(−5.6)→y(H(NOOC))(−6.9)→y/d(23.3)→d(H(CNOO))(−38.3)→d/P_7(−32.7)→P_7(−37.1)。

在分路径 b_2(−92.4)→b_2/c→c(−65.0)中，经过具有 HCN 结构的过渡态 b_2/c，中间体 b_2 经过 H 原子从 C 迁移到 N 上形成 c，势垒为 29.3 kcal/mol。下一个分路径 c(−65.0)→c/y(−5.6)→y(−6.9)，中间体 c 经过形成 O—O 键后组成的 NOOC 形成 y，势垒为 59.4 kcal/mol。在随后的分路径 y(−6.9)→y/d(23.3)→d(−38.3)中，具有 NOOC 结构的中间体 y 经过 H 原子从 N 迁移到 C 形成同样具有 NOOC 结构的 d，势垒为 30.2 kcal/mol。最后的分路径 d(−38.3)→d/P_7(−32.7)→P_7(−37.1)，由于 d/P_7 的相对能量为 5.6 kcal/mol，比中间体 d 高，因此，通过 C—O 键断裂会无势垒地重复之前的过程。而且，过渡态 y/d 的相对能量为正值，这说明它的能量高于反应物，因此，路径 P_7 能量不可行。另外，路径 P_7 涉及 11 步，同样会使得此路径不容易进行。

9. P_8 路径，主要反应路径

图 5-4 显示从反应物 R 到产物 P_8(HON+CO)仅有一条反应路径，为 R(0.0)→b_1(HC(O)NO)(−89.4)→b_1/b_2(−89.1)→b_2(HC(O)NO)(−92.4)→b_2/P_8(−57.9)→P_8(−60.5)。

分路径 b_1(−89.4)→b_1/b_2(−89.1)→b_2(−92.4)过程的势垒仅为 0.3 kcal/mol，很容易被克服，因此，路径 P_8 可以被简单地认为是 R(0.0)→b_2(−92.4)→b_2/P_8(−57.9)→P_8(−60.5)，仅涉及 3 步。过渡态 b_2/P_8 中的 C···H 和 N···C 键长分别为 1.535 Å 和 2.366 Å，它们将 HON 和 CO 连接在一起，最终很容易地生成产物 P_8(HON+CO)，势垒为 34.5 kcal/mol，因此，路径 P_8 是个低能过程，生成 HON 和 CO。

10. 小结

产物路径 P_5(H+NO+CO)和 P_8(HON+CO)能量可行，也都是主要的产物路径；

另外，P_1(HCO+NO)可以形成产物 P_5。产物路径 P_4(NH+CO_2)能量可行性较小，是次要反应路径；产物 P_2(HNO+CO)可以形成产物 P_4。产物 P_3(NCO+OH)、P_6(CNO+OH)和P_7(HCN+O_2)能量可行较小，甚至完全不可行，它们是非常次要反应路径。以上的理论结果与红外二极管吸收光谱实验观察到 O+HCNO 反应的结果完全一致[18]。另外，产物 P_6(CNO+OH)和P_8(HON+CO)是我们得到的新的产物路径，可从理论的角度对 O+HCNO 的反应机理进行预测性的补充。

5.4　H_2O+HCNO 反应机理

图 5-9 至图 5-11 分别是经过几何优化后的反应物、产物、中间体和过渡态。

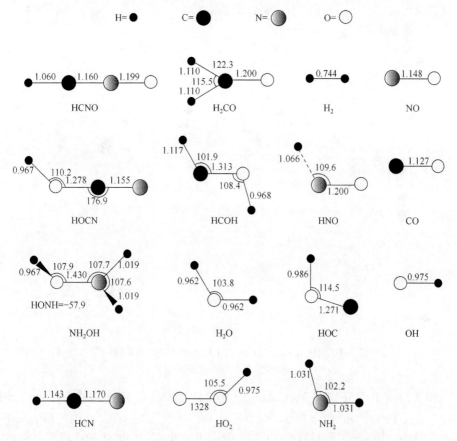

图 5-9　B3LYP/6-311G(d，p)优化后的反应物 R(H_2O+HCNO)、产物 P_1(H_2O+NCOH)、P_2(CO+NH_2+OH)、P_3(HNO+HCOH)、P_4(HCN+HO_2+H)、P_5(HNO+H_2CO)、P_6(CO+NH_2OH)、P_7(H_2+NO+HOC)的几何构型

链长单位为 Å，键角单位为(°)

图 5-9 是在 B3LYP/6-311G(d, p)水平下优化的反应物 R(H₂O+HCNO)、产物 P₁(H₂O+NCOH)、P₂(CO+NH₂+OH)、P₃(HNO+HCOH)、P₄(HCN+HO₂+H)、P₅(HNO+ H₂CO)、P₆(CO+NH₂OH)、P₇(H₂+NO+HOC)的几何构型。图 5-10 是在 B3LYP/6-311G(d, p)水平下优化的中间体,它们大多数都是异构体,例如,b_4 和 a_5 和 b_3 是异构体,结构均为 HC(OH)NOH。中间体 a 和 e 的结构分别为 HC(OH₂)NO 和 HC(O)N(OH)H,中间体 1、2 和 3 都由四到五个原子组成,结构分别为 HNOH₂、HCOH、HOCNO,显示在图 5-9 中。

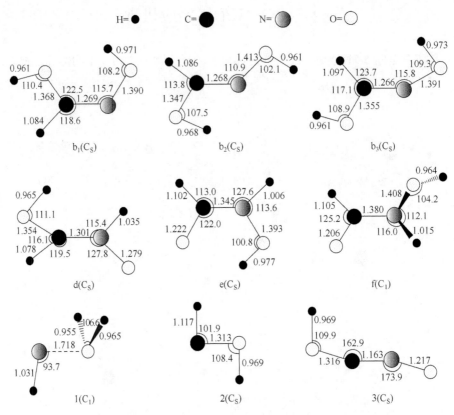

图 5-10　B3LYP/6-311G(d, p)优化后的中间体几何构型
链长单位为 Å,键角单位为(°)

图 5-11 是在 B3LYP/6-311G(d, p)水平下优化的所有 17 个过渡态:a/b_1、a/d、$a/2$、b_1/b_2、b_2/b_3、b_2/P_1、$b_3/3$、a/P_4、d/P_3、d/e、e/f、$f/1$、e/P_6、$1/P_6$、$2/P_5$、$3/P_7$、P_6/P_2,其中,用 x/y 表示过渡态,x 和 y 分别表示相应的中间体和过渡态,中间体 1、2 和 3 的结构分别为 1(CO+HNOH₂)、2(HNO+HCOH)和 3(H₂+HOCNO),与 1、2 和 3 相关的过渡态有 $1/P_6$、$2/P_5$ 和 $3/P_7$,它们是由四原子或者五原子组成的过渡态,结构分别为 HNOH₂/NH₂OH、HCOH/H₂CO 和 HOCNO/(NO+HOC),即

$$1/P_6 = 1(CO + HNOH_2)/P_6(CO + NH_2OH) = CO + HNOH_2/NH_2OH$$

$$2/P_5 = 2(HNO + HCOH)/P_5(HNO + H_2CO) = HNO + HCOH/H_2CO$$

$$3/P_7 = 3(H_2 + HOCNO)/P_7(H_2 + NO + HOC) = H_2 + HOCNO/(NO + HOC)$$

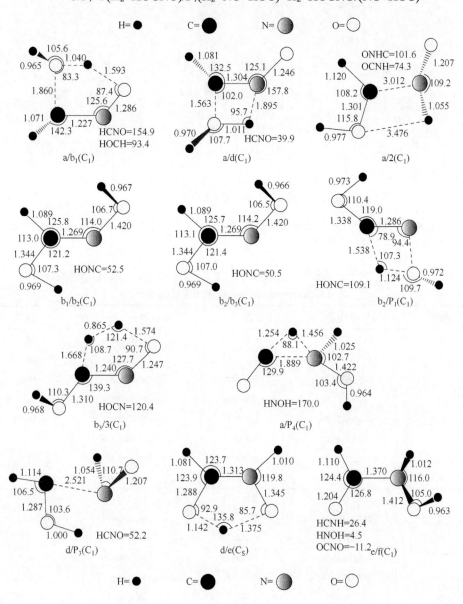

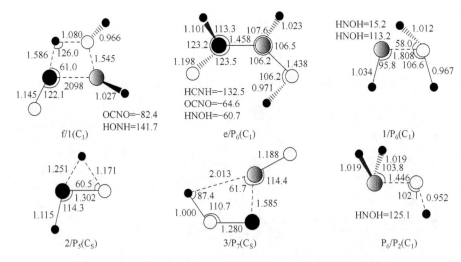

图 5-11　B3LYP/6-311G(d，p)优化后的 17 个过渡态的几何构型

链长单位为 Å，键角单位为(°)

理论预测反应物、产物、中间体和过渡态在不同水平下的总能量和相对能量都列在表 5-2 中。

表 5-2　反应物、产物、中间体和过渡态的 DFT 和 CCSD(T)水平下的总能量(Hartree)、
ZPVE(Hartree/particle)和相对能量(kcal/mol)

物种	B3LYP/6-311G(d，p)	ZPVE	CCSD(T)/6-311G(d，p)	ΔE
R	−245.0700393	0.040745	−244.4899690	0.0
P_1	−245.1431224	0.044986	−244.5734828	−49.7
P_2	−245.1468700	0.046220	−244.5908796	−59.9
P_3	−244.9788199	0.044516	−244.5044024	−6.7
P_4	−245.0678700	0.048915	−244.5292935	−19.5
P_5	−245.0452525	0.040337	−244.4829538	4.1
P_6	−244.9958569	0.032386	−244.5364111	−34.4
P_7	−246.0258822	0.027777	−244.5182932	−25.9
1	−245.0007276	0.041581	−244.5174181	−16.7
2	−244.9610124	0.040557	−244.4607775	18.2
3	−243.8372338	0.024430	−244.4988329	−15.8
b_1	−245.1070366	0.049449	−244.5300659	−19.7
b_2	−245.1153614	0.049815	−244.5381661	−24.6
b_3	−245.0964633	0.048389	−244.5296444	−20.1
d	−245.0816075	0.049289	−244.5157239	−10.8
e	−245.1241827	0.049229	−244.5418695	−27.2

续表

物种	B3LYP/6-311G(d, p)	ZPVE	CCSD(T)/6-311G(d, p)	ΔE
f	−245.1239784	0.048585	−244.5443311	−29.2
a/b_1	−245.0282525	0.044643	−244.4634042	19.1
a/d	−244.9977592	0.046144	−244.4721439	14.6
a/2	−244.9648017	0.043650	−244.4548855	23.8
a/P_4	−245.0678700	0.048915	−244.4839559	8.9
b_1/b_2	−245.1070366	0.049449	−244.5100661	−18.2
b_2/b_3	−245.1070366	0.049447	−244.5100667	−18.3
b_2/P_1	−245.1153615	0.049810	−244.5281679	−18.3
b_3/3	−245.0964632	0.048392	−244.5173798	−12.4
d/P_3	−244.9788199	0.044515	−244.4544029	24.7
d/e	−245.0974899	0.046466	−244.5101594	−9.1
e/f	−245.1089108	0.048764	−244.5278714	−18.8
f/1	−245.0154530	0.041657	−244.4473396	27.3
e/P_6	−245.0035586	0.042342	−244.4939529	−1.5
1/P_6	−245.0945708	0.044952	−244.5103612	−10.2
2/P_5	−245.0452524	0.040333	−244.4500357	24.8
3/P_7	−243.8372338	0.024230	−243.3229314	−4.9
P_6/P_2	−245.1029721	0.045353	−244.5260792	−19.8

注：ΔE 为基于 DFT-B3LYP/6-311G(d, p)振动频率、经过 ZPVE 校正的相对能量

图 5-12 中是 CCSD(T)/6-311G(d, p)//B3LYP/6-311G(d, p)+ZPVE 的方法和水平下计算的 H_2O+HCNO 反应的势能面(PES)信息。

1. P_6 和 P_3 产物路径共同的步骤

R→d 是产物 P_6 和 P_3 的共同步骤，表示为

$$R(H_2O+HCNO)(0.0) \rightarrow a/d(14.6) \rightarrow d(HC(OH)N(O)H)(-10.8)$$

其中，a/d 是具有中心的过渡态，连接反应物和 d，它的几何构型显示在图 5-11中。H_2O 中 O—H 键发生断裂、H 原子发生迁移后与 N 相连，通过过渡态 a/d 形成 d。R→d 的过程是个能量低的吸热过程，R(0.0)→a/d(14.6)可以通过四中心的过渡态 a/d 很容易进行。

2. P_6 路径，主要产物路径

图 5-12 显示 P_6 路径以 R→d 作为初始步骤，可以表示为

R(0.0)→d(−10.8)→d/e(−9.1)→e(−27.2)→e/f(−18.8)→f(−29.2)→f/1(−27.3)→1(−16.7)

　　　→1/P$_6$(−10.2)→P$_6$(−34.4)

其中，CO 分子在 1→P$_6$ 分过程中保持不变，与 1(CO+HNOH$_2$) 和 P$_6$(CO+NH$_2$OH) 有关的过渡态 1/P$_6$=CO+HNOH$_2$/NH$_2$OH 的势垒等同于与 HNOH$_2$ 和 NH$_2$OH 有关的五原子分子的过渡态 HNOH$_2$/NH$_2$OH 的势垒。HNOH$_2$ 中的 H 经过 O—H 键断裂发生迁移后连接在 N 原子上，生成 NH$_2$OH。

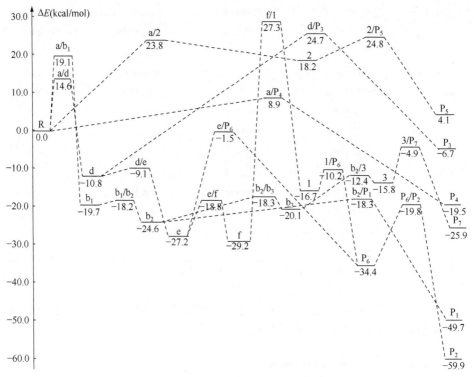

图 5-12　H$_2$O+HCNO 反应的势能面

初始能量为−243.1284025 Hartree，相对能量数值来源于表 5-2

　　　在 R(0.0)→e(−27.2)过程中，经过能量很高的 f/1 过渡态生成 P$_6$，不被认为是重要的反应路径。但还有另外一条反应路径 P$_6'$：

R(0.0)→d(−10.8)→d/e(−9.1)→e(−27.2)→e/P$_6$(−1.5)→P$_6$(−34.4)

其中，e/P$_6$ 是由七个原子组成的四中心过渡态。因为所有过渡态的能量都在 R 之下，而且路径 P$_6'$ 的反应步骤也比路径 P$_6$ 少，因此，路径 P$_6'$ 比路径 P$_6$ 更容易进行，被认为是主要反应路径。

3. P$_3$路径，非常次要产物路径

仍然以共有的 R→d 部分作为初始步骤，路径 P$_3$ 可以被写成

$$R(0.0)\rightarrow d(-10.8)\rightarrow d/P_3(24.7)\rightarrow P_3(HNO+HCOH)(-6.7)$$

其中，相对能量为 24.7 kcal/mol 的过渡态 d/P$_3$ 的几何构型显示在图 5-11 中，它拥有键长为 2.521 Å 的疏松键 C···N 连接 HCOH 和 HNO 两部分，即 HC(OH)···(H)NO。中间体 d(HC(OH)N(O)H)经过过渡态 d/P$_3$ 被分解为 HCOH 和 HNO 两部分，即 d 中 C···N 键的断裂直接生成产物 P$_3$(HNO+HCOH)。

R(0.0)→d(−10.8)的放热过程不能帮助分过程 d(−10.8)→d/P$_3$(24.7)→P$_3$(−6.7)顺利进行从而生成产物 P$_3$，因此，路径 P$_3$ 是非常次要产物。

4. P$_5$路径，非常次要产物路径

从图 5-12 中的 PES 图可以看到路径 P$_5$(HCO+NO)：

$$R(H_2O+HCNO)(0.0)\rightarrow a/2(23.8)\rightarrow 2(HNO+HCOH)(18.2)\rightarrow 2/P_5(24.8)\rightarrow P_5(HNO+H_2CO)(4.1)$$

其中，优化后的 HCOH 和 H$_2$CO 的几何构型显示在图 5-9 中，HNO 分子在分过程 2→P$_5$ 一直保持不变。

在路径 P$_5$ 中，相对能量为 23.8 kcal/mol 的过渡态 a/2 中有两个疏松键 C···N 和 O···H 连接 HCOH 和 HNO 两部分，它们的键长分别为 3.012 Å 和 3.476 Å。反应物 R 经过过渡态 a/2 通过 C—N 键断裂分解成 HCOH 和 HNO 两部分，即 2(HNO+HCOH)。

在路径 P$_5$ 中，与 HCOH 和 H$_2$CO 有关的三中心过渡态 HCOH/H$_2$CO，过渡态 HCOH/H$_2$CO 的势垒等同于与 2(HNO+HCOH)和 P$_5$(HNO+H$_2$CO)相关的 2/P$_5$= HNO+HCOH/H$_2$CO 的势垒。HCOH 中的 H 原子经过过渡态 HCOH/H$_2$CO、O—H 键断裂后，与 C 原子相连生成 H$_2$CO。

在路径 P$_5$ 中，由于过渡态 a/2 具有很高的相对能量，R(0.0)→a/2(23.8)的吸能步骤不能促使 a/2(23.8)→2(HNO+HCOH)(18.2)很顺利地进行，随后的过程可以被认为是 2(HNO+HCOH)(18.2)→2/P$_5$(24.8)→P$_5$(HNO+H$_2$CO)(4.1)。由于相对能量为 24.8 kcal/mol 的过渡态 2/P$_5$ 与反应物 R 的能量相比并不是很高，可见，温度效应可以帮助 2(HNO+HCOH)(18.2)→2/P$_5$(24.8)→P$_5$(HNO+H$_2$CO)(4.1)顺利进行。

5. P$_1$和 P$_7$路径

从图 5-12 中的 PES 可以看出，P$_1$(H$_2$O+NCOH)路径为：

$$R(0.0)\rightarrow a/b_1(19.1)\rightarrow b_1(-19.7)\rightarrow b_1/b_2(-18.2)\rightarrow b_2(-24.6)\rightarrow b_2/P_1(-18.3)\rightarrow P_1(-49.7)$$

其中，反应物 R(H$_2$O+NCOH)、产物 P$_1$(H$_2$O+HOCN)、中间体 b$_1$、b$_2$ 以及过渡态

$(a/b_1$、b_1/b_2、$b_2/P_1)$的几何结构显示在图 5-10 和图 5-11 中。通过分析 R 到 P_1 之间的相对能量可以知道，路径 P_1 是低能路径，并且能量可行，因此，路径 P_1 是主要产物路径。

可将路径 $P_7(H_2+NO+HOC)$ 写成以下形式：

$R(0.0)\rightarrow a/b_1(19.1)\rightarrow b_1(-19.7)\rightarrow b_1/b_2(-18.2)\rightarrow b_2(-24.6)\rightarrow b_2/b_3(-18.3)\rightarrow b_3$ $(-20.1)\rightarrow b_3/3(-12.4)\rightarrow 3(-15.8)\rightarrow 3/P_7(-4.9)\rightarrow P_7(-25.9)$。其中，$H_2$ 分子在 $3\rightarrow P_7$ 过程中保持不变，从 R 到 P_7 涉及 10 步反应。通过将路径 P_7 与 P_1 进行对比可以很容易地看出，两条路径都具有相同的 R 到 b_2 过程，为了能够更清晰地进行对比，将路径 P_1 写成：

$$b_2(-24.6)\rightarrow b_2/P_1(-18.3)\rightarrow P_1(-49.7)$$

路径 P_7 写成：

$b_2(-24.6)\rightarrow b_2/b_3(-18.3)\rightarrow b_3(-20.1)\rightarrow b_3/3(-12.4)\rightarrow 3(-15.8)\rightarrow 3/P_7(-4.9)\rightarrow P_7(-25.9)$

从以上可以看出路径 $P_7(H_2+NO+HOC)$ 是低能路径。但却涉及 10 步，使得此路径不容易进行。

6. P_4 路径

从图 5-12 中的 PES 可以看出，路径 P_4 形式为：

$$R(H_2O+HCNO)(0.0)\rightarrow a/P_4(8.9)\rightarrow P_4(HCN+HO_2+H)(-19.5)$$

$R\rightarrow a/P_4(8.9)$ 仅需要克服 8.9 kcal/mol，与其他路径相比，这个势垒最低，因此，P_4 能量上可行，并且是主反应路径。

7. P_2 路径

图 5-12 中的 PES 显示，经过过渡态 P_6/P_2 从 P_6 生成 $P_2(CO+NH_2+OH)$：

$$R(0.0)\rightarrow P_6(CO+NH_2OH)(-34.4)\rightarrow P_6/P_2(-19.8)\rightarrow P_2(CO+NH_2+OH)(-59.9)$$

其中，为了方便，用 $R\rightarrow P_6$ 表示路径 P_6，随后的路径 P_6 具有足够的能量通过过渡态 P_6/P_2，生成产物 $P_2(CO+NH_2+OH)$。

8. 小结

$H_2O+HCNO$ 反应有七条产物路径，都总结在 PES 图中，由此可以判断各个路径是能量可行还是不可行的。$P_1(H_2O+NCOH)$、$P_2(NH_2+CO_2)$、$P_4(HCN+HO_2)$ 和 $P_6(CO+H_2NO)$ 是能量可行的，也是主要的反应路径；路径 $P_7(CO+H_2+NO)$ 是次要反应路径；$P_3(HNO+HCO)$ 和 $P_5(NO+H_2CO)$ 是非常次要反应路径，能量不可行。以上的理论结果可以为日后的实验工作提供理论指导。

参 考 文 献

[1] Miller J A, Klippenstein S J, Glarborg P. A kinetic issue in reburning: The fate of HCNO [J]. Combustion and Flame, 2003, 135: 357-362.

[2] Zhang W, Du B, Feng C. Theoretical investigation of reaction mechanism for $CH_2(X^3B_1)$ with NO radical [J]. Journal of Molecular Structure: THEOCHEM, 2004, 679(1-2): 121-125.

[3] Eshchenko G, Kocher T, Kerst C, Temps F. Formation of HCNO and HCN in the 193 nm photolysis of H_2CCO in the presence of NO [J]. Chemical Physics Letters, 2002, 356(1-2): 181-187.

[4] Bauerle S, Klatt M, Wagner H Gg. Investigation of the reaction of 3CH₂ with NO at high temperatures [J]. Berichte der Bunsengesellschaft für physikalischeChemie, 1995, 99(2): 97-104.

[5] Gruβdorf J, Temps F, Wagner H Gg.An FTIR study of the products of the reaction between $CH_2(X^3B_1)$ and NO [J]. Berichte der Bunsengesellschaft für physikalische Chemie, 1997, 101(1): 134-138.

[6] Meyer J P, Hershberger J F. Product channels of the HCCO + NO reaction [J]. Journal of Physical Chemistry B, 2005, 109(17): 8363-8366.

[7] Vereecken L, Sumathy R, Carl S A, Peeters J. NO_x reduction by reburning: Theoretical study of the branching ratio of the HCCO + NO reaction [J]. Chemical Physics Letters, 2001, 344(3-4): 400-406.

[8] Tokmakov I V, Moskaleva L V, Paschenko D V, Lin M C. Computational study of the HCCO+ NO reaction: *Ab initio* MO/vRRKM calculations of the total rate constant and product branching ratios [J]. Journal of Physical Chemistry A, 2003, 107(7): 1066-1076.

[9] Rim K T, Hershberger J F. Product branching ratio of the HCCO + NO reaction [J]. Journal of Physical Chemistry A, 2000, 104(2): 293-296.

[10] Eickhoff U, Temps F. FTIR study of the products of the reaction between HCCO and NO [J]. Physical Chemistry Chemical Physics, 1999, 1: 243-251.

[11] Nguyen M T, Boullart W, Peeters J. Theoretical characterization of the reaction between nitric oxide and ketenyl radicals (HCCO+ NO): CO versus CO_2 loss [J]. Journal of Physical Chemistry, 1994, 98(33): 8030-8035.

[12] Pasinszki T, Kishimoto N, Ohno K. Two-dimensional penning ionization electron spectroscopy of NNO, HCNO, and HNNN: Electronic structure and the interaction potential with He*(2³S) metastable and Li(2²S) ground state atoms [J]. Journal of Physical Chemistry A, 1999, 103(34): 6746-6756.

[13] Wentrup C, Gerecht B, Briehl H. A new synthesis of fulminic acid [J]. Angewandte Chemie—International Edition, 1979, 18(6): 467-468.

[14] Wilmes R, Winnewisser M. Preparation of ¹⁵N-¹³C-fulminic acid [J]. Journal of Labelled Compounds and Radiopharmaceuticals, 1993, 33(2): 157-159.

[15] Feng W, Meyer J P, Hershberger J F. Kinetics of the OH + HCNO Reaction [J]. Journal of Physical Chemistry A, 2006, 110(13): 4458-4464.

[16] Feng W, Hershberger J F. Kinetics of the CN + HCNO reaction [J]. Journal of Physical Chemis-

try A, 2006, 110(44): 12184-12190.

[17] Feng W, Hershberger J F. Kinetics of the NCO + HCNO Reaction [J]. Journal of Physical Chemistry A, 2007, 111(19): 3831-3835.

[18] Feng W, Hershberger J F. Kinetics of the O + HCNO reaction [J]. Journal of Physical Chemistry A, 2007, 111(42): 10654-10659.

[19] Miller J A, Durant J L, Glarborg P. Some chemical kinetics issues in reburning: The branching fraction of the HCCO + NO reaction [J]. Symposium (International) on Combustion, 1998, 27(1): 235-243.

[20] Wang S, Yu J K, Ding D J, Sun C C. Theoretical study on the mechanism of OH + HCNO reaction [J]. Theoretical Chemistry Accounts, 2007, 118: 337-345.

[21] Li B T, Zhang J, Wu H S, Sun G D. Theoretical study on the mechanism of the NCO + HCNO reaction [J]. Journal of Physical Chemistry A, 2007, 111(30): 7211-7217.

[22] Quack M, Troe J. Unimolecular processes V: Maximum free energy criterion for the high pressure limit of dissociation reactions [J]. Berichte der Bunsengesellschaft für Physikalische Chemie, 1997, 81(3): 329-337.

第6章 高分子吸附

6.1 高分子的基本动力学模型和标度关系

在三维体系中，高分子的动力学会根据溶剂条件和高分子浓度的差异而呈现不同的行为，而高分子链在固体表面上或者表面附近扩散的动力学行为与它们在本体或者溶液中的行为会有很大不同。即便是最简单的模型，高分子没有任何一个链节与表面之间有吸引相互作用，情况仍然会非常复杂。在沿着表面和与表面垂直的两个方向上，高分子的链构象、局部链节密度会表现出各向异性，而且，随着离固体表面的距离远近不同而不同。此外，固体表面有一定粗糙度，对高分子链节有吸引作用等，这些都会影响高分子链在表面上的扩散动力学。

随着高分辨率的小角 X 射线散射(SAXS)、X 射线荧光相关光谱(XFCS)、近边 X 射线吸收精细结构光谱(NEXAFS)、二次离子质谱(SIMS)、原子力显微镜(AFM)等新技术的迅速发展，仪器分辨率已达到纳米级别，实现了实验上对单个高分子甚至亚高分子尺度开展研究的可能性[1]，不仅如此，还促进了表面分子自组装技术的日趋成熟，已成为高分子纳米材料研究中不可或缺的研究技术和实验手段。但是，影响高分子从三维溶液到二维固体表面吸附动力学的因素很多，在很大程度上制约了实验结果，甚至对于同一个体系，当运用同一方法时，不同的实验手段得到的结果，可重复性仍很低。

6.1.1 Rouse 模型

在 Rouse 模型中，用珠-簧模型来描述高分子链，粒子之间的受力只有弹簧力的作用，每个粒子所受到的摩擦力都是相互独立的，摩擦系数记为 ζ 。该模型中的溶剂分子可以自由地穿透高分子链所占的区域，即二者的运动互不相关，高分子链遵循理想链(高斯链)的统计规律。

整条 Rouse 链的摩擦系数等于每个粒子的摩擦系数的加和：

$$\zeta_{R} = N\zeta$$

整条链在运动速度等于 $\vec{v}$ 时，所受到的黏滞摩擦力为 $\vec{f} = -N\zeta\vec{v}$，再利用爱因斯坦关系(Einstein relation)，就可以得到扩散系数：

$$D_R = \frac{kT}{\zeta_R} = \frac{kT}{N\zeta}$$

高分子链通过扩散走出自身尺寸范围的所需特征时间，被称为 Rouse 时间，即 τ_R：

$$\tau_R \approx \frac{R^2}{D_R} \approx \frac{R^2}{kT/(N\zeta)} \approx \frac{\zeta}{kT} N R^2 \approx \frac{\zeta b^2}{kT} N^{1+2\nu} \approx \tau_0 N^{1+2\nu}$$

式中，高分子链的尺寸为 $R = bN^\nu$；Kuhn 单体的松弛时间为 $\tau_0 = \frac{\zeta b^2}{kT}$；$\nu$ 为 Flory 指数。Rouse 时间与高分子性质有关联：当时间尺度小于 Rouse 时间时，高分子的行为以黏弹模式为主；当时间尺度大于 Rouse 时间时，高分子链的运动就是简单的扩散行为。

6.1.2 Zimm 模型

在溶液中，一个运动的粒子必须带动周围溶剂分子一起运动，那么，就会受到来自周围其他溶剂分子对它的黏滞阻力。这个粒子受到来自距离它 r 处溶剂分子的力随着 r 的增加而衰减，而且衰减得很慢，这种由溶液中一个粒子的运动所引起的对其他粒子的长程作用力，称为流体力学相互作用(hydrodynamic interaction)。对于高分子链的珠-簧模型来说，任何一个粒子的运动都会对其他粒子产生流体力学相互作用，在 Rouse 模型中忽略了这种长程作用，而且，粒子间的作用只有连接它们的弹簧力。该假设适合于描述高分子熔体，却不适合于高分子稀溶液。

在稀溶液中，高分子链的单体之间有着明显的流体力学相互作用，在整个高分子链所占据的弥散空间(pervaded volume)中，高分子链节单体和溶剂分子之间也存在着很强的流体力学相互作用。高分子链运动时会带着同样存在于弥散空间中的溶剂分子一起运动，这就使得 Zimm 模型成为描述高分子在稀溶液中动力学最合适的模型。在该模型中，弥散空间中的高分子链和所有溶剂分子被看成一个整体。

假设高分子链团带着溶剂分子在弥散空间中一起运动，其大小等于链的尺寸 $R = bN^\nu$。根据 Stokes 定律，尺寸为 R 的高分子链在黏度为 η_S 的溶剂中运动时所受到的摩擦系数为：

$$\zeta_Z \approx \eta_S R$$

根据爱因斯坦关系，Zimm 模型中高分子的扩散系数与高分子的链尺寸呈反比：

$$D_Z = \frac{kT}{\zeta_Z} \approx \frac{kT}{\eta_S R} \approx \frac{kT}{\eta_S b N^v}$$

在 Zimm 模型中，高分子链通过扩散走出自身尺寸范围所需的特征时间，被称为 Zimm 时间，即 τ_Z：

$$\tau_Z \approx \frac{R^2}{D_Z} \approx \frac{\eta_S}{kT} R^3 \approx \frac{\eta_S b^3}{kT} N^{3v} \approx \tau_0 N^{3v}$$

式中，$\tau_0 \approx \eta_S b^3 / kT$ 是 Zimm 模型中的单体松弛时间。

6.1.3　Reptation 模型

1986 年，Edwards 提出了一种管子模型[2]，成功地解释了处在某种几何限制(比如熔体中的长链高分子和周围其他链之间的链缠结效应)中的长链高分子的动力学行为，模型示意图见图 6-1。在该模型中，高分子链和周围其他高分子链之间的链缠结效应使得高分子链的扩散被限制到一个类似管子的区域中，高分子链在这个管子中，沿着管子轴线的运动不受几何限制，单体沿着与轴线方向垂直的方向上运动，被周围其他链限制在一个平均长度为 a 的范围内，这个长度被称为管子直径。在与这个管子直径大小相当的一般链段内，所含有的连接数或者单体数为 N_e。在熔体中，链的行为遵循高斯链统计，体积排斥效应被屏蔽，因此，管子的直径可以按照理想链模型来处理。

$$a = b\sqrt{N_e}$$

式中，b 为单体的大小。这样，管子就可以看成是由 $\frac{N}{N_e}$ 个大小为 a 的链段组成，每个链段中含有 N_e 个单体。高分子链也可以看成是 N 个大小为 b 的单体的无规行走，或者 $\frac{N}{N_e}$ 个大小为 a 的缠结单元(entanglement strands)的无规行走：

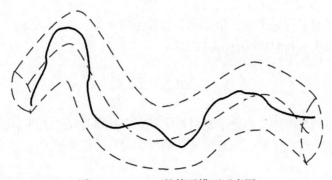

图 6-1　Edwards 的管子模型示意图

$$R \approx a\sqrt{\frac{N}{N_e}} \approx b\sqrt{N}$$

管子的平均长度 $\langle L \rangle$ 等于缠结单元的数目 $\frac{N}{N_e}$，再乘以尺寸 a：

$$\langle L \rangle \approx \frac{aN}{N_e} \approx \frac{b^2 N}{a} \approx \frac{bN}{\sqrt{N_e}}$$

这个平均长度要比高分子链的伸直长度(contour length)bN 短得多，因为熔体中的每一个缠结单元都是由 N_e 个单体的无规行走组成的，所以，二者相差了一个因子 $\frac{a}{b} \approx \sqrt{N_e}$。

对于高分子熔体体系来说，熔体中一条特定的链分子在弥散空间内有大约 $\sqrt{N}$ 条其他链与该链共享该空间，它们的运动形成了比较难解释的多体问题，这就使得理清链的动力学行为是比较困难的。但是，de Gennes 利用 Edwards 的管子模型聪明地将多体问题转换成了简单地被周围其他链分子限制在所形成的管子中的单链问题。de Gennes[3]提出的最简单的管子模型成功地解释了线性缠结链的动力学行为，该模型被称为蛇形链模型，也被称为 Reptation 模型，简单介绍如下。

在 de Gennes 的蛇形链模型中，缠结链沿着限制其运动的管子进行扩散的行为就像是一条蛇或者蠕虫的爬行，这种行为可以看成是由很多链圈(loop)沿着管子原始的轴线(primitive path)方向扩散而成。这种高分子链沿着管子的曲线扩散是由周围其他链分子对它构成的几何限制造成的。在管子直径的长度尺度内，高分子链感觉不到其他链对它的限制，可以自由地运动，仍然遵循高分子的统计规律，所以，这种沿着管子曲线扩散的曲线扩散系数 D_c 就等于链的扩散系数：

$$D_c = \frac{kT}{N\zeta}$$

高分子链通过这种曲线扩散运动，直至走出平均长度为 $\langle L \rangle$ 的原始管子所需的时间，被称为蛇行时间(reptation time)：

$$\tau_{rep} \approx \frac{\langle L \rangle^2}{D_c} \approx \frac{\zeta b^2}{kT} \frac{N^3}{N_e}$$

在这个蛇行时间尺度内，高分子链将走出其原有的自身尺寸范围 R，忘记原有的分子构象，这个过程中的直线扩散系数被称为蛇行扩散系数 D_{rep}：

$$D_{\text{rep}} \approx \frac{R^2}{\tau_{\text{rep}}} \approx \frac{kT}{\zeta} \frac{N_e}{N^2}$$

6.1.4　标度关系

Maier 和 Rädler 曾开展过一项非常有趣的实验[4,5]，在实验中观测了 DNA 分子在静电相互作用下被吸附到了一个流动的带正电的生物脂质双层膜(fluidic cationic lipid bilayer)上之后的链构象和动力学行为，他们把这样的实验环境近似看成二维稀溶液环境，高分子单链在该环境中的扩散动力学标度行为遵循 Rouse 模型的统计规律，这种高分子链的动力学行为可以用经典的二维自规避行走链

(self-avoiding walk)的统计模型来描述，在该模型中，$R_g \sim N^{\frac{3}{4}}$，其中，R_g 为高分子链的均方回转半径，N 为高分子链的聚合度。实验结果符合 Rouse 模型的标度关系，即高分子链的扩散系数 D 与聚合度 N 的关系为：$D \sim N^{-1}$。Zhang 和 Granick[6] 研究了吸附到磷脂层的高分子，也得到了相似的结果。Granick 课题组[7,8]研究了稀溶液中吸附到固体表面上高分子的动力学行为，发现符合 Reptation 模型的标度

关系，即高分子链的扩散系数 D 与聚合度 N 的关系为：$D \sim N^{-\frac{3}{2}}$。他们将产生不同标度关系的结果归因于表面模型的不同：前者是流动的生物脂质双层膜，属于流动的表面；而后者是固体表面，没有流动性。由此，他们得出结论：流体力学相互作用在固体表面体系中会起到重要作用，而在双层膜体系中，双层膜的流动性质能够屏蔽掉流体力学相互作用。此外，他们还提出了五种假设来解释在固体

表面吸附研究中发现的蛇行标度关系，即 $D \sim N^{-\frac{3}{2}}$。但是，却无法对这种特殊的蛇行标度规律给出确定的解释。因此，在发展和利用现有实验仪器条件研究高分子吸附的动力学过程之外，计算机模拟还可以有效地弥补实验上的不足。特别地，受限高分子在表面上的扩散是高分子物理研究领域中的重要研究课题[9-11]。

6.2　受限高分子表面吸附

高分子表面吸附在涂层工业中应用广泛，与表面黏附、液体在狭窄的几何容器内流动等特点有着密切关系，此外，液体在各向异性的表面上的运动行为还与被束缚在纳米结构器件中液体的基本性质相关联[12,13]，例如表面粗糙度对润湿过程的影响[14]，毛细管填充交换[15]等对制备纳米流体设备[16]、纳米模板[17]、表面流变学[18]等都有一定作用。但是，在大多数情况下，从实验的角度很难研究单一高分子链在极稀溶液体系中的运动。

　　高分子的多链表面吸附能形成薄膜或超薄膜，在工业上，无论是多孔的还是致密的高分子膜都有广泛的实用用途，如黏结、润滑、胶体稳定性、人造器官、生物相容性等[19-24]。以多孔膜为例，工业应用包括微滤、超滤、逆渗透、气体分离等。多孔膜上孔的大小和孔的分布是决定功能的主要因素，因此，控制多孔膜的形貌对其应用就有着重要的意义。致密的高分子膜作为"保护层"，能够帮助改变物质的硬度、提高抗氧化能力、减少摩擦等，是航空航天、汽车工业、医疗卫生等诸多领域中不可或缺的重要材料。但是，在制备过程中，热力学和动力学之间的关系很复杂，对多个影响因素很难做到单一控制，对实验上精准控制膜结构提出了挑战。此时，运用适合的计算机模拟方法来研究该过程，不仅可以节省大量的人力和物力，还能为实验提供可靠的理论依据和线索。

　　虽然已发表了不少相关研究结果，但是，此类体系仍存在一些问题尚未解决，例如高分子链在表面上二维吸附时的动力学标度关系、高分子膜的形成机理等等，这些问题不仅在设计功能性高分子纳米材料、控制高分子表面组装等相关研究方向有着重要的研究价值，还对高分子与表面的作用机理研究有着重要的研究意义。

6.3　聚乙烯醇与羟基化β-石英(100)表面

　　高分子在固-气表面上的行为涉及的分子定位等诸多问题是相关技术的关键之一[25,26]，高分子吸附到表面上形成薄膜更是现代材料科学的热门话题[27,28]，可应用到生物传感器、发光二极管、非线性光学器件、渗透选择性气体膜等领域[29-34]。通常是在真空或稀溶液中制备此类薄膜，调控高分子-表面相互作用、溶剂性质、表面粗糙度、温度、高分子链长等参数来控制高分子链的吸附。正确理解平衡吸附的吸附动力学和热力学过程有利于进一步提升产品性能。在实验中，很难做到逐一调控上述各影响因素，那么，也就无法明确特定环境因素所造成的相应影响。在计算能力得到快速提高的今天，以计算机为主体，在各模拟计算技术的帮助下搭载起来的"实验仪器"为解决上述问题创造了可能性。

　　Binder 课题组已成功利用计算机模拟研究了不同条件下的高分子膜[35-38]；Briggman 等利用模拟研究了聚苯乙烯在氧化硅衬底上的自由表面，他们发现，苯环基团远离表面[39]；Lu 和 Kim 等采用三维静电模型发现了高分子薄膜的表面图案，静电能与表面能之间的竞争使体系形成了特征柱状尺寸，此外，薄膜的厚度会显著影响增长率和柱体之间的距离[40]；Kumar 课题组利用分子动力学模拟方法发现了一种非湿润溶剂，它可以在比润湿溶剂低的黏附能情况下有利于高分子链的吸附[41]。

　　大多数研究高分子链物理吸附的模拟中，常常将固体表面的结构做冻结处理。

在众多的吸附表面中，为了应用的需要，当表面上修饰有诸如羟基的悬挂键或富含电荷时，在氢键或电荷转移等特定作用下，对亲水性高分子的吸附作用会非常强，那么，此类模型就不适合采取冻结结构的模式了。此外，表面上羟基的分布所形成的取向性氢键会大大影响高分子链的吸附动力学。β-石英的(100)和(111)面常被认为是二氧化硅最有代表性的两个表面，它们也容易被羟基化而悬挂诸多羟基，与富含羟基结构的高分子链之间形成的强相互作用，会大大改变高分子的吸附行为。

聚乙烯醇是包含羟基结构最简单的高分子链，研究它在表面上的吸附行为可以帮助我们理解同样包含羟基但比聚乙烯醇结构更加复杂的高分子的吸附行为。稀溶液中的高分子可以通过将单分子放置在一个尺寸够大的模拟箱中来模拟，在该体系中，高分子链与镜像没有相互作用。在该工作中，我们利用分子动力学研究了不同链长聚乙烯醇链在吸附过程中的平衡构型和动力学性质。不同的溶剂性质对高分子的吸附也有很大影响：真空中，PVA 链牢牢吸附在表面上，其在表面上的运动能力严重下降，表面起到了模板的作用，通常来讲，链会沿着(110)方向取向，当链长大于临界链长时，PVA 链会采取折叠方式吸附且结构呈现一定规整度，相反地，在溶液中，PVA 链与表面之间的氢键数量锐减，PVA 链就很难呈现规整的结构了。

6.3.1　模型构建和模拟方法

我们利用 SGI 工作站上的 Cerius2 程序包来执行分子动力学模拟，在 298 K 温度下，从 β-石英完美晶体上取 11 原子层厚度，构建表面规则分布羟基的无缺陷(100)面[41-43]，以此作为亲水表面并建立三维周期性边界条件，在该平面之上设置 70 Å 高度的真空层，足以忽略 Z 方向相邻平面之间的相互作用。上下表面的悬挂键都被氢原子饱和，那么，上表面呈现羟基化状态[44]。PVA 链的链长 N=10、20、30、50 和 60，前两个链长体系采用 57.68 Å×57.68 Å×70 Å 尺寸的模拟箱，后三个链长体系采用 86.52 Å×86.52 Å×70 Å 尺寸的模拟箱，根据不同的体系大小将表面构建得足够大，以保证吸附的 PVA 链不会在 XY 平面上与相邻的镜像结构发生作用。但表面上的羟基分布密度是恒定的，即 $1.278\times10^{-5}\,mol/m^2$。

我们先通过能量最小化来松弛高分子链和表面的不利结构，然后在 300 K 温度下利用 NVT(恒物质的量、恒体积、恒温)系综中的 Nosé-Hoover 恒温方法[45]执行分子动力学模拟。采用高精确 COMPASS(Condensed-phase Optimized Molecular Potentials for Atomistic Simulation Studies)力场，该力场采用一套复杂的势能函数来描述能量，即采用级数展开达三项的方式来描述全原子水平的原子-原子之间的相互作用，其中键合项包括由键伸展的对角和交叉耦合项、键角弯曲和二面角旋转项等，使得它不仅能够模拟孤立分子的结构、振动频率、热力学等性质，还能精确地模拟凝聚态的结构和性质；采用 spline 方法来处理范德瓦耳斯相互作用，窗口范围设为 11 Å 和 12 Å；采用 Ewald 求和来计算长程静电相互作用[46]，该方法尤其适用于该工作中含有诸多羟基基团的体系；采用 Verlet leapfrog 算法来积分运动方程；对每个体系执行至少 1 ns 模拟时间，时间步长为 1 fs。设置表面上的羟基可自由运动，但却限制表面下方的氧原子和硅原子的运动。

6.3.2　模拟结果与讨论

我们先研究了链长从 10 到 60 不同长度的 PVA 链在真空条件下的吸附情况，它们的初始构型都是由 RIS-MC 方法随机生成，减少人为干预，保证了结果的普适性。以链长为 30 的 PVA 链为例，图 6-2 统计了 PVA 链的质心与表面之间的距离 H_d 随时间的变化过程，也反映出高分子链的吸附动力学。再结合图 6-3 所示的吸附过程图像可知，在模拟初期，PVA 链仅在 ps 时间内就迅速逼近表面，H_d 迅速降低，但是，PVA 链两侧的链节优先吸附在表面上，之间形成的氢键加强了彼此的相互作用，阻碍了链的中间部分与表面之间的直接相互作用，这些与表面尚未形成氢键作用的链节被"推挤"到吸附层的上方形成"块节"结构，导致 PVA 的质心与表面之间的距离变大。由于"块节"结构是由多个链节聚集而成，想要完全解开它不仅需要链两侧链节向外不断延伸，还需要内部链节随后的舒展配合，经过三次调整，即 41 ps 时间 H_d 在 3.8 Å 上下波动、120 ps 时间 H_d 在 3.0 Å 上下波动、132 ps 时间 H_d 在 2.8 Å 上下波动，各链节逐渐调整自己的构型和位置，"块节"逐渐变小直到消失。经过 357 ps 时间的"扩散—吸附—调整"过程，链构型从无序卷曲形变成有序舒展形，各链段均直接吸附到了表面上，降低了系统的总能量，提高了整个体系的稳定性，此时，H_d 的变化也趋于平稳，基本在 2.5 Å 上

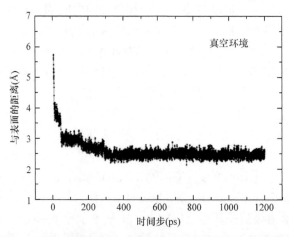

图 6-2　链长为 30 的 PVA 链的质心与吸附表面之间的距离

下波动。其他链长的PVA链在吸附表面上的动力学过程与链长为30的吸附情况类似，只是当链很长时，由于更多链节的加入会使"块节"结构更加臃肿，在更多的分子间氢键作用下，加大了各链节之间配合运动的难度，导致"块节"结构越来越难打开，能够与表面形成氢键的链节数量比例降低，削弱了二者之间的相互作用。

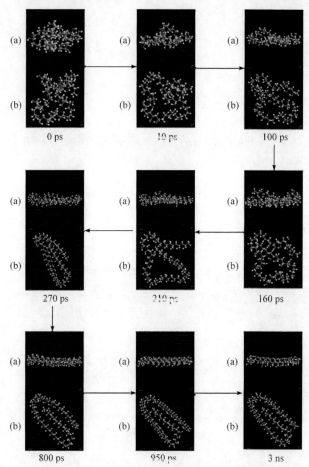

图 6-3　链长为 30 的 PVA 链在真空条件下的吸附构型
(a) 侧视图；(b) 俯视图
为了图像简洁，没有展示吸附表面。氧原子、碳原子和氢原子分别用红色球、
灰色球和白色球表示

图 6-4 中展示出不同链长的 PVA 链在羟基化 β-石英表面上的平衡吸附构型，大部分都是沿着(110)方向取向。为了更好地定量描述链的取向方向，我们定义了参数 P：

真空环境

俯视图   侧视图

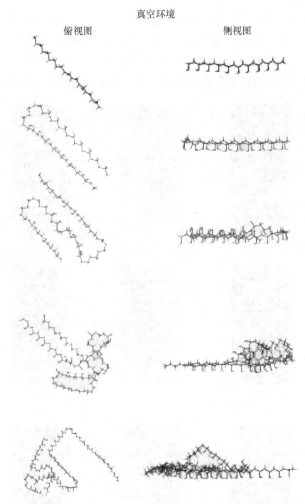

图 6-4　链长分别为 10、20、30、50 和 60 的 PVA 链的平衡吸附构型

(a) 俯视图；(b) 侧视图

$$P = \frac{3\langle\cos^2(\theta)\rangle - 1}{2}$$

式中，θ 为相邻 C—C 键与(110)之间形成的夹角。当 $P=1.0$ 时，说明链完全平行于(110)；当 $P=-0.5$ 时，说明链完全垂直于(110)；当 $P=0$ 时，说明链没有特定的取向方向。不同链长的 PVA 链在羟基化 β-石英表面上吸附平衡后的 P 值绘于图 6-5，如图所示，真空条件下，链长为 10 的 PVA 链达到吸附平衡后，P 值接近 1.0；随着链长的增加，更容易形成折叠结构，连接各(110)方向取向的链段部分是垂直于(110)取向的，这就"稀释"了整条 PVA 链沿着(110)方向取向的总体趋势，折叠个数越多、参与折叠的链节数量越多，这种"稀释"作用就越大，

体现为 P 值逐渐降低。然而，当链长增加到一定程度时，这种单调的变化规律就不再成立，例如，链长为 60 的 P 值反而比链长为 50 的 P 值大，这与长链体系吸附时形成的"块节"结构有关。对于长链来说，初始构型的随机性增加了自身缠结的概率，在快速吸附阶段时，PVA 自身更多的羟基与表面羟基会形成数量更多的氢键，相互作用变得更强，将整条链"冻结"在表面上，链的构型也不容易发生改变。从 PVA 链在表面上的吸附平衡构型可以看出，虽然链长为 60 的平衡吸附构型中，很多链段没有明确的取向方向，但与链长为 50 的平衡吸附构型相比，有两段较长的链段都是沿着(110)方向取向的，这提高了相应的 P 值，但也仅比链长为 50 的 P 值高一些而已。在原子力显微镜实验中，一般认为高分子链的吸附是二维吸附[47]，但是，模拟结果表明，具有一定链长且与吸附表面存在强烈吸引相互作用的 PVA 链，一旦吸附到表面上，在分子内氢键的作用下，吸附构型很难改变，难以解开的"块节"结构使其吸附构型从二维转变为三维。

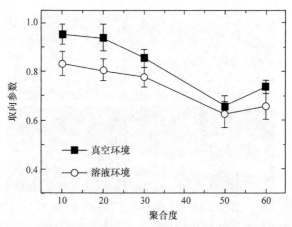

图 6-5　在真空条件和溶剂效应下，不同链长的 PVA 链沿(110)的取向参数

　　较短链长的 PVA 链吸附在表面时，由于分子内氢键较少，PVA 链与表面形成的分子间氢键也不多，原始的无序构型就很容易达到伸展且折叠的平衡吸附构型，这种有序排列的高分子链能够提高电子的迁移效率，可用来制备高光电性能的薄膜。聚合度为 10 和 20 聚乙烯醇链上的绝大部分羟基与表面形成氢键的同时，还存在着链内氢键。聚合度为 30 的聚乙烯醇链的吸附构型很有趣，它形成 3 段二维折叠构型，其中，第 1 段上的羟基基团与表面形成氢键，而第 3 段上的羟基基团形成的却都是链内氢键。图 6-6 中所示的是聚合度分别为 20 和 30 的聚乙烯醇链的平衡吸附构型图，从图中可以看出它们之间的差别，链长为 20 的聚乙烯醇链作为短链的代表，链长为 30 的聚乙烯醇链作为较长链的代表。相比之下，链长些的聚乙烯醇链和表面形成更多的链内氢键[48]。尽管一部分高分子链和表面也形成了

氢键，但总体来说，无法与表面形成较好的吸附，因此，吸附的聚乙烯醇链在 Z
方向就会形成具有一定高度的"块节"结构。但是，链与表面之间形成氢键的部
分却会沿着(110)方向取向。模拟结果表明，对于聚合度较低的聚乙烯醇链，羟基
化表面像模板一样"引导"聚乙烯醇链优先沿(110)方向取向。为了更清楚地看到
表面的模板效应，以聚合度为 20 的聚乙烯醇链为例，采用了 3 种不同的初始构型
执行模拟，对比结果发现，聚乙烯醇链在达到吸附平衡之后，不仅可以沿(110)方向，
还可以沿着(1$\bar{1}$0)方向取向，为了解释这个特别的现象，随后计算了聚合度为 20 的
聚乙烯醇链分别沿着(110)和(1$\bar{1}$0)取向所对应的吸附能，前者比后者低 10 kcal/mol，
从热力学角度来说，聚合度为 20 的聚乙烯醇链倾向于沿(110)方向取向。对采取
(1$\bar{1}$0)方向取向的模型进一步加大模拟时间，发现其取向方向仍未从(1$\bar{1}$0)方向转
换到(110)方向。这一结果表明，在这两种不同的吸附状态之间，存在着实质性的
激活能势垒。

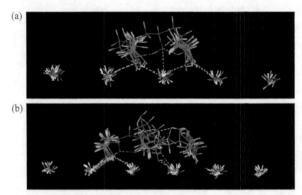

图 6-6　真空环境下，(a)聚合度为 20 的聚乙烯醇链的有序折叠平衡构型，链与表面形成的氢键
促使链折成 2 段；(b)聚合度为 30 的聚乙烯醇链的有序折叠平衡构型，链与表面形成的更多链
内氢键促使链折成 3 段
图中只显示出具有代表性的部分氢键，以黄色线表示

　　图 6-7(a)和 6-7(b)分别显示吸附能(E)和每段链节的吸附能(E/N)随链节增加的
变化，聚乙烯醇链的吸附能随着链长的增加而越来越大，然而，由于链长较长的
聚乙烯醇链的吸附构型有序程度不高，而且由于"块节"的存在使其在 Z 方向具
有一定的高度，因此，每段链节的平均吸附能随着链长的增加而减小，当聚乙烯
醇链的链长达到一定长度之后，每段链节的平均吸附能的数值就会趋近于一个渐
进值，吸附能与链长之间的对应关系反映出吸附过程中的构型变化，例如，被吸
附的高分子链都以伸展的构型沿着(110)方向取向，则对应的吸附能应该随着链长
的增加成正比例增加，而且每段链节的平均吸附能也应该是一个恒定值，这个数
值主要源自每个链节与表面所形成的氢键数目，如果情况确实如此，那么，吸附

能与链长之间的关系就应该如图6-7(a)中虚线所示，呈现斜率为–3.05 的比例关系，但是，从模拟的结果来看，吸附能与链长之间不成任何比例关系，而且，每段链节的平均吸附能也不是一个常数。事实上，对于较长的高分子链，每段链节的平均吸附能 E/N 随着链长的增加而趋近于一个渐近值才是合理的；吸附能 E 与链和表面的接触面积 S 成比例关系，接触面积 S 与回转半径的平方 R_g^2 成比例关系，因为整个体系的 R_g^2 与链长 N 成比例关系，因此，吸附能 E 与链长 N 成比例关系，该特征表现为图 6-7 中虚线标出的斜率为–1.70 的比例关系。随着链长的增加，每个链节的平均吸附能和 N 之间的比例关系从–3.05 变成–1.70，且成非线性变化，对应的结果就是吸附的聚乙烯醇链构型从全伸展式到局部无序的变化过程。当达到吸附平衡时，介于中间链长的聚乙烯醇链采取折叠型的吸附构型，这是链间和链-表面之间相互作用力彼此竞争的结果，可以通过比较伸展构型和折叠构型的吸附能差值来估算链间的相互作用。图 6-8 是链间和链-表面相互作用能随着链长的变化，显然，当聚乙烯醇链的聚合度大于 20 时，链间作用能高于链-表面的相互作用能，相应地，当链长高于临界链长时，聚乙烯醇链易采取折叠型的平衡吸附构型。假设所计算的相互作用能和链长成线性关系，那么，外推这两条直线到短链高分子链区域，发现相交于在聚合度对应为 13 的位置，这是一种粗略估计伸展和折叠构型临界链长的方法，为了验证该方法的正确与否，进一步模拟了聚合度为 15 的聚乙烯醇链在羟基化的 β-石英(100)表面上的吸附和扩散行为，同样得到了折叠型的平衡吸附构型。

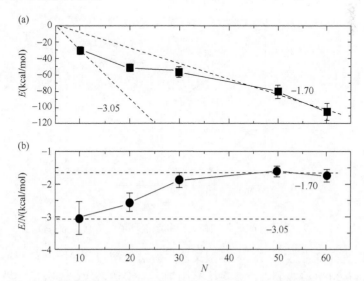

图 6-7　真空环境下聚乙烯醇链吸附能 E(a)和每个链节的吸附能 E/N(b)
斜率为–3.05 和–1.70 的渐近线分别是采取完全舒展式和链长较长吸附链的吸附能与链长之间的关系

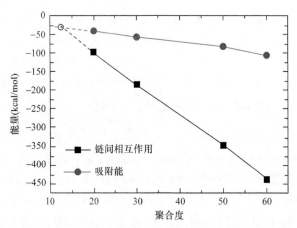

图 6-8　真空环境下链间和链-表面之间随着链长增加的相互作用能

通过计算均方位移来计算吸附链的自扩散系数(D)，不同链长的聚乙烯醇链分别在真空和溶液环境下的自扩散系数列于图 6-9 中。一般来说，自扩散系数是随着高分子链长的增加而降低，从计算的结果来看，聚合度为 10 的聚乙烯醇链的自扩散系数确实比其他链长的自扩散系数高，而且高很多，当聚合度达到高于 20 时，对应的自扩散系数已经接近于 0 了，这一现象说明，对于聚合度较高的聚乙烯醇链，由于链与表面之间存在很强的相互作用，当链一旦吸附到表面上，其自由移动的能力会受到极大的限制，自扩散系数也会随之降低，甚至接近于 0。

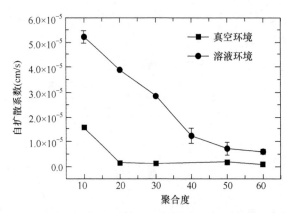

图 6-9　聚乙烯醇链分别在真空和溶液环境下的自扩散系数

通过设置介电常数为 78 来模拟聚乙烯醇链的溶液环境[49,50]是一种简单而有效的方法，较之更精确的方法是在体系中加入一定数量的溶剂分子来模拟体系的溶剂环境[51]。但是，第二种方法需要向体系中引入大量原子，会大大增加计算量，况且，我们的目的是通过模拟不同链长的聚乙烯醇链在相同吸附表面、相同溶剂环境下的吸附行为，由此得出溶剂效应在吸附过程中起到的作用，不需要考虑单个或少数溶剂分子对链构象的影响，由此可见，在该部分的研究中，第一种方法不失为一个明智的选择，仅通过改变体系的介电常数来实现溶剂环境的切换，不仅能完成研究目标，还能节约大量机时。从图 6-9 可见，相同长度聚乙烯醇链的自扩散系数在溶液环境中明显要高于其在真空环境下的自扩散系数，这很好理解，在溶剂效应的作用下，高分子链与表面之间的相互作用力会被大大地削弱，相应地，高分子链的运动能力大大地提高，自扩散系数就会自然地增大。溶剂效应对聚合度低的聚乙烯醇链作用最明显，对自扩散系数的提高甚至可以达到一个数量级以上。

　　溶液环境下的聚乙烯醇链的平衡吸附构型很有趣，图 6-10 中比较了聚合度均为 10 的聚乙烯醇链分别在真空和溶液环境下的吸附平衡构型，与聚乙烯醇链在真空中的构型不同的是，聚乙烯醇链在溶液环境下的平衡吸附构型不是线形伸展的，而且，溶液环境中的高分子链并未沿(110)方向取向。从侧视图可以看出，溶液环境下的高分子链和表面之间没有形成氢键，甚至链出现了从表面脱附的趋势。为了更加清楚地探明单独的聚乙烯醇链在表面上的吸附行为，我们采用稀溶液的模拟环境。

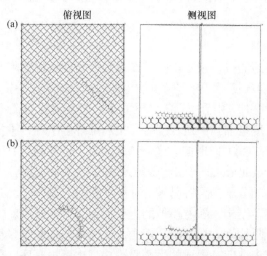

图 6-10　聚合度为 10 的聚乙烯醇链在真空环境下(a)和在溶液环境下(b)吸附在表面上的平衡吸附构型的俯视图和侧视图

　　图 6-11 是聚合度为 60 的聚乙烯醇链在溶液环境下的平衡吸附构型。由之前的研究得知，亲水的聚乙烯醇链在溶液环境下容易发生脱附，但与图 6-4(e)比较后发现，图 6-11 中的聚乙烯醇链却是完全吸附在表面上的，各部分链节并未沿

着某一特定方向取向，而且，在聚乙烯醇链和表面之间只形成为数不多的几个氢键，尽管如此，聚乙烯醇链在溶液环境下仍能进行很好地吸附，就应该归因于范德瓦耳斯作用力的存在。在溶液环境下，溶剂效应破坏了聚乙烯醇链与表面之间的氢键效应，这使得原本很强的链-表面之间的相互作用被极大地削弱了，聚乙烯醇链在吸附表面上的活动能力得到相应地增强，使得链在表面上更容易调整构型和所在位置，达到吸附平衡之后，聚乙烯醇链在表面上就会呈二维吸附构型。综合比较不同聚合度的聚乙烯醇链在溶液环境中的吸附行为，结果表明，聚合度低的聚乙烯醇链更容易发生脱附，这一理论结论与实验结果也是一致的。

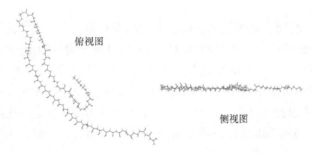

图 6-11　在溶液环境下，聚合度为 60 的聚乙烯醇链的平衡吸附构型的俯视图和侧视图

6.3.3　小结

我们研究了典型的极性聚乙烯醇链在强极性表面上的吸附和扩散行为。分别从溶剂(真空和溶剂环境)和分子量两个角度来讨论聚乙烯醇链在羟基化 β-石英(100)表面上的吸附和扩散行为。真空环境下，聚合度低的聚乙烯醇链沿着(110)方向取向，当聚合度增加到一定程度时，聚乙烯醇链呈现二维折叠构型，此时，链的整体仍然沿着(110)方向取向。这一结论提供了一种制造有序高分子单分子薄膜的方法。当聚合度足够大时，由于聚乙烯醇链与表面之间强烈的相互作用，被吸附的聚乙烯醇链的分子构型容易被"冻结"在吸附表面上，在 Z 方向形成具有一定高度的"块节"结构，随着模拟的进行而不易打开，这就使得整个聚乙烯醇链不再是二维的吸附构型。在溶液环境中，无论聚乙烯醇链多长，链在吸附表面上都没有明确的优先取向，形成的平衡吸附构型也不再有序。聚乙烯醇链在溶液环境中的运动能力比它在真空环境中要强很多，这就意味着聚乙烯醇分子在溶液环境中更容易发生脱附。以上这些结果可以被应用到实验中的模板诱导分子自组装领域中。

6.4　聚二甲基硅氧烷与硅(111)表面

高分子单链的动力学行为取决于溶剂环境及高分子单链的浓度，三维状态下会表现出来丰富且复杂的行为[52,53]。高分子单链在固体表面附近和表面上的行为与高分子本体的动力学行为会有很大的差异。高分子吸附在表面并形成薄膜的行为是现代材料科学中一个很有潜力的研究内容[54-56]，它们可以被应用到生物传感器、光发射二极管、非线性光学器件及可选性气体渗透膜等[57-62]。制造高分子薄膜经常在真空或稀溶液环境下进行，高分子链的吸附行为受到高分子-表面之间的相互作用、溶剂、表面粗糙度、温度或聚合度等因素的影响。平衡吸附态的动力学和热力学对于理解和提高最终产品的质量具有重要的研究价值，但仅仅通过实验的方法却很难将上述影响因素分开研究，因此很难获得特定参数条件下的准确实验结果。但在计算机技术迅猛发展的今天，基于计算机的各种计算模拟"实验"使解决这个问题变为可能，并受到越来越多研究者的青睐。Granick 等[63,64]研究了聚乙烯基乙二醇吸附在固体表面的行为，并发现高分子单链的扩散系数(D)与聚合度(N)呈典型的二维链模型标度关系：$D\sim N^{-3/2}$；Maier 和 Rädle[65,66]研究 DNA 在脂质双分子膜上吸附的吸附行为时得到 $D\sim N^{-1}$；Milchev 和 Binder[67]得到 $D\sim N^{-1.1}$；Azuma 和 Takayama[68]得到 $D\sim N^{-3/2}$；但 Falck 等[69]得到 $D\sim N^{0}$ 的关系。至今尚未发现有机硅高分子单链吸附及扩散行为的标度关系方面的研究，本节主要研究疏水性聚二甲基硅氧烷(PDMS)单链在疏水性 Si(111)表面上发生吸附和扩散行为时的标度关系。

6.4.1　模型构建和模拟方法

本节采用 Cerius2 软件中的分子动力学模拟(MD)模块。所有 MD 模拟在具有三维周期边界条件的模拟箱中进行，PDMS 链置于与 XY 表面相平行的 Si(111)表面上，表面被固定。选择不同聚合度(10、20、30、40、50 和 60)的 PDMS 单链，表面的厚度大约在 1.2 nm 左右，真空层厚度为 8 nm，这个尺度足以忽略吸附后的 PDMS 与其镜像单链之间的相互作用，通过这种方法，可以很好地模拟三维周期性边界条件下 PDMS 单链的吸附及扩散行为。

模拟中采用COMPASS力场[70-72]，范德瓦尔斯相互作用通过 spline 方程从 1.1 nm 截断到 1.2 nm，库仑相互作用通过 Ewald 求和方法[73]来计算，先能量最小化消除构象重叠，然后在 NVT 系综下进行 5 ns 的 MD 模拟。其运动方程的积分步长设为 1 fs，运用 Berendsen 恒温器[74]来保持系统的温度恒定，热浴的松弛时间设为 0.1 ps。每个体系在相同的模拟条件下进行三次平行模拟，以确保结果的可靠性。

在这些模拟过程中，PDMS 单链先吸附到表面，体系的总能量和势能随之下降，一段时间后，吸附达到平衡，此时，体系的总能量和势能在较稳定的数值范围内波动，直至达到平衡。通过将介电常数设为 78.0 来模拟不良溶剂环境，虽然这种方法不能显式地将溶剂化效应完全考虑进去，但对于研究外界溶剂环境转变对 PDMS 单链构象及动力学行为影响的研究来说，不失为一个经济且有效的好方法[49,75]。

6.4.2　模拟结果与讨论

1. 无溶剂环境

1) 吸附平衡后的 PDMS 构象

图 6-12 中给出四种典型聚合度 N=10、40、50 和 60 的 PDMS 平衡时的实物模拟图，从图中可以看出无论长或短的 PDMS 单链，其平衡吸附构象都呈现卷曲状而不是直线型构象，而且从侧视图中可以看出，它们都呈现二维吸附构象；虽然当链长较长时，会呈现局部突起，但并不影响形成二维吸附构象。

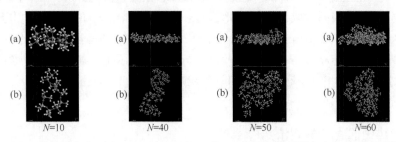

图 6-12　聚合度分别为 10、40、50 和 60 的 PDMS 单链吸附在硅表面上的图像
(a)侧视图；(b)俯视图

随着时间的推移，链的构象由初始真空中孤立的无规线团转变为被表面吸附的紧凑结构，在最初的几百 ps 中，链的扩散同时伴随着吸附行为。当体系的能量趋于恒定后，链的动力学就主要被扩散过程控制。为表征吸附过程中 PDMS 链的构象转变，我们计算了平均回转半径(R_g)，它的定义是：

$$\langle R_g \rangle = \sqrt{\left\langle \frac{1}{N}\sum_{i=1}^{N}(r_i - r_{cm})^2 \right\rangle} \tag{6-1}$$

式中，r_i 和 r_{cm} 分别代表高分子单链中每一个原子和整条链的质心的位置矢量。图 6-13 描述了 $\langle R_g \rangle$ 随聚合度 N 增加的变化规律。我们将曲线通过单指数衰变方程进行拟合，R_g=A₁exp($-N/t_1$)+y_0，其中 y_0=6.82397± 0.35425，A_1= −9.61974±0.55191，

t_1=18.7613±2.89639。从模拟图像中发现所有的 PDMS 链最终在硅表面上都呈现二维吸附构象，同时链在 XY 表面呈现完全伸展的分子构象。

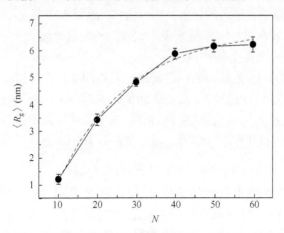

图 6-13 MD 模拟方法得到的平均回转半径 R_g 与链长 N 之间的关系
误差棒是三个平行模拟的标准偏差

为了表征受限的 PDMS 链的各向异性，我们又计算了不同聚合度的平衡吸附构象的 $(R_X^2 + R_Y^2)/R_Z^2$ 和 R_{max}/R_{min} 的数值，其中 R_X、R_Y 和 R_Z 分别是 R_g 的 X、Y 和 Z 方向的分量；R_{max} 和 R_{min} 分别代表 R_X 和 R_Y 中相对的较大值和较小值。图 6-14 显示了计算的 $(R_X^2+R_Y^2)/R_Z^2$ 和 R_{max}/R_{min} 随聚合度 N 的变化曲线，图中两条曲线呈现相同的变化趋势，都是先增大后仅发生微小变化，转折点出现在 N=50，这与图 6-12 中 N=50 的 PDMS 单链首次出现局部突起有关，这说明吸附平衡的高分

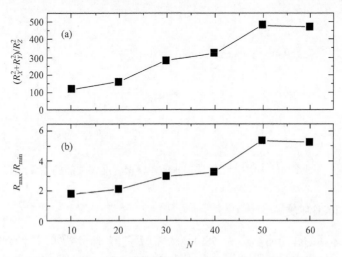

图 6-14 由 R_g 的三个分量得到的两个比值度分别与聚合度的关系

子单链越薄，其在 XY 平面上的各向异性越大。R_g 在 Z 轴方向上的分量垂直于硅表面，表面的吸附作用使得它在吸附过程中被强制缩减，R_g 在 X 和 Y 轴方向上的分量则因为链的铺展有显著的增加。所以 R_X 和 R_Y 很大，而 R_Z 很小。这些都证明了达到平衡吸附态的 PDMS 单链呈现二维吸附构象的事实。

2) PDMS 链在表面上的扩散

吸附过后，PDMS 单链与表面之间的相互作用能量会停留在一个常数附近波动，其动力学过程转为由扩散行为主导。图 6-15 给出了扩散系数和聚合度之间的变化关系，与 $D \sim N^{-3/2}$ 的拟合线吻合得很好，这个关系可以通过不同链长的 PDMS 单链和表面之间的相互作用来解释。吸附能的计算式如下：

$$E_{int} = E_{tot} - (E_{frozen} + E_{plane})$$ (6-2)

式中，E_{tot} 为整个系统平衡时的总势能；E_{frozen} 是吸附平衡后的 PDMS 单链在无溶剂环境中保持几何构象不变时的势能；E_{plane} 为表面的势能。PDMS 单链为了能很好地吸附在表面上，往往会采取降低分子内相互作用来补偿分子间相互作用力。如图 6-16 所示，吸附能 E_{int} 与聚合度 N 成线性关系，单位链长的平均吸附能 E_{int}/N 为 –0.099 kJ/mol。图 6-17 为以聚合度 $N=40$ 为例，抓拍不同时间的 PDMS 单链在硅表面上吸附构象的侧视和俯视图，来形象地展示模拟过程中吸附构象的变化过程。

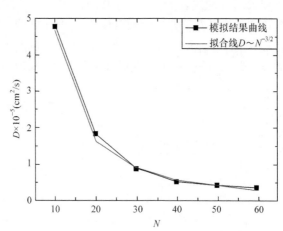

图 6-15　扩散系数 D 与 PDMS 单链聚合度 N 之间的关系

2. 不良溶剂环境

我们将体系的介电常数设为 78.0 来模拟不良溶剂环境[76]。当然，采用此方法不能够很全面地考虑显式的溶剂化效应，但可以应用这种方法，简单而直接地研究外界溶剂环境对 PDMS 单链吸附及扩散过程中的构象变化和动力学过程的影响。

为节省模拟时间和避免重复性的工作，我们仅以聚合度 $N=10$ 为例进行说明。

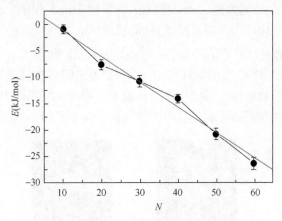

图 6-16　吸附能 E 与聚合度 N 之间的关系

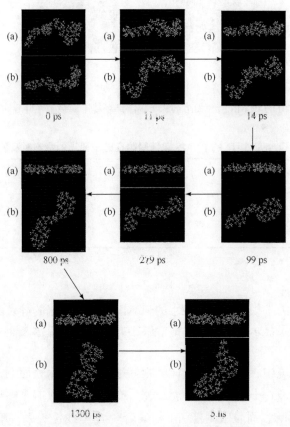

图 6-17　聚合度 $N=40$ 的 PDMS 单链在硅表面的吸附和扩散过程图解

从图 6-18 侧视图中可以看出，在不良溶剂环境中，聚合度 $N=10$ 的 PDMS 单链吸附过程很快，经过大概 5 ps 就能达到吸附平衡，但随后的扩散过程使得 PDMS 单链构象变化较大，容易形成局部突起结构，最终形成的链厚度没有无溶剂环境中的薄。通过计算它们的 $(R_X^2 + R_Y^2)/R_Z^2$ 数值及吸附能 E_{int}，并与无溶剂环境中的模拟结果对比发现，在溶剂环境中，链和表面之间的接触面积和吸附能更小，这些都导致扩散系数增加，对比结果列在表 6-1 中。这些都说明，与无溶剂环境相比，PDMS 单链在不良溶剂环境中，更倾向于发生脱附。

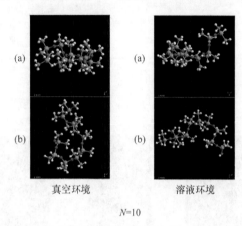

真空环境　　　　　　　　溶液环境

$N=10$

图 6-18　聚合度为 10 的 PDMS 链在无溶剂和不良溶剂环境下，吸附在硅表面上的平衡吸附构象

表 6-1　聚合度 $N=10$ 的 PDMS 单链吸附在硅表面上的吸附能及扩散系数

	吸附能 E(kJ/mol)	扩散系数 D(cm²/s)
真空中	−0.91	$4.76×10^{-5}$
不良溶剂中	−0.72	$7.42×10^{-5}$

6.4.3　小结

应用分子动力学模拟研究了疏水的 PDMS 单链在疏水的硅表面上的吸附和扩散过程，模拟结果显示，PDMS 单链能够很好地吸附在疏水表面上，并呈现二维吸附构象。

在无溶剂环境中，PDMS 单链能够很好地吸附在疏水表面上，并呈现二维构象。回转半径以及 $(R_X^2 + R_Y^2)/R_Z^2$ 和 R_{max}/R_{min} 两个比值都表明了链长大小会对平衡吸附构象产生影响，而且吸附能 E_{int} 与聚合度 N 呈线性关系，单位链长的平均吸附能为 −0.099 kJ/mol。而且，PDMS 单链的扩散系数与聚合度之间存在标度关系，即 $D \sim N^{-3/2}$。

在不良溶剂环境中，无论 PDMS 单链的链长长短与否，由于不良溶剂的作用导致吸附能的降低，与无溶剂环境中 PDMS 单链的平衡吸附构象相比有了很明显的变化，其呈现的平衡吸附结构后的厚度没有其在无溶剂环境中的薄。

以上的结果表明 PDMS 单链可以很好地吸附在疏水表面上。将溶剂环境由无溶剂改为不良溶剂，更有利于脱附，同时，吸附构象也会发生一定的变化。因此，通过调控溶剂环境，可以很好地控制 PDMS 单链的动力学行为。

6.5　聚乙烯与羟基化β-石英(100)表面

随着高分子薄膜的应用范围越来越广泛，例如，喷涂、油漆、照相产品等，它引起了越来越多的研究者的兴趣，同时，对于高分子薄膜的良好性质和高有序度的要求也在不断提高。尤其当高分子薄膜被应用在液晶领域时，其排列的有序度就变得更加重要了，因为分子排列的有序与否，会直接影响液晶的性能。人们通过实验或者理论的方法，研究过吸附质和吸附基底之间的相互作用，吸附质涉及小分子[77-79]、高分子链[80,81]等。

本节通过分子动力学模拟方法来研究了聚乙烯(它是非极性高分子中最简单的代表性高分子)、在羟基化β-石英表面的吸附过程。通过研究发现，虽然聚乙烯和羟基化β-石英表面两者的亲水性质不同，但是，当吸附基底表面上的有序图案时，可以对吸附质起到了模板的作用，诱导聚乙烯链形成稳定的有序吸附构型。同时，为了和聚乙烯链的吸附情况作对比，我们还模拟了和吸附基底表面具有相同亲水性质的聚氧化乙烯链的吸附情况。

6.5.1　模型构建和模拟方法

羟基化β-石英表面是从石英晶体切出 11 个原子层厚度所得到的薄片[82]，将三维周期模拟箱的 Z 方向设为 7 nm，使得这个模拟箱里的高分子链感受不到 Z 方向镜像模拟箱里高分子链的"存在"。上下表面悬挂键用氢原子来饱和，通过这样的处理方法，上表面就形成了具有极性性质、羟基均匀排列的亲水性吸附表面。我们将三维周期模拟箱的 XY 方向的平面做成足够大，这样，在 XY 平面上的吸附质就不会与其镜像分子存在相互作用，有利于我们研究吸附质与吸附表面之间的相互作用。我们通过在模拟箱中放入一条初始构型为无序线团的高分子链来模拟超稀浓度体系；当模拟浓度较高的体系时，可通过在相同体积的模拟箱中，放入更多数目的高分子链来达到目的。

我们采用 Accelrys 公司的 Cerius2 软件包来进行模拟。为了证明模拟的最终结果不是由于某一特定的初始构型所产生的,在进行优化和分子动力学模拟之前,所采用的高分子链的初始构象都是无序线团状的。首先,通过能量最小化的方法来松弛体系的结构和能量,然后在 300 K 下选用 Hoover[45]的恒温方法、COMPASS 力场[70-72],对体系进行动力学模拟。在这个过程中,力场的选择很重要,因为它直接关系到模拟结果的正确性,COMPASS 力场是近年发展起来的,在处理全原子水平下的原子-原子相互作用准确性很高,尤其适合于高分子体系计算,本模拟中采用 spline 方法来处理范德瓦耳斯相互作用,spline 的范围设为 1.1 nm 和 1.2 nm;由于模拟体系中大量的极性基团的存在(例如表面的羟基),因此,选用 Ewald 求和方法[46]来处理体系的静电相互作用;积分运动方程采用 Verlet leapfrog 算法[83],积分的时间步设为 1 fs,模拟进行 3 ns。

6.5.2　模拟结果与讨论

1. 不同链长聚乙烯的吸附构型

我们研究不同聚合度的聚乙烯链在羟基化 β-石英(100)表面的吸附情况。模拟中所考虑的聚乙烯链的聚合度分别为 10、20、30、40、50 和 60,为了方便起见,我们设这六个模拟为一组,标记为 set 1,其相应的模拟箱尺寸分别为,前两个体系的模拟箱尺寸采用 5.768 nm×5.768 nm×7 nm,而后四个体系采用 8.652 nm×8.652 nm×7 nm。随着聚乙烯链的聚合度不同,链呈现 1 到 3 折的折叠平衡吸附构型,并且每部分所具有的高分子链节数目几乎相等。如图 6-19 所示的聚合度为 40 的聚乙烯链的平衡吸附构型就是 3 折的折叠构型,并且每个折叠部分都是沿着(110)的方向取向。为了更好地解释吸附构型的问题,图 6-20 从能量的角度,对聚

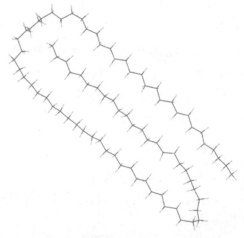

图 6-19　在真空环境下, N=40 构型的俯视图

乙烯链分别采取直线型和折叠型的吸附构型所对应的吸附能做了对比。从图中我们可以看出，聚乙烯链以直线型吸附在极性表面上，其对应的吸附能均为正值，所以这样的构型是热力学不稳定的。而当聚乙烯以折叠型吸附在极性表面上时，其对应的吸附能为负值，这说明折叠构型的吸附方式是热力学稳定的。图 6-20 中显示，吸附能与聚乙烯链的聚合度(N)成近乎正比关系，随着聚合度从 10 变化到 60，其相应的吸附能从–1.9 kJ/mol 变化到–6.8 kJ/mol，斜率为–0.998。图 6-20 为我们提供了用于估算当聚乙烯链的聚合度为其他数值时，其对应的吸附能数值的依据。

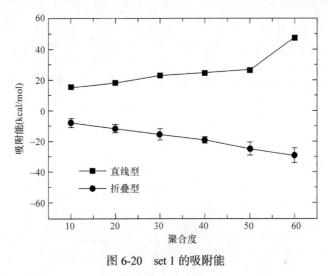

图 6-20　set 1 的吸附能

　　从图 6-21 中所示的六个模型的相应扩散系数，可以得出，当聚合度大于 10 时，一旦高分子链吸附在表面上，其在表面上的扩散运动距离和运动能力都会下降很多。我们以聚合度 40 的聚乙烯链为例，来详细说明它在吸附基底表面上的扩散过程。图 6-22 显示的是，从俯视和侧视两种角度所观察到的链的质心的运动过程。在模拟的初期，高分子链用很短的时间就吸附到表面上，接着它沿着(110)方向作扩散运动，同时松弛它的结构，很多局部不是规整排列的部分经过一段时间的调整，最终整体表现出了规则的折叠构型。在 set 1 的六个模型中，高分子链沿着(110)方向扩散的运动距离分别为 24.299 nm、6.984 nm、6.384 nm、3.471 nm、1.977 nm 和 1.898 nm。

　　为了检验聚乙烯链的吸附取向可否采取不同于(110)的其他方向，我们在保持 $N=40$ 的链平衡吸附构型不变的前提下，将其在 XY 平面内进行整体旋转，在此过程中计算相应的吸附能，发现均高于(110)方向的吸附能，说明(110)方向是聚乙烯链的热力学最稳定的吸附取向方向，同时，也发现(–110)方向最不利于吸附。另外，在保持链的平衡吸附构型不变的情况下，将吸附链的整体沿着(–110)方向移

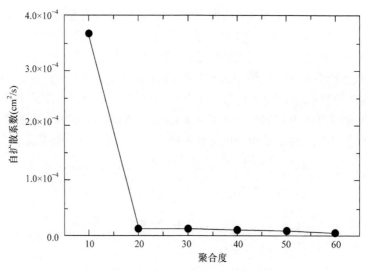

图 6-21   set 1 的自扩散系数

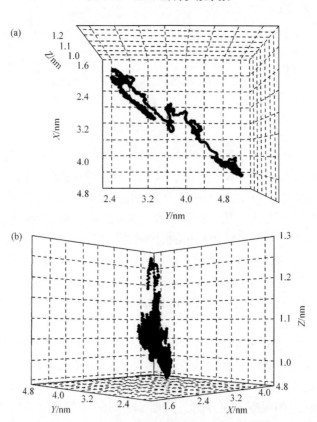

图 6-22   set 1 链运动轨迹的俯视图(a)和侧视图(b)

动，移动的步长设为 0.05 nm，计算这个过程的吸附能变化后发现，只有当高分子的每个折叠部分均位于表面上的邻近两列羟基基团之间时，这时的吸附能最低，也是最有利于体系热力学稳定的吸附位置。

2. 不同浓度聚乙烯的吸附构型

我们选用聚合度是 40 的聚乙烯链，建立两个平行模拟来进行对比说明。A 系统的模拟箱中有两条高分子链，其中一条是已经取得平衡吸附构型的聚乙烯链，另一条是新加入的无序线团状的聚乙烯链；而 B 系统的模拟箱中的两条聚乙烯链均为无序线团状。图 6-23 显示的是 A 系统中以平衡吸附构型作为模拟初始构型的聚乙烯链的运动过程，对于已经取向好的高分子链，它在模拟过程中受到另外加入的无序线团状链的影响很小，它在(110)方向的扩散运动距离仅为 0.375 nm，且构型没有明显的改变。图 6-24 描述的是 A 系统中的无序线团链的扩散过程，

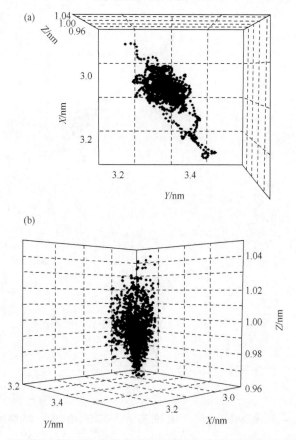

图 6-23 以平衡吸附构型为初始构型的链运动轨迹的俯视图(a)和侧视图(b)

从图中可以看出，一旦高分子链被吸附到表面上以后，接着就会一边沿着(110)方向扩散，运动距离为 2.609 nm，同时，一边松弛它的链结构，最终，这两条链以几乎相同的折叠构型肩并肩地吸附在表面上。研究 B 系统，我们发现，两条以无序线团状为初始构型的聚乙烯链很快吸附到表面上，接着，它们同样沿着(110)方向进行扩散，运动距离分别是 2.017 nm 和 2.491 nm，同时，松弛链结构，最终均形成折叠构型。这两个对比模拟的共同点是：无论高分子链采取何种初始构型，它们最终都会以头对头或者肩并肩的形式形成有序的折叠构型。但是这两个不同的体系中的链构型还是会受到链间相互作用的影响，高分子链形成的折叠构型会出现 2 折或者 3 折的情况，这与 set 1 中聚合度 40 的链在稀溶液中只形成 3 折的折叠结构还是有区别的。

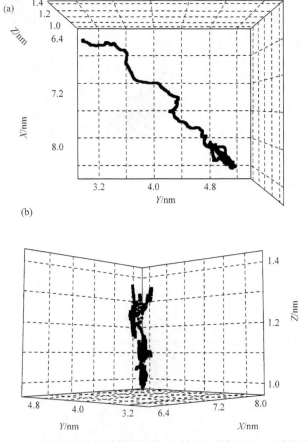

图 6-24　以无序线团为初始构型的链运动轨迹的俯视图(a)和侧视图(b)

　　当模拟箱中高分子链的数目继续增加时，高分子链仍会形成稳定的折叠构型，只是链的平衡吸附构型变得更加丰富，如 "e"、"n"、"s" 形状，这是由于高分子链的浓度增加，链之间的相互作用也同时增加，但不变的是每个折叠的部分仍然沿着(110)方向取向，并且位于两个羟基列之间。自组装能，也就是链间的平均相互作用能，其平均值是–2.0 kJ/mol，这个数值足够大到促使吸附的聚乙烯链形成紧密而有序的折叠结构；吸附能，也就是高分子链和表面之间的作用能，能够阻止聚乙烯链沿着 Z 方向聚集。正是两者的协同作用导致。当高分子链的浓度增加到一定数值时，在极性表面上可能会形成有序排列的高分子薄膜。

3. 不同溶剂聚乙烯的吸附构型

通过把环境的介电常数改成 78 来模拟溶液环境，研究溶剂效应对聚乙烯链吸附构型的影响。仍然以聚合度 40 的聚乙烯链为例，从图 6-25 看出，一旦体系加入了溶剂效应，高分子链的平衡吸附构型就不像它在真空状态下形成的有序。而且，在真空环境下形成的是具有 3 折的折叠构型，并且每折部分具有的长度几乎等同；但是，在溶剂作用中却形成具有 2 折的折叠构型，并且每折部分所具有的长度相差很大。聚乙烯链也是沿着(110)方向扩散取向，扩散距离为 3.244 nm，

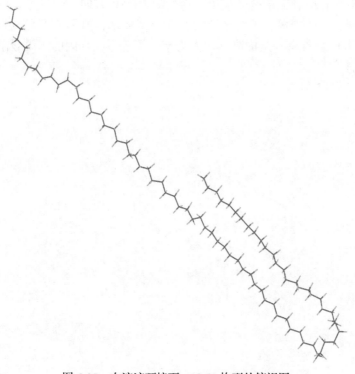

图 6-25　在溶液环境下，*N*=40 构型的俯视图

和它在真空条件下的扩散距离差不多。随着高分子浓度的增加，聚乙烯链的有序折叠结构变得越来越无序，同时，形成折叠结构的类型更多。平均自组装能为–2.27 kJ/mol，这个数值和真空中的也差不多。但是吸附能却比真空中的大很多，这正是高分子链构型有序度下降的原因。具体的解释如下：当吸附能和自组装能量的差值越来越大时，一旦高分子链被吸附到表面上，链结构的松弛就会变得更加困难，因此，随着溶剂质量的提高(我们采取简便的方法，也就是逐渐增加体系介电常数的数值)，吸附的高分子链的构型就会变得越来越无序。

4. 不同亲水性高分子的吸附构型

为了与具有亲水性质的高分子链在同样极性表面的吸附情况作比较，我们选择聚合度 40 的聚氧化乙烯，来研究它在羟基化β-石英(100)表面的吸附过程，以这个模型作为研究极性高分子链在极性表面上吸附的代表性体系，与聚乙烯链吸附在相同表面上的情况做对比。图 6-26 是聚合度 40 的聚氧化乙烯在极性表面上扩散吸附稳定以后的构型图。在这个极性链-极性表面的作用体系中，链内和链-表面之间的相互作用能的竞争，最终造成了聚氧化乙烯链形成更加复杂的吸附构型。无论在有或者无溶剂效应下，链均沿着(110)方向一边扩散，一边松弛它自身的结构，由于聚氧化乙烯链自身存在很多羟基，所形成的静电相互作用使得它在 Z 方向会具有一定的高度，而与聚乙烯链形成规则的二维吸附构型有很明显的区别。

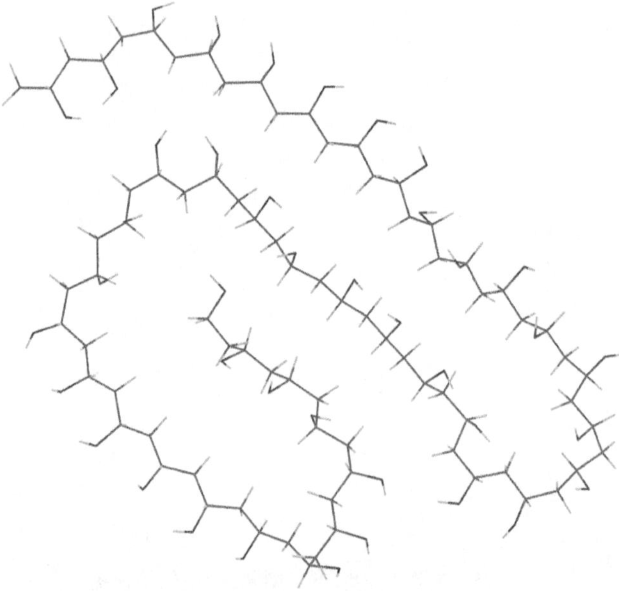

图 6-26　聚氧化乙烯的平衡构型

6.5.3　小结

　　非极性聚乙烯链在强极性的羟基化 β-石英(100)表面上的吸附和扩散行为，聚乙烯链不但有序规整地排列在表面上，而且都是沿着(110)的方向取向，该方向恰巧与吸附表面上羟基阵列的排列方向相一致，这正是链内和链-表面之间相互竞争的结果。当体系中的聚乙烯链浓度增大时，聚乙烯链自身的自组装能使它们在表面上形成致密的聚合物薄膜，这个研究结果提供了一种制造聚合物薄膜的新方法，即用具有强极性的羟基阵列来修饰吸附基底，使其成为吸附模板，这样，聚乙烯链在表面上经过吸附行为和扩散运动来调整它在吸附表面上的链的构型，形成超薄的聚乙烯薄膜。

6.6　聚乙烯与硅(111)表面

　　从前人的研究结果可以看出[52-58,63-69]，受限高分子在表面上的动力学行为仍是一个尚未完全解决但却非常有研究价值的课题。

6.6.1　模型构建和模拟方法

　　本节采用 Cerius2 软件中的分子动力学模拟模块来执行所有模拟任务。MD 模拟采用具有三维周期性边界条件的模拟箱中进行，PE 链放在与 XY 表面相平行的硅(111)表面上，该表面设为"冻结"状态选择不同聚合度的 PE 单链 20、30、40、50、60 和 80，表面的厚度大概在 12 Å 左右，真空层厚度为 80 Å，足以忽略吸附后的 PE 与其镜像之间的相互作用，通过这种方法，就可以很好地模拟三维周期性边界条件下的高分子单链的吸附行为。

　　模拟中采用 COMPASS 力场[70,71]，范德瓦耳斯相互作用通过 spline 方程从 11 Å 截断到 12 Å，库仑相互作用通过 Ewald 求和方法[73]来计算，MD 计算之前，用能量最小化来消除构象重叠，然后在 NVT 系综下进行 5 ns 的 MD 模拟，运动方程的积分步长设为 1 fs，每个体系在相同的模拟条件下进行三次平行模拟，以确保结果的可靠性。另外，运用 Berendsen 恒温器[74]来保持系统的温度恒定，热浴的松弛时间设为 0.1 ps。

　　在这些模拟过程中，高分子单链先吸附到表面，相应地，体系的总能量和势能下降，一段时间后，吸附达到平衡，则相应体系的总能量和势能在较稳定的数值范围内进行波动，直至能量平衡。通过将介电常数设为 78 来模拟不良溶剂环境，虽然这种方法不能显式地将溶剂化效应完全考虑进去，但对于研究外界溶剂环境转变对高分子单链构象及动力学行为影响的研究来说，不失为一个简单且有效的好方法。

6.6.2　模拟结果与讨论

1. 无溶剂环境

1) 吸附平衡后的 PE 构象

图 6-27 给出六种典型聚合度 N=20、30、40、50、60 和 80 的 PE 平衡时的实物模拟图，从图中可以看出无论长或短的 PE 单链，都可以很好地吸附在疏水表面上，有趣的是，聚合度大于 10 的高分子单链的平衡吸附构象都呈现弯曲而不是直线型构象，而且从侧视图中可以看出，它们都呈现二维吸附构象。

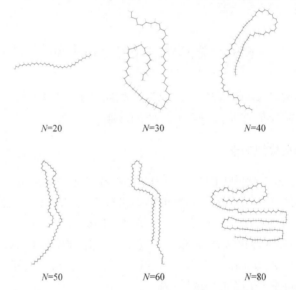

图 6-27　聚合度分别为 20、30、40、50、60 和 80 的 PE 链吸附在硅表面上的平衡构象图
红色代表碳原子，灰色代表氢原子

随着时间的推移，链的构象由初始真空中孤立的无规线团转变为被表面吸附的紧凑结构，在最初的几百 ps 中，链的扩散同时伴随着吸附行为。当体系的能量趋于恒定后，链的动力学就主要由扩散过程控制了。为了表征吸附过程中 PE 链的构象转变，我们计算了平均回转半径 R_g，它的定义是：

$$\langle R_g \rangle = \sqrt{\langle \frac{1}{N} \sum_{i=1}^{N} (r_i - r_{cm})^2 \rangle}$$

式中，r_i 和 r_{cm} 分别代表高分子单链中每一个原子和整条链的质心的位置矢量。图 6-28 描述了 $\langle R_g \rangle$ 随聚合度 N 增加的变化规律。我们将曲线通过单指数衰变方程进行拟合，$\langle R_g \rangle = A_1 \exp(-N/t_1) + y_0$，其中 y_0=2.96944±0.05845，A_1=−4.71834±0.55326，t_1=17.5879±1.90393。从模拟图像中我们发现，最终，所有的 PE 链在硅

表面上都呈现二维吸附构象。而聚合度为 30 和 80 的高分子单链不满足拟合曲线所描述的 R_g 与 N 之间的对应关系,并且二者都呈现与其他构象有明显差异的多重折叠构象,但其在 Z 轴方向具有类似的单分子厚度,同时链在 XY 表面呈现完全伸展构象。

为了表征受限高分子的各向异性,我们计算了不同聚合度的平衡吸附构象的 $(R_X^2 + R_Y^2)/R_Z^2$ 和 R_{max}/R_{min} 的数值,其中 R_X、R_Y 和 R_Z 分别是 R_g 的 X、Y 和 Z 方向的分量;R_{max} 和 R_{min} 分别代表 R_X 和 R_Y 中相对的较大值和较小值。图 6-29 中的两个比例呈现相同的变化趋势,都是先减小再增大,转折点出现在 N=30 处,而 N=80

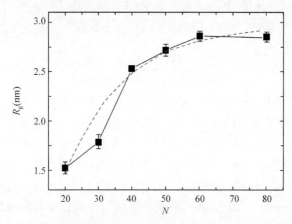

图 6-28　MD 模拟方法得到的平均回转半径 R_g 与链长 N 之间的关系
误差棒是三个平行模拟的标准偏差

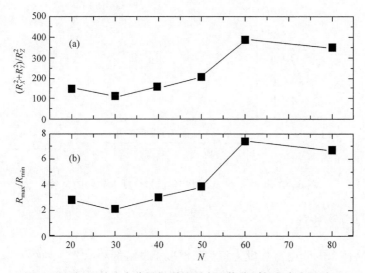

图 6-29　由 R_g 的三个分量得到的两个比值分别与聚合度的关系

呈减小趋势，这与图 6-28 中 R_g 的结果吻合，说明吸附平衡的高分子单链越薄，其在 XY 平面上的各向异性越大。R_g 在 Z 轴方向上的分量垂直于硅表面，表面的吸附作用使得它在吸附过程中被强制缩减，R_g 在 X 和 Y 轴方向上的分量则因为链的铺展有显著的增加，所有的链都呈现二维吸附构象。所以 R_X 和 R_Y 很大，而 R_Z 很小。

2) PE 链在表面上的扩散

吸附过后，高分子单链与表面之间的相互作用能量会停留在一个常数附近波动，PE 的动力学转为由扩散行为主导。我们通过爱因斯坦关系来计算出链的扩散系数。图 6-30 给出了扩散系数和聚合度之间的变化关系，与 $D{\sim}N^{-3/2}$ 的拟合线拟合得很好，这个关系可以通过不同链长的高分子单链和表面之间的相互作用来解释。吸附能的计算式如下：

$$E_{\text{int}} = E_{\text{tot}} - (E_{\text{frozen}} + E_{\text{plane}})$$

式中，E_{tot} 为整个系统平衡时的总势能；E_{frozen} 为被吸附的高分子单链在无溶剂环境中保持几何构象不变时的势能；E_{plane} 为表面的势能。高分子单链为了能很好地吸附在表面上，往往会采取降低分子内相互作用来补偿分子间相互作用力。图 6-31 所示，吸附能 E 与聚合度 N 成线性关系，单位链长的平均吸附能 E/N 为 –0.38 kJ/mol。但聚合度为 30 和 80 的 E/N 分别是 –0.35 kJ/mol 和 –0.37 kJ/mol，都比平均值低，因此这两个高分子单链的构象呈现"卷曲的薄饼"构象，与其他链长呈现的线性构象有非常明显的差别。

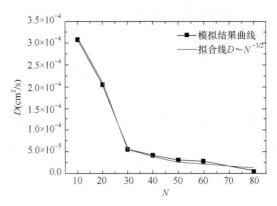

图 6-30　扩散系数 D 与 PE 单链聚合度 N 之间的关系

2. 不良溶剂环境

我们将体系的介电常数设为 78 来模拟不良溶剂环境[76]。当然，采用此方法不能够很全面地考虑显式的溶剂化效应，但我们可以应用这种方法简单而直接地研究外界的溶剂环境对高分子单链的构象和动力学的影响。为节省模拟时间和避免重复性的工作,我们只选择聚合度 N=30 和 80 分别作为 PE 单链的短链和长链进行说明。

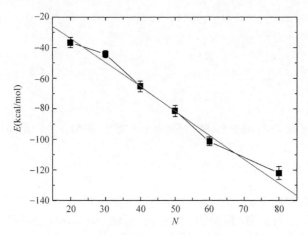

图 6-31　吸附能 E 与聚合度 N 之间的关系

　　模拟结果表明,在不良溶剂环境中,PE 链都能够很好地吸附到疏水表面上,并呈现二维吸附构象。吸附过程很快,经过大概 200 ps 就能达到吸附平衡,随后的扩散过程使得高分子单链呈现二维吸附构象,最终,链在表面呈现单分子层厚度的稳定构象。通过计算它们的 $(R_X^2 + R_Y^2)/R_Z^2$ 数值及吸附能 E,并与无溶剂环境中的模拟结果对比发现,链和表面之间的接触面积越大,则吸附能越大,这些都导致扩散系数降低,对比结果列在表 6-2 中。同时,构象也发生了改变:N=30 从"卷曲的薄饼"构象转换成伸展的构象;而 N=80 仍保持着"卷曲的薄饼"构象,只是折叠数目比它在无溶剂环境中少。图 6-32 是它们的平衡吸附构象。

表 6-2　PE 链在无溶剂与不良溶剂环境中与硅表面相互作用的吸附能及扩散系数

	聚合度 N	真空环境	良溶剂环境
吸附能 E(kJ/mol)	30	−10.6	−12.0
	80	−29.2	−30
扩散系数 D(cm²/s)	30	$5.67×10^{-5}$	$1.44×10^{-5}$
	80	$6.38×10^{-6}$	$6.01×10^{-6}$

　　从上面的讨论中我们发现,溶剂对疏水-疏水体系中的构象和动力学有重要的影响,溶剂不仅可以改变吸附平衡后的链构象,还会影响链在表面上的动

力学行为。

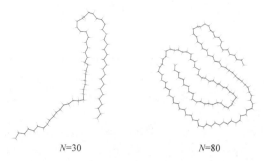

N=30　　　　　　　　　　　　N=80

图 6-32　聚合度为 30 和 80 的 PE 链在不良溶剂环境下，吸附在硅表面上的平衡吸附构象

6.6.3　小结

本节应用分子动力学模拟研究了疏水的 PE 单链在疏水的硅表面上的吸附和扩散过程。由于二者具有相似的疏水特性，因此 PE 单链能够很好地吸附在疏水表面上，并呈现二维吸附构象。

在无溶剂环境中，PE 单链能很好地吸附在疏水表面并呈现二维构象。回转半径以及 $(R_X^2 + R_Y^2) / R_Z^2$ 和 R_{max}/R_{min} 两个比例都表明了链长大小对平衡吸附构象有影响，而且吸附能 E 与聚合度 N 呈线性关系。但 N=30 和 80 的单位链长的平均吸附能都低于平均值–0.38 kJ/mol。而且，PE 单链的扩散系数与聚合度之间存在标度关系，即 $D \sim N^{-3/2}$。

在不良溶剂环境中，无论 PE 单链的聚合度是多少，均能够很好地吸附在表面上，并呈现二维吸附构象。在不良溶剂的作用下，吸附能增加，与无溶剂环境中 PE 单链的平衡吸附构象相比有了很明显的变化，分别变成伸展的和具有较少折叠数目的"卷曲的薄饼"构象。

以上的结果表明：疏水的高分子单链可以很好吸附在疏水表面上。将溶剂环境由无溶剂改为不良溶剂，高分子单链仍能很好地吸附，但构象会有变化。因此，通过适当地调控溶剂环境，可以很好地控制高分子单链的动力学行为。

参 考 文 献

[1] Granick S, Kumar S K, Amis E J, Antonietti M, Balazs A C, Chakraborty A K, Grest G S, Hawker C, Janmey P, Kramer E J, Nuzzo R, Russell T P, Safinya C R. Macromolecules at surfaces: Research challenges and opportunities from tribology to biology [J]. Journal of Polymer Science Part B: Polymer Physics, 41(22): 2755-2793, 2003.

[2] Doi M, Edwards S F. The Theory of Polymer Dynamics [M]. Oxford: Clarendon Press, 1986.

[3] de Gennes P G. Scaling Concepts in Polymer Physics [M]. New York: Cornell University, Ithaca,

1979.

[4] Maier B, Rädler J O. Conformation and self-diffusion of single DNA molecules confined to two dimensions [J]. Physical Review Letters, 1999, 82(9): 1911-1914.

[5] Maier B, Rädler J O. DNA on fluid membranes: A model polymer in two dimensions [J]. Macromolecules, 2000, 33(19): 7185-7194.

[6] Zhang L, Granick S. Slaved diffusion in phospholipid bilayers [J]. Proceedings of the National Academy of Sciences of the United States of America, 2005, 102(26): 9118-9121.

[7] Sukhishvili S A, Chen Y, Müller J D, Gratton E, Schweizer K S, Granick S. Diffusion of a polymer "pancake" [J]. Nature, 2000, 406(6792): 146.

[8] Sukhishvili S A, Chen Y, Müller J D, Gratton E, Schweizer K S, Granick S. Surface diffusion of poly (ethylene glycol) [J]. Macromolecules, 2002, 35(5): 1776-1784.

[9] Yethiraj A. Polymer melts at solid surfaces [J]. Advances in Chemical Physics, 2002, 121: 89-139.

[10] Sheiko S S, Möller M. Visualization of macromolecules a first step to manipulation and controlled response [J]. Chemical Reviews, 2001, 101(12): 4099-4124.

[11] Granick S. Perspective: Kinetic and mechanical properties of adsorbed polymer layers [J]. The European Physical Journal E, 2002, 9: 421-424.

[12] Dietrich S. New physical phases induced by confinement [J]. Journal of Physics: Condensed Matter, 1998, 10(49): 11469-11471.

[13] Becker T, Mugele F. Nanofluidics: Viscous dissipation in layered liquid films [J]. Physical Review Letters, 2003, 91(16): 166104.

[14] Quéré D. Rough ideas on wetting [J]. Physica A: Statistical Mechanics and Its Applications, 2002, 313(1-2): 32-46.

[15] Gelb L D. The ins and outs of capillary condensation in cylindrical pores [J]. Molecular Physics, 2002, 100(13): 2049-2057.

[16] Gao H, Yu Z, Wang J, Tegenfeldt J O, Austin R H, Chen E, Wu W, Chou S Y. Fabrication of 10 nm enclosed nanofluidic channels [J]. Applied Physics Letters, 2002, 81(1): 174-176.

[17] Guo L J. Recent progress in nanoimprint technology and its applications [J]. Journal of Physics D: Applied Physics, 2004, 37(11): R123-R141.

[18] McHale G, Shirtcliffe N J, Aqil S, Perry C C, Newton M I. Topography driven spreading [J]. Physical Review Letters, 2004, 93(3): 036102.

[19] Mulder M. Basic Principles of Membrane Technology [M]. 2nd edition. Dordrecht: Kluwer Academic Publishers, 1996.

[20] Pusch W, Walch A. Synthetic membranes-preparation, structure, and application [J]. Angewandte Chemie—International Edition, 1982, 21(9): 660-685.

[21] Kesting R E. Synthetic Polymeric Membranes [M]. New York: McGraw-Hill, 1971.

[22] Yan X, Xu T, Chen G, Yang S, Liu H, Xue Q. Preparation and characterization of electrochemically deposited carbon nitride films on silicon substrate [J]. Journal of Physics D: Applied Physics, 2004, 37(6): 907-913.

[23] Nakahigashi T, Tanaka Y, Miyake K, Oohara H. Properties of flexible DLC film deposited by

amplitude-modulated RF P-CVD [J]. Tribology International, 2004, 37(11-12): 907-912.

[24] Song G, Zeng M. A thin-film magnetorheological fluid damper/lock [J]. Smart Materials and Structures, 2005, 14(2): 369-375.

[25] Haynes C A, Norde W. Globular proteins at solid/liquid interfaces [J]. Colloids and Surfaces B: Biointerfaces, 1994, 2: 517-566.

[26] Malmsten M. Formation of adsorbed protein layers [J]. Journal of Colloid and Interface Science, 1998, 207: 186-199.

[27] Decher G. Fuzzy nanoassemblies: Toward layered polymeric multicomposites [J]. Science, 1997, 277: 1232-1237.

[28] Esker A R, Mengel C, Wegner G. Ultrathin films of a polyelectrolyte with layered architecture [J]. Science, 1998, 280: 892-895.

[29] Caruso F, Caruso R A, Mohwald H. Nanoengineering of inorganic and hybrid hollow spheres by colloidal templating [J]. Science, 1998, 282: 1111-1114.

[30] Shiratori S S, Rubner M F. pH-dependent thickness behavior of sequentially adsorbed layers of weak polyelectrolytes [J]. Macromolecules, 2000, 33: 4213-4219.

[31] Clark S L, Hammond P T. Engineering the microfabrication of layer-by-layer thin films [J]. Advanced Materials, 1998, 10: 1515-1519.

[32] Husemann M, Morrison M, Benoit D, Frommer J, Mate C M, Hinsberg W D, Hedrick J L, Hawker C J. Manipulation of surface properties by patterning of covalently bound polymer brushes [J]. Journal of the American Chemical Society, 2000, 122: 1844-1845.

[33] Xia Y N, Whitesides G M. Soft lithography [J]. Annual Review of Materials Science, 1998, 28: 153-184.

[34] Huck W T S, Strook A D, Whiteside G M. Synthesis of geometrically well defined, molecularly thin polymer films [J]. AngewandteChemie—International Edition, 2000, 39: 1058-1061.

[35] Milchev A, Binder K. Dewetting of thin polymer films adsorbed on solid substrates: A Monte Carlo simulation of the early stages [J]. Journal of Chemical Physics, 1997, 106: 1978-1989.

[36] Pandey R B, Milchev A, Binder K. Semidilute and concentrated polymer solutions near attractive walls: Dynamic Monte Carlo simulation of density and pressure profiles of a coarsegrained model [J]. Macromolecules, 1997, 30: 1194-1204.

[37] Varnik F, Baschnagel J, Binder K, Mareschal M. Confinement effects on the slow dynamics of a supercooled polymer melt: Rouse modes and the incoherent scattering function [J]. European Physical Journal E, 2003, 12: 167-171.

[38] Lin Y C, Müller M, Binder K. Stability of thin polymer films: Influence of solvents [J]. Journal of Chemical Physics, 2004, 121(8): 3816-3828.

[39] Briggman K A, Stephenson J C, Wallace W E, Richter L J. Absolute molecular orientational distribution of the polystyrene surface [J]. Journal of Physical Chemistry B, 2001, 105: 2785-2791.

[40] Kim D C, Lu W. Three-dimensional model of electrostatically induced pattern formation in thin polymer films [J]. Physical Review B, 2006, 73, 035206.

[41] Desai T, Keblinski P, Kumar S. Computer simulations of the conformations of strongly adsorbed

chains at the solid-liquid interface [J]. Polymer, 2006, 47: 722-727.

[42] Du J, Cormack A. Molecular dynamics simulation of the structure and hydroxylation of silica glass surfaces [J]. Journal of the American Ceramic Society, 2005, 88(10): 2978.

[43] Iarlori S, Ceresoli D, Bernasconi M, Donaldio D, Parrinello M. Dehydroxylation and silanization of the surfaces of beta-cristobalite silica: An *ab initio* simulation [J]. Journal of Physical Chemistry B, 2001, 105: 8007-8013.

[44] Lu Z Y, Sun Z Y, Li Z S. Stability of two-dimensional tessellation ice on the hydroxylated beta-cristobalite (100) surface [J]. Journal of Physical Chemistry B, 2005, 109(12): 5678-5683.

[45] Hoover W G. Canonical dynamics: Equilibrium phase-space distributions [J]. Physical Review A, 1985, 31: 1695-1697.

[46] Ewald P P. Die Berechnung optischer und elektrostatischer Gitterpotentiale [J]. Annals of Physics, 1921, 64: 253-287.

[47] Roiter Y, Minko S. Adsorption of polyelectrolyte versus surface charge: *In situ* single-molecule atomic force microscopy experiments on similarly, oppositely, and heterogeneously charged surfaces [J]. Journal of Physical Chemistry B, 2007, 111(29): 8597-8604.

[48] Wernet P H, Nordlund D, Bergmann U, Cavallieri M, Odelius M, Ogasawara H, Näsland L A, Hirsch T K, Ojamäe L, Glatzel P. The structure of the first coordination shell in liquid water [J]. Science, 2004, 304: 995-999.

[49] Wang X L, Lu Z, Li Z S, Sun C C. Molecular dynamics simulation study on adsorption and diffusion processes of a hydrophilic chain on a hydrophobic surface [J]. Journal of Physical Chemistry B, 2005, 109(37): 17644-17648.

[50] Rubinstein M, Colby R H. Polymer Physics [M]. Oxford: Oxford University Press, 2003.

[51] Reddy G, Yethiraj A. Implicit and explicit solvent models for the simulation of dilute polymer solutions [J]. Macromolecules, 2006, 39(24): 8536-8542.

[52] de Gennes P G. In Scaling Concepts in Polymer Physics [M]. New York: Cornell University Press, Ithaca, 1979.

[53] Doi M, Edwards S F. In the Theory of Polymer Dynamics [M]. Oxford: Clarendon Press, 1986.

[54] Mu D, Lv Z Y, Huang X R, Sun C C. Ordered adsorption of polyethylene on hydroxylated β-cristobalite(100) surface [J]. Chemical Journal of Chinese Universities—Chinese, 2008, 29(10): 2065-2069.

[55] Mu D, Zhou Y H. Molecular dynamics simulation of the adsorption and diffusion of a single hydrophobic polymer chain on a hydrophobic surface [J]. Acta Physico—Chimica Sinica, 2011, 27(2): 374-378.

[56] Esker A R, Mengel C, Wegner G. Ultrathin films of a polyelectrolyte with layered architecture [J]. Science, 1998, 280: 892-895.

[57] Shiratori S S, Rubner M F. pH-dependent thickness behavior of sequentially adsorbed layers of weak polyelectrolytes [J]. Macromolecules, 2000, 33: 4213-4219.

[58] Huck W T S, Strook A D, Whiteside G M. Synthesis of geometrically well defined, molecularly thin polymer films [J]. Angewandte Chemie—International Edition, 2000, 39: 1058-1061.

[59] Clark S L, Hammond P T. Engineering the microfabrication of layer-by-layer thin films [J]. Ad-

vanced Materials, 1998, 10: 1515-1519.

[60] Husemann M, Morrison M, Benoit D, Frommer J, Mate C M, Hinsberg W D, Hedrick J L, Hawker C J. Manipulation of surface properties by patterning of covalently bound polymer brushes [J]. Journal of the American Chemical Society, 2000, 122: 1844-1845.

[61] Xia Y N, Whitesides G M. Soft lithography [J]. Annual Review of Materials Science, 1998, 28: 153-184.

[62] Briggman K A, Stephenson J C, Wallace W E, Richter L J. Absolute molecular orientational distribution of the polystyrene surface [J]. Journal of Physical Chemistry B, 2001, 105: 2785-2791.

[63] Sukhishvili S A, Chen Y, Müller J D, Gratton E, Schweizer K S, Granick S. Surface diffusion of poly (ethylene glycol) [J]. Macromolecules, 2002, 35(5): 1776-1784.

[64] Zhao J, Granick S. Polymer lateral diffusion at the solid-liquid interface [J]. Journal of the American Chemical Society, 2004, 126(20): 6242-6243.

[65] Maier B, Rädler J O. Conformation and self-diffusion of single DNA molecules confined to two dimensions [J]. Physical Review Letters, 1999, 82(9): 1911-1914.

[66] Maier B, Rädler J O. DNA on fluid membranes: A model polymer in two dimensions [J]. Macromolecules, 2000, 33(19): 7185-7194.

[67] Milchev A, Binder K. Static and dynamic properties of adsorbed chains at surfaces: Monte Carlo simulation of a bead-spring model [J]. Macromolecules, 1996, 29(1): 343-354.

[68] Azuma R, Takayama H. Diffusion of single long polymers in fixed and low density matrix of obstacles confined to two dimensions [J]. The Journal of Chemical Physics, 1999, 111(18): 8666-8671.

[69] Falck E, Punkkinen O, Vattulainen I, Ala-Nissila T. Dynamics and scaling of two-dimensional polymers in a dilute solution [J]. Physical Review E, 2003, 68(5): 050102.

[70] Sun H. COMPASS: An *ab initio* force-field optimized for condensed-phase applications overview with details on alkane and benzene compounds [J]. Journal of Physical Chemistry B, 1998, 102(38): 7338-7364.

[71] Sun H, Ren P, Fried J R. The COMPASS force field: Parameterization and validation for phosphazenes [J]. Computational and Theoretical Polymer Science, 1998, 8(1-2): 229-246.

[72] Rigby D, Sun H, Eichinger B E. Computer simulations of poly (ethylene oxide): Force field, pvt diagram and cyclization behaviour [J]. Polymer International, 1997, 44(3): 311-330.

[73] Allen M P, Tildesley D J. Computer Simulation of Liquids [M]. Oxford: Clarendon, 1987.

[74] Berendsen H J C, Postma J P M, van Gunsteren W F, DiNola A, Haak J R. Molecular dynamics with coupling to an external bath [J]. The Journal of Chemical Physics, 1984, 81(8): 3684-3690.

[75] Mu D, Huang X R, Sun, C C. The adsorption of poly (vinyl alcohol) on the hydroxylated β-cristobalite [J]. Molecular Simulation, 2008, 34(6): 611-618.

[76] Raffaini G, Ganazzoli F. Molecular dynamics simulation of the adsorption of a fibronectin module on a graphite surface [J]. Langmuir, 2004, 20(8): 3371-3378.

[77] Picaud S, Toubin C, Girardet C. Monolayers of acetone and methanol molecules on ice [J]. Surface Science, 2000, 454: 178-182.

[78] Compoint M, Toubin C, Picaud S, Hoang P N M, Girardet C. Geometry and dynamics of formic and acetic acids adsorbed on ice [J]. Chemical Physics Letters, 2002, 365(1-2): 1-7.

[79] Toubin C, Picaud S, Hoang P N M, Girardet C. Structure and dynamics of ice Ih films upon HCl adsorption between 190 and 270 K. II. Molecular dynamics simulations [J]. The Journal of Chemical Physics, 2002, 116(12): 5150-5157.

[80] Bae S C, Xie F, Jeon S, Granick S. Single isolated macromolecules at surfaces [J]. Current Opinion in Solid State and Materials Science, 2001, 5(4): 327-332.

[81] Chen L-J, Zhang Z-J, Lv Z-Y, Sun C-C. Effects of block copolymer chain length and surface adsorption intensity on microphase separation under three-dimensional confinement [J]. Chemical Journal of Chinese Universities, 2007, 28(2): 316-319.

[82] Iarlori S, Ceresoli D, Bernasconi M, Donadio D, Parrinello M. Dehydroxylation and silanization of the surfaces of β-cristobalite silica: An *ab initio* simulation [J]. Journal of Physical Chemistry B, 2001, 105: 8007-8013.

[83] Verlet L. Computer "experiments" on classical fluids. I. Thermodynamical properties of Lennard-Jones molecules [J]. Physical Review, 1967, 159: 98-103.

第 7 章　高分子自组装

7.1　一维限制条件对 H 形共聚物组装的影响

7.1.1　研究背景

在过去的几十年中，自组装材料在纳米技术领域的应用得到了飞速发展。在这些材料中，嵌段共聚物以其独特的理化性质成为大分子系列的重要成员之一。嵌段共聚物能自组装成尺寸通常在 10～100 nm[1,2]的多种结构，这些结构往往通过有序地微观分离而形成各种形状，包括球形、圆柱形、薄片形、双连续结构等。目前，某些高性能的功能型嵌段共聚物材料已被开发应用于电子[3]、光电[4]、生物材料[5]等诸多领域。为了改善材料性能或实现所需功能，常使用一些方法来调控嵌段共聚物材料的结构以达到此目的，包括引入外场[6,7]、施加剪切力[8,9]、溶剂退火[10]、添加溶剂[11,12]、热退火[13]和实施图案化基底[14-26]等手段。在这些方法中，空间限制为构筑有序形貌提供了一种简单而有效的研究思路，启发我们探讨不同的作用距离、影响区域等因素对环境的影响，以及形成相应自组装结构的机理。

常用两个参数来表征空间限制的限制条件特性，其一是表面，其二是维度。首先，调整限制条件和嵌段共聚物各组分之间的相互作用，以此来调控共聚物中嵌段的亲和力，并将表面分为中性和非中性两种，因此，可以在限制环境中实现嵌段共聚物润湿行为的切换[27-29]。其次，引入粗糙度因素也是一个调节表面性质的有效方法，再辅以特定的表面图案，效果有可能事半功倍[9,30]。最后，根据几何形状之间的差异，将限制条件大致分为一维(1D)[28,29,31-35]、二维(2D)[36,37]和三维(3D)[38-41]，通常是分别采用两个限制平板、同心环和球体的形式来分别实现三种限制环境。但是，探明限制条件与由此生成的组装结构之间的关系，仍是软材料领域中一个亟待解决的难题和不小的挑战[42]。

与一维限制条件相比，二维和三维限制条件更加复杂。因此，在高维限制条件下的嵌段共聚物组装机理比其在一维限制条件下的诱导机理更加难以验证。幸运的是，彼此之间存在某些关联：从由二维限制条件[43-45]诱导产生的结构来看,二维限制条件可视为一维限制条件结构通过向上弯曲形成的二维结构；

类似地，从由三维限制条件诱导产生的结构来看，三维限制条件可视为二维限制条件结构向另一个维度发生弯曲所形成的三维结构。在某种程度上，一维、二维和三维限制条件可近似分别等同于石墨片、碳纳米管和球形富勒烯之间的关系，可见，一维限制条件是二维和三维限制条件的构造开端和研究基础，可以用来推导二维、三维限制条件下的受限组装结构。因此，我们研究对称型嵌段共聚物在一维限制条件下，通过分析高分子的密度分布、尺寸和数量等数据来研究分子的受限组装结构，从相关线索来阐明限制机制。这些结果将有助于研究和推导出嵌段共聚物在二维、三维限制条件下的组装结构，为制备有序材料提供理论线索和依据。

7.1.2　模型粗粒化和参数设置

构建聚氧化乙烯(PEO)和聚甲基丙烯酸甲酯(PMMA)粗粒化模型的方法和过程在我们之前的研究[46]中有详细的描述。简述如下：先构造不同链长的 PEO 和 PMMA 均聚物的三组平行分子模型，利用分子模拟计算每个模型的溶解度参数；基于 PEO 和 PMMA 均聚物模型中溶解度参数随链长的变化规律，确定 PEO 和 PMMA 的代表性链长均为 50，相应的溶解度参数作为稳定的溶解度参数的阈值，代表性键长除以相应的特征比，就得到最短高分子的粗粒化模型，即 EO 和 MMA 链段分别由 5 个 A 粒子和 6 个 B 粒子组成。那么，由一个位于中心的 MMA 链段和周边四个相同长度的 EO 链段就构成了对称的 H 型共聚物，EO 链段两两分别连接在 MMA 链段的两端。

我们采用由 Fraaije[47,48]课题组研究开发的 MesoDyn 来执行介观模拟，它基于动态平均场密度泛函理论(DDFT)，利用朗之万方程来描述高分子材料的相分离动力学和有序化过程。该方法的主要优点是相或相形成动力学没有引入先验假设[49]，更适合研究相分离[50,51]、相变[52]，以及由纳米颗粒掺杂[53,54]或表面诱导[8,30]形成的组装结构。嵌段共聚物的开创性和早期研究内容是 Sevink 等[55-60]开展的薄膜研究，在本节中，我们研究由四个亲水性嵌段和一个疏水性嵌段组成的对称结构在薄膜中的组装行为和结构，特别关注了在受限环境下的诱导结构，研究结果可对之前的研究做有益补充，为相关应用提供理论基础。

以长、宽、高分别为 $L_x \times L_y \times L_z(\text{nm}^3)$ 的空间网格作为薄膜模型，L_z 对应着薄膜的厚度，将键长设为 1.1543 Å 以保证由网格限制运算符的各向同性，将所有粒子的体积都设为 0.01 nm^3、粒子扩散系数设为 1.0×10^{-7} cm^2/s 来简化模型，稳定的噪声比例参数、压缩系数和无量纲的时间步长分别设为 100、10.0 和 0.5。此外，得到的高斯链密度函数由外部势场与每种粒子类型密度场之间的匹配关系组成，化学势是外势和密度场函数的自变量，时间导数和化学势之间的关系用耦合的朗之万方程来表示。每个体系都执行 5.0×10^5 步。

体系的温度都设为 400 K，ε_{AB} = 6.23 kJ/mol。在研究的一维限制条件中，平板的不同位置决定了不同种类的限制条件，当平板在 XY 平面时为 ZW55 限制条件，当平板在 XZ 平面时为 YW55 限制条件。用 100 nm×100 nm×5 nm 网格放置 ZW55 限制条件，它拥有短的作用距离(即 5 nm)和大的作用面积(10^4 nm^2)；用 50 nm×50 nm×5 nm 网格放置 YW55 限制条件，它拥有长的作用距离(即 50 nm)和小的作用面积(250 nm^2)，将之与 ZW55 进行对比，可研究作用距离和作用面积对自组装结构的影响。

组分粒子的成对相互作用由 Flory-Huggins 相互作用参数χ来定义，乘以 RT 后(这里的 R 为摩尔气体常数，T 为环境温度，400 K)，即得到物理量ε_{AB}，以此作为介观模型中的相互作用参数。这里的ε_{AB}值采用 6.23 kJ/mol[28,29]，ε_{AB}为正值对应于 A 粒子与 B 粒子之间是净排斥作用，可促使发生微相分离甚至相分离。采用的一维限制条件为中性平板型限制条件，设置平板对组成粒子的排斥力相同，即 ε_{wall-A}=5.0 kJ/mol，ε_{wall-B}=5.0 kJ/mol，与高分子的两种组分均非优先润湿。但是，平板在系统中的放置位置是不同的，一个置于 XY 平面，称为 ZW55 限制条件；另一个置于 XZ 平面，称为 YW55 限制条件。研究在 ZW55 限制条件下的诱导自组装结构时，采用 100 nm×100 nm×5 nm 的空间网格，以短的作用距离(5 nm)和大的作用面积(即 10000 nm^2)来模拟强受限的薄膜环境。此外，研究在 YW55 限制条件下的诱导自组装结构时，采用 50 nm×50 nm×5 nm 的空间网格，以相对较长的作用距离(50 nm)和相对较小的作用面积(即 250 nm^2)来模拟弱受限的薄膜环境。

7.1.3　模拟结果与讨论

1. 薄膜中的自组装

空间网格在 Z 轴的尺寸是 5 nm，仅为 X 轴或 Y 轴尺寸的 5%，适合搭建薄膜模型。共聚物分子在此环境中会组装成圆柱形的核-壳结构，B 粒子聚集成核、A 粒子聚集成壳。从圆柱的轴上(平行于 Z 轴)随机选取一点作为起点，在同一 XY 平面上沿着不同方向绘制密度分布。为了丰富样本数，在同一圆柱的轴上随机选取额外的 5 个位置作为另外 5 个起点，并在各自的 XY 平面上绘制密度分布。发现所有的密度分布几乎重叠，沿同一圆柱轴线的粒子密度值几乎相同，因此，圆柱形组装结构得到确认。由于共聚物分子的高度对称性，在 XY 平面上会形成对称的核-壳结构，以疏水性的 B 粒子为核心、亲水性的 A 粒子为壳。然后，所有相似的二维核-壳片层在驱动力的作用下逐层地组装在一起，各层间的相同组分聚集在一起，最终完成核-壳结构的三维圆柱组装体。

当我们将目光放在整个系统时，可以更清楚地探明自组装机制。系统中圆柱体的数量和平均尺寸随时间的变化如图 7-1 所示，在最初的 $24×10^3$ 步之前的早期阶段，形成了很多低密度的小尺寸聚集体，随后，这些聚集体进入到 $14×10^3$ 时间步的排列、调整阶段。从 $38×10^3$ 时间步到 $244×10^3$ 时间步的后期阶段中，聚集体的数量和平均尺寸基本上没有变化，经历了三次相同的"减少—增加—恒定"阶段，在三次"减少—增加"的阶段中都会出现 1～2 个空隙，这加速了聚集体的排布速度，缩短了三个阶段的完成时间，直至最终的排布形式。然而，从 $244×10^3$ 时间步到 $278×10^3$ 时间步期间，聚集体的数量和平均尺寸的变化趋势是相反的，从 $254×10^3$ 时间步时的代表性密度图可以看出，在小聚集体的形成区域中存在着很多空隙，有助于小聚集体之间的聚合。在 $278×10^3$ 时间步之后，聚集体的数量就一直稳定在 113 个，相应地，聚集体的平均尺寸在 126 nm^3 上下保持基本恒定。尽管在同一时间内产生的聚集体平均尺寸保持恒定的时间不长，但最终还是会形成六方排列的圆柱阵列。由此可见，空隙的出现和分布在薄膜的自组装过程中发挥着重要作用。

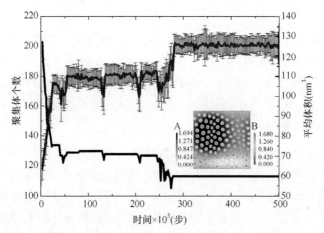

图 7-1　聚集体数目(黑色线)和平均体积(蓝色线)随时间的变化趋势。每个误差棒是从相同代表时间内对体系内聚集体的体积统计的结果，插入图是 $254×10^3$ 时间步时体系的 XY 截面

　　为了弄清楚空隙出现的位置，我们用黄色点标注空隙的中心位置，从图 7-2(a)中的黄色点分布来看，四个角(1～4 区)和中心位置(5 区)没有出现空隙，这些区域中也同样很少出现小尺寸的聚集体。从这五个区域中随机各选出一个单独的小聚集体，跟踪其位置变化，此外，还记录了单个聚集体体积的时间演变，如图 7-2(b)所示，1～4 区和 5 区的体积变化差异非常明显，且发生剧烈波动都是在 $244×10^3$ 时间步和 $278×10^3$ 时间步之间。在 1～4 区中，该时间段与大量空隙出现的时间相吻合；但是，在 5 区中，该时间段没有空隙出现。除此之外，$208×10^3$ 时间步之后也有空隙出现，所有的最小体积也出现在该时间跨度

内。所有这些都说明：1～4区是自组装过程中的变化活跃区域，常出现空隙、小聚集体彼此聚合的现象。但是，与1～4区相比，5区拥有的可移动范围和可变化尺寸都是最小的，而且5区中没有空隙出现，这些都说明中间区域，即5区是自组装过程中的相对不活跃区域。

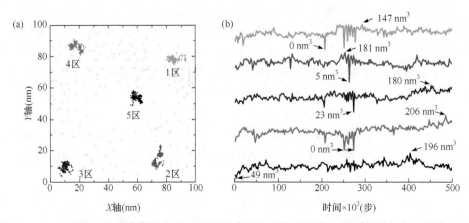

图7-2　(a)五个独立的聚集体在XY平面上随着时间的位置变化，分别用洋红色、绿色、红色、蓝色和黑色点表示聚集体的柱中心，黄色点表示空穴的中心位置。(b)五个独立的聚集体随着时间的体积变化，其中体积的最大值和最小值被分别标出

2. ZW55限制机理

在XY平面上，系统的顶部和底部各放置一个平行的限制平面，形成ZW55限制条件。为了阐明聚集个体的组装结构，我们从系统中随机选取一个聚集体，以该聚集体的几何中心为起点，分别沿着三个主轴移动进行密度分析，几乎重叠的三条密度分布说明它是球形胶束结构，这与无限制条件下薄膜中形成的圆柱状结构不同。在ZW55的几何特点中，5 nm短作用距离和10000 nm³大作用面积的协同作用下，加之限制条件与共聚物分子组分之间的排斥力，共同导致自组装结构发生改变。位于两个限制平板之间、中间区域的共聚物分子会采取平行于限制平板的方向聚集在一起，而在靠近限制平板附近的区域，B粒子构成疏水核、A粒子构成亲水壳。A粒子和B粒子受到来自限制平面的排斥作用，使得最靠近平板的共聚物分子与平面之间形成的夹角角度增大。H形分子结构的高度对称性，以及来自两个相对方向限制平面施加的对称排斥力，使得每个共聚物分子与两个限制平面的夹角角度几乎相同。众多的共聚物分子中相同组分与限制平板形成不同夹角聚集在一起，就成了球形胶束结构。

与薄膜平均尺寸表现出的三个"减少—增加—恒定"阶段不同，如图7-3所示，在ZW55限制条件下，早期的"减少"阶段加上后期三个"恒定—减少"

阶段构成了平均尺寸新的变化趋势。起初，与薄膜中的共聚物分子相比，来自限制平板的排斥力会加速共聚物分子之间的聚集，形成平均尺寸较大($78\ nm^3$)、数量较少(164 个)的聚集体。随后，小聚集体汇聚、融合成大聚集体，那么聚集体的数量随之减少，聚集体的平均尺寸随之增加，直至 $44×10^3$ 时间步，该阶段表现为快速聚结机制。之后，分别在 $46×10^3$、$48×10^3$ 和 $52×10^3$ 时间步的时间点出现了 3 个空隙，由于空隙周围的胶束结构发生收缩，平均尺寸陡然减少，这意味着组装进入了一个新的阶段。从 $54×10^3$ 时间步开始，聚集体数目的变化趋势经历了三次"恒定—减少"的主要阶段，聚结期完成于 $182×10^3$ 时间步，表现为缓慢聚结机制。在 $116×10^3$ 时间步到 $136×10^3$ 时间步所经历的聚集体数量降低的阶段中，除了 6 个小胶束聚结为较大胶束之外，就只有 1 个小胶束融合成较大胶束了，因此，该阶段对应的平均尺寸变化不明显。在 $238×10^3$ 时间步时，胶束的数量一直保持在 127 个，比在薄膜中的胶束数量多了 14 个，相应地，平均胶束尺寸也达到约 $100\ nm^3$ 的相对稳定值。在最后的 $262×10^3$ 时间步中，自组装胶束一直在一个小区域范围内调整它们的所在位置和胶束尺寸，直到实现更加规整的六方排列为止。因此，ZW55 限制条件适用于生产数量较大、尺寸较小的胶束。

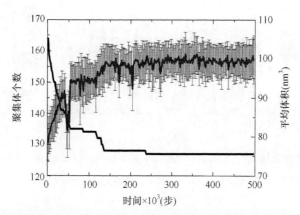

图 7-3　聚集体的数目(黑色线)和平均体积(蓝色线)随时间的变化趋势。误差是由相应时间点各聚集体的体积计算得到

为了阐明六方排列的演变过程，我们在体系的中间区域随机选取一个胶束，以它的中心为起点，向外沿着并穿过位于相同路径的其他 5 个胶束，统计该路径中 B 粒子的密度于如图 7-4 中。在 $44×10^3$ 时间步时，沿着该路径方向经过的各个胶束核的密度都以相同数值逐一降低，胶束的直径也表现出急剧下降的趋势，相关数据列于表 7-1。整个系统呈现出向内收缩的趋势，由此，被认为是聚集的累积阶段。自 $30×10^3$ 时间步之后，假定弧形路线保持不变，共聚物分子

的重新分布会导致每个胶束具有相似的密度和生长。然后，整个系统趋向于向外扩展，这是胶束位置和尺寸开始调整的开始。在 $454×10^3$ 时间步时，随着密度的降低，平均胶束直径达到最大值。整个系统向内略微收缩，使所有胶束都沿着这条路径排列，单个胶束的密度保持不变。但是，在接下来的 $42×10^3$ 时间步中，胶束的位置改变很大并不断被调整，排列方式也不断被优化。由于密度的扰动，排列方式的优化结束于 $500×10^3$ 时间步。随着时间的推移，除了 6 个胶束的直径减小之外，胶束尺寸的均匀性不断提高，从图 7-5 中所示的密度变化也验证了上述结果。早期阶段 $44×10^3$ 时间步时的高密度说明共聚物分子集中在中间区域，这为共聚物分子经历再分配提供了条件。随着时间的推移，密度的逐渐降低导致单个胶束密度逐渐收敛，胶束的尺寸和排列也在不断调整。

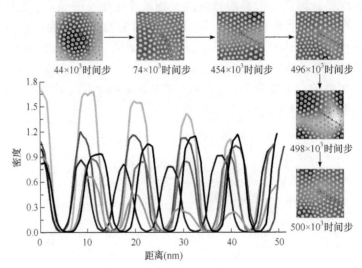

图 7-4 以洋红色聚集体为起点，在不同时间点(即 $44×10^3$、$74×10^3$、$454×10^3$、$496×10^3$、$498×10^3$、$500×10^3$ 时间步)、沿着相同路径(由蓝色箭头画出)的 B 粒子密度分布

表 7-1 图 7-4 中不同时间时，沿着相同路径不同胶束的直径(nm)

时间(步)	直径 1	直径 2	直径 3	直径 4	直径 5	直径 6	平均值	误差
$44×10^3$	8.50	9.05	9.05	9.00	7.20	5.90	8.12	1.30
$74×10^3$	8.40	9.15	9.70	8.65	9.00	6.90	8.63	0.96
$454×10^3$	7.90	8.45	8.65	9.45	9.60	9.90	8.99	0.78
$496×10^3$	9.80	9.50	8.75	8.10	8.75	9.00	8.98	0.60
$498×10^3$	9.50	8.60	8.05	9.10	8.00	8.90	8.69	0.59
$500×10^3$	9.50	9.20	8.70	8.95	7.95	7.90	8.70	0.66

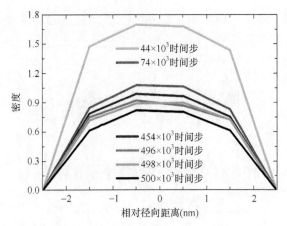

图 7-5　起始胶束沿着最大径向在不同时间，即 44×10³ 时间步(青色线)、74×10³ 时间步(红色线)、454×10³ 时间步(蓝色线)、496×10³ 时间步(洋红色线)、498×10³ 时间步(绿色线)、500×10³ 时间步(黑色线)的密度分布

3. YW55 限制机理

与 ZW55 限制条件相比，YW55 限制条件具有较长的作用距离(50 nm)和较小的作用面积(250 nm²)，通过将两个限制平面沿 XZ 平面取向放置在系统边缘来实现，这使得限制平面对高分子分子的排斥力很弱，对自组装结构的影响也非常有限。与在 ZW55 限制条件下形成的球形胶束结构不同，在 YW55 限制条件下形成的是变形的圆柱状结构。由于限制平面处于特殊位置，临近限制平面的共聚物分子会受到最强的排斥作用，而处于体系中间区域的共聚物分子则对来自于限制平面的排斥作用不敏感。因此，整个系统中形成的圆柱形聚集体的尺寸均一度很低，且随着与限制平面的距离不同而呈现层次变换式分布，如图 7-6(a)所示，位于限制平面附近的圆柱彼此相似度很高，但与位于中间区域的圆柱区别却很大，且前者的尺寸小于后者的尺寸。限制平面附近的组装体在排斥力的强烈作用下，会导致 EO 和 MMA 链段收缩，组装体的体积随之减小，此区域的大尺寸组装体不复存在。相反地，位于体系中间区域的共聚物分子与两个限制平面之间的距离相似，受到它们的排斥力大小也相似，但两股排斥力的方向却是相反的，作用在相同分子上时就会有部分抵消偏移，仅剩小部分的合力，这就促使自组装体发生膨胀，表现为更大的尺寸。从中间区域开始到近限制平面为止，跟踪中间区域中各圆柱体在相同运动方向的位置，如图 7-6(b)所示，该运动是以循环方式进行的。因此，一个位于中间区域、原本尺寸较大的圆柱体，在较小排斥合力的作用下会分裂成两个圆柱体并朝向不同方向的限制平面移动，随着离限制平面越来越近，排斥合力越来越大，高分子构象逐渐

收缩导致组装体的尺寸逐渐减小，直到限制平面最近时被压缩到最小尺寸。

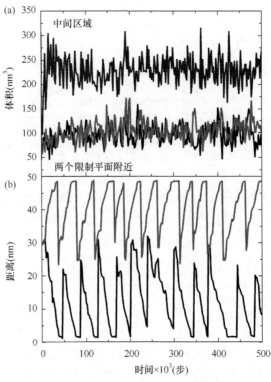

图 7-6　(a)中间区域和最靠近两个平板的共聚物随时间的体积变化分别用蓝色、红色和黑色线表示。(b)靠近两个平板聚集体随着时间的变化趋势与临近平板之间的距离变化分别用红色和黑色线表示

　　我们通过沿着限制平面之间的 6 个圆柱体的 B 粒子密度变化和它们径向直径的变化来阐明 YW55 限制条件的作用机理，如图 7-7 所示。众所周知，距离限制平面越远，受到来自限制平面的排斥力就越小，因此，沿 Y 轴方向，即排斥力的作用方向，圆柱体的密度也越小，在 2×10^3 时间步时，呈梯度变化。2×10^3 时间步之后，圆柱状组装体中出现了相反的变化趋势：圆柱体 1 和圆柱体 6 的尺寸减小，但圆柱体 3 和圆柱体 4 的尺寸增加，这与圆柱体中的共聚物分子发生了转化有关。又经过了另外的 2×10^3 时间步之后，密度几乎恢复到 2×10^3 时间步时的密度，共聚物分子在从限制平面的一边运动到另外一边的过程中，经历了来自限制平面排斥力从 "强" 到 "弱" 再到 "强" 的周期性变化，因此，圆柱体 3 和圆柱体 4 逐渐膨胀，直到 8×10^3 时间步。特别是对于圆柱体 4，它的密度分布呈现双峰，说明具有两个核，是由圆柱体 5 和圆柱体 6 变换而来，所以它具有明显的高密度和膨胀式体积。再经过共聚物分子的再分配之后，圆

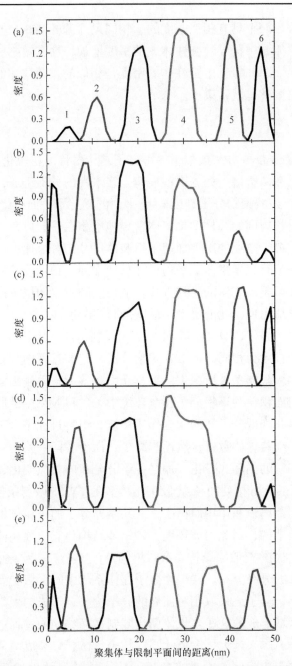

图 7-7　垂直于限制条件的六个聚集体在不同时间，即(a)2×10³ 时间步、(b)4×10³ 时间步、
(c)6×10³ 时间步、(d)8×10³ 时间步、(e)10×10³ 时间步的密度分布

柱体 4 又被拆分成两个具有相似密度的、相同尺寸的圆柱体，与此同时，圆柱体 6 合并到圆柱体 5 中，导致圆柱体 5 的密度增加，这有效弥补了原有的低密度。在 10×10^3 时间步时，6 个圆柱体的密度是相似的，圆柱体的密度和尺寸在经过一个周期的调整也就结束了。

7.1.4　小结

我们利用 MesoDyn 方法模拟了一种分子结构对称的粗粒化共聚物，它由一个疏水性的主干和两边端点处分别各连两个亲水性的分支组成，在薄膜环境中，沿着 Z 轴方向，该共聚物分子是以核-壳平面的逐层堆叠而自组装成圆柱形核-壳结构，这些形状规则的圆柱型聚集体密集地堆积在一起成六方排列结构。在自组装过程中，多个空隙的出现加速了组装体尺寸的调节速度，特别是当短时间内频繁出现空隙时，聚集体的平均尺寸骤然增加，预示着平衡阶段的开始，剩余时间都用来调整组装体的排列方式。从被空隙占据的位置来看，体系的中间区域很少有空隙出现，此处也是不活跃的自组装区域。

两个一维限制条件，即 ZW55 和 YW55 限制条件，其限制平面与共聚物分子中两种组分的排斥力相同，但对共聚物分子自组装过程中起到的效果却有着很大区别。ZW55 限制条件所提供的强排斥力环境源自限制平面之间短的作用距离和大的作用面积，共聚物分子在此环境中 EO 和 MMA 链段采取收缩构象和不同的取向以此降低分子间的相互作用势能，组装过程极少出现空隙，仅表现出聚结机理，组装体的数目自然逐步减少，而沿着同一路径的各胶束尺寸则呈"收缩—膨胀"的循环式变化，加之各组分分布的相应变化，协同调整自组装排列，最终形成六方排列的核-壳胶束结构。在 YW55 限制条件中，两个限制平面之间的作用距离长和作用面积小，对共聚物分子的排斥作用影响不大，不足以改变自组装结构，因此，该环境下的组装结构与它单独在薄膜中的组装结构相同，即圆柱状核-壳胶束结构。有意思的是，YW55 限制条件下却能实现多层次圆柱状胶束的分级分布。共聚物分子在体系的中间区域受到来自限制平面的排斥合力最小，分子会采取相对伸展的分子构象，形成的聚集体尺寸也是最大的。在中间区域形成的这些聚集体朝向限制平面移动的过程中，受到两个限制平面的排斥合力越来越大，大尺寸圆柱状聚集体会分裂成两个独立的小圆柱状聚集体，随着距离限制平面越来越近，聚集体的尺寸也越缩越小，直到限制平面的极限位置，尺寸达到最小。这些结果可以为材料设计提供新思路，用于改进纳米材料的性能。

7.2　溶剂对 Y 形共聚物薄膜组装的影响

7.2.1　研究背景

高分子的热力学和动力学性质丰富[61,62]，已成为涂料、润滑剂等相关工业产品中不可或缺的成分之一[63-65]。而高分子薄膜，尤其是厚度小于 100 nm 的高分子薄膜更是在现代高科技应用发展需求中已成为不可或缺的重要一员，例如纳米光刻技术、生物技术、光电子技术、新形传感器和制动器等[66-71]。高分子薄膜的研究经历了多年的快速发展，涉及物理学、化学、材料科学、高分子科学、工程学，甚至临床科学等诸多科学领域。此外，嵌段共聚物提供了一种高效的"自下而上"(bottom-up)制备不同纳米结构的方法，包括球体、圆柱体和薄片等，在光伏电池[72]、纳米颗粒模板[73]、低 k 电介质[74]、纳米结构膜[75]、高密度数据存储介质[76]等纳米制造应用领域都有着重要的应用前景。大量的研究表明，自组装结构的规模和空间对称性与嵌段共聚物的诸多性质有关，例如接枝密度、链长、嵌段共聚物的组成、各组成含量、接枝点位置、接枝顺序、各组成分布等[77-84]。在众多的共聚物中，由亲水性组分和疏水性组分构成的两亲性共聚物在很多特定应用领域中都是佼佼者，例如手性分离膜[85]、药物释放系统[86]、防污涂料[87]、气体、药物生物传感器[88]、生物催化剂活化载体[89]等。为达到提升性能的目的或满足器件功能的某些需求，还会引入一些调控手段来控制聚集结构或介观尺度的取向，这些手段包括热退火[13]、外部场[6,7]、溶剂退火[10]、剪切[8,9]和图案化模板[14-26]等。

我们在之前的工作中，系统地研究了由 4 个亲水链和 1 个疏水链组成的 H 形两亲共聚物的自组装行为[90]，模拟结果证明了空位在共聚物分子自组装成柱状胶束结构的过程中，尤其是对组装体尺寸的调节发挥了重要作用。因此，我们从分子结构着手改造，将 H 形两亲性共聚物从疏水链的中间剪开，就得到了 2 个完全的 Y 形分子结构。与 H 形共聚物相比，Y 形共聚物仅含 H 形高分子中亲水和疏水组分各一半，虽然仍属于结构对称性分子，但对称程度略有降低，这激发了我们探究其在薄膜和限制条件下自组装结构的研究兴趣。在现有文献中，通过实验和理论方法观察到选择性溶剂可以对自组装行为和结构造成影响[91-93]，那么，溶剂在不同外界条件下的影响又如何呢？在此，我们设计了三种溶剂环境，即疏水性溶剂、亲水性溶剂、由疏水性和亲水性溶剂按一定比例混合形成的二元溶剂。除了比较 Y 形共聚物与 H 形共聚物的自组装行为和结构，以此体现出 Y 形共聚物系统的特点之外，也围绕着不同溶剂效应对自组装的作用展开了讨论，从而阐明相应作用机制，通过对外部因素的调节，为制备优良性能的材料提供可靠的理论依据。

7.2.2　模型粗粒化和参数设置

与量化计算或原子级别的分子模拟方法相比，介观模拟方法是检验材料尺度特性的有力工具，在速度快的分子动力学和速度慢的热力学弛豫之间建起了一座沟通的桥梁，有助于理解结构与性质之间的辩证关系。特别地，介观模拟的输入参数来源于实验数据、量化计算或原子级别的分子模拟计算结果，这保证了过程结果的合理性和有效性，为实现可信的最终结果提供了保障。现有的介观动力学方法中，经过多年的研究实践和实验验证，MesoDyn 方法已被证实是探索介观尺度下高分子系统自组装行为的有效方法[27,94]，基本原理是基于 Fraaije 开发的动态平均场理论[47,48]，通过 Langevin 方程来描述相分离动力学和高分子体系的有序化过程，利用高斯链密度泛函将每种粒子的外部势场和密度场之间建立起一一对应关系，此外，本征化学势是外势和密度场的泛函，所以，耦合的朗之万方程可以描述时间导数和本征化学势之间的关系。由于噪声源与交换动力系数存在关联，由此引出的方程就形成了一个封闭集，以 Crank-Nicholson 格式通过内部的迭代循环有效地集成到一个方形网格中[95]。为了简单起见，设置所有珠子的大小都相同，链的拓扑结构主要取决于对原子模型的粗粒化处理。

构建聚氧化乙烯-*b*-聚甲基丙烯酸甲酯(PEO-*b*-PMMA)共聚物的粗粒化模型涉及分子结构和相互作用参数的两部分转换。对于该模型的粗粒化方法在我们之前的研究中有着详细的阐述[46]，在此仅简述如下：首先，在原子/分子尺度上，基于 Flory 旋转异构态(RIS)方法构建出聚合度分别为 10、20、30、40、50、60、70 和 80 的八个 PEO 均聚物模型。随后，为了减少模型中可能存在的热点，利用分子力学和分子动力学循环处理构建的 PEO 均聚物，得到各模型的溶解度参数。从溶解度参数值与对应链长模型的变化趋势发现，当聚合度大于或等于 50 时，溶解度参数几乎趋于定值，且与实验值接近[96]。那么，从节约机时的角度，我们确定 PEO 均聚物的最短代表性链长为 50。对于 PEO-*b*-PMMA 共聚物的另外一个组分，PMMA，其最短代表性链长的处理程序和步骤与上述确定 PEO 均聚物最小代表链长的完全相同，并确定 PMMA 的最短代表性链长为 50，该模型的溶解度参数在实验值的误差允许范围内[96]。将已经确定的最短代表性链长的原始 PEO_{50} 和 $PMMA_{50}$ 均聚物除以各自的特征比 $C_\infty(PEO)=9.89$ 和 $C_\infty(PMMA)=8.65$[97]，即得到各均聚体的粗粒化模型 A_5(A 粒子珠表示 EO 组分)和 B_6(B 粒子表示 MMA 组分)，那么，Y 形两亲性共聚物的介观模型就是由两个 A_5 链段作为亲水支链和一个 B_6 链段作为疏水支链，以 B 粒子作为各支链的共同链接点，分子结构如图 7-8 所示。微观尺度和介观尺度之间成对的相互作用能关系如下：

$$E_{ij}=\chi_{AB}RT$$

式中，Flory-Huggins 相互作用参数(χ_{AB})是通过微观尺度的分子模拟计算得到的；R 为摩尔气体常数，8.314 J/(mol · K)；T 为 400 K，该温度下计算得到的 χ 值都是正值；E_{ij} 是介观动力学模拟的输入参数，用于描述 A 粒子和 B 粒子之间成对的相互作用，该数值为正值说明粒子之间存在相互排斥作用，则共聚物体系中易发生微观相分离。根据聚氧化乙烯和聚甲基丙烯酸甲酯的亲水能力不同，亲水性溶剂和疏水性溶剂与它们之间的相互作用参数列于表 7-2。

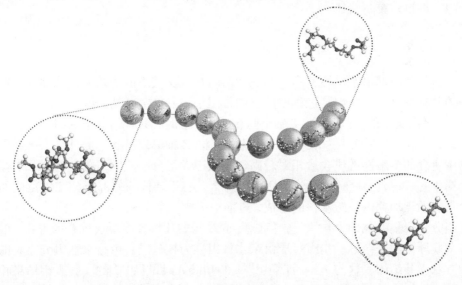

图 7-8　Y 形共聚物的代表性结构。红色粒子代表粗粒化的 EO 链段，用 A 表示；绿色粒子代表粗粒化的 MMA 链段，用 B 表示。点状圆圈中对应着三个单独粒子中放大的分子结构，红色球、灰色球和白色球分别表示氧原子、碳原子和氢原子

表 7-2　输入参数(E_{ij})信息

E_{ij}(kJ/mol)	A 粒子	B 粒子	亲水性溶剂粒子	疏水性溶剂粒子
A 粒子	0	4.68	1.0	5.0
B 粒子	4.68	0	5.0	3.0
亲水性溶剂粒子	1.0	5.0	0	6.0
疏水性溶剂粒子	5.0	3.0	6.0	0

介观模拟都采用 $L_x \times L_y \times L_z$ 的空间网格形式，我们以 32 nm×32 nm×5 nm 网

格来模拟薄膜环境，其中，5 nm 厚度仅为 32 nm 宽度的 15.6%。为确保所有网格限制运算符的各向同性，设置键长度为 1.1543。为忽略尺寸对自组装的影响，所有粒子尺寸都设为 0.01 nm^3，粒子的扩散系数提供了模拟的实时尺度与无量纲时间之间的关系，默认值为 $1.0×10^{-7}$ cm^2/s。此外，由于无量纲噪声参数与应用的热噪水平成反比例关系，那么最大值为 100 的噪声缩放参数就能实现最小的噪声水平。在不同种类的系统中，非限制性系统处于周期性边界条件下，但是，限制性系统因为引入了限制条件而处于非周期性边界条件下。另外，压缩参数固定为 10.0，无量纲时间步长设置为 0.5，对每个系统都执行 $4.0×10^5$ 步模拟。

7.2.3　模拟结果与讨论

1. 在单组分溶剂中的自组装结构

这种两段都由亲水性支链、第三段由疏水性支链组成的结构，能够保证短链的共聚物分子在自组装过程中的空间位阻小、发生链缠结的概率低。此外，与 XY 平面宽阔的空间相比，Z 轴空间相对狭窄，造成共聚物分子的组装结构较单一，即在 XY 平面上采取延伸型的构象，沿 Z 轴成扁平状。此外，由于共聚物中所含的亲水性链段含量相对较高，导致 EO 组分与相同组分"遇到"的概率高于它"遇到"MMA 组分的概率，那么，各组装体的外部组分 EO 之间的聚集有助于加速内部疏水核的形成，进而组装成一个个核-壳结构的片层。在同种组分相聚集的驱动力作用下，各个核-壳结构的片层会以层层堆叠的方式，沿着薄膜厚度的方向进一步组装成由亲水性组分为核包围着由疏水性组分为壳的圆柱状组装结构，这与 Jiang 课题组[98]和 Hillmyer 课题组[99]的实验观察结果相一致。类似地，H 形共聚物也组装成相同类型的核-壳圆柱状胶束结构[90]。与 H 形共聚物相比，Y 形共聚物缺少两个亲水性支链，使得单体能更加灵活地调整自身构象，在 XY 平面上采取较为收缩的分子构象，这导致圆柱状组装体的平均尺寸降低了 22.84%。值得一提的是，这样"浓缩"的聚集结构会抑制空隙的形成，使得圆柱状聚集体的平均尺寸随着时间波动的幅度更小，系统中形成的各圆柱状聚集体的组分分布相似度极高，最终的自组装结构如图 7-9(b)所示，在图 7-9(a)中，以 B 粒子的密度分布为依据，对组装结构进行定量分析。对于每个圆柱状聚集体来说，它的左侧密度分布与右侧密度分布几乎成完全的轴对称，这除了定量地说明了共聚物分子在圆柱聚集体中是均匀分布的，也佐证了层层堆叠的组装模式。而且，5 个圆柱体的密度分布几乎完全相同，在同一路径上，聚集体的排列整齐划一，都说明 Y 形两亲性共聚物能够形成高度有序的自组装结构和排列方式。

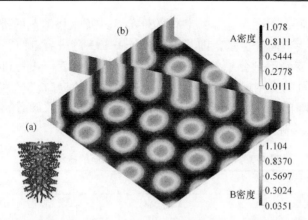

图 7-9　(a)由 Y 形共聚物形成的圆柱状自组装结构的图示。红色颗粒和绿色颗粒分别表示为 A 粒子和 B 粒子。(b)一个密度截面沿着 XY 平面，另外两个密度截面分别沿着两个圆柱阵列的轴向，后两个截面都与前一个截面相垂直。A 粒子和 B 粒子的颜色对比图分别用黑白式和反向彩虹式图例来表示

从图 7-10(b)和图 7-10(c)所示的 B 粒子的密度分布中可以看出，即使掺杂了不同疏水性的溶剂，圆柱状的自组装结构仍保持不变，但是，与图 7-10(a)中 5 个圆柱体的密度分布相似度极高截然不同的是，随着溶剂效应的引入，该相似度明显降低，从表 7-3 的定量数据能够更清楚地看出。引入疏水性溶剂对相似度的破坏能力最强。从图 7-10(b)中溶剂分子的密度分布可知，体积小的溶剂分子大部分进入组装体内部，稀释了组装体中 B 粒子的密度，导致各圆柱体的密度都有一定程度的降低，因为疏水性溶剂对 A 粒子的排斥力高于它对 B 粒

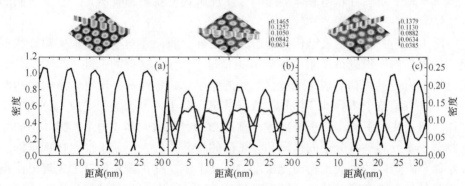

图 7-10　沿着圆柱阵列的 B 粒子和溶剂粒子的密度分布，分别用黑色线和蓝色线表示。(a)单一共聚物体系；(b)共聚物掺杂 10％疏水性溶剂的体系；(c)共聚物掺杂 10％亲水性溶剂的体系在各密度截图中，A 粒子、B 粒子和溶剂粒子的颜色对比图分别为白黑式、反向彩虹式和蓝白红图示

子的排斥力，而 A 粒子又位于组装体的外部，在疏水性溶剂的排斥力作用下，A 粒子受力后会略向外扩张，即共聚物分子中 EO 链段会更伸展一些，位于内部的 B 粒子在受到溶剂分子侵入之后，不仅原有的组装模式受到一定程度的扰动，疏水性支链的自由运动能力也会得到一定程度的提高，溶剂在组装体内部的不均匀分布降低了疏水性支链排列的有序度，最终导致最高的标准偏差，即 0.080，比未引入溶剂时的 0.022 提高了 263.6%。

表 7-3   图 7-10 中，B 粒子五个峰值的统计信息

体系	平均值	标准偏差
纯共聚物	1.044	0.022
掺杂 10%疏水性溶剂的共聚物	0.864	0.080
掺杂 10%亲水性溶剂的共聚物	0.958	0.039

相比之下，由于亲水性溶剂对 B 粒子的排斥力大于对 A 粒子的排斥力，这导致大多数的溶剂粒子无法进入圆柱状组装体内核的中心区域，只能聚集在圆柱体的外壳周围，如图 7-10(c)所示，那么，少数进入圆柱体核心区域的溶剂分子对共聚物分子的构象和排列影响程度自然较小，对 B 粒子密度的稀释程度较小，平均峰值仅下降 8.24%。外部溶剂壳对组装体内部的影响，也因为受到组装体由 A 粒子构成的外部壳结构的阻挡而衰减很多，传导到组装体内部的影响概率几乎为零，对组装体的扰动明显小于疏水性溶剂，与未引入溶剂相比，5 个圆柱状聚集体之间的标准误差仅提高 77.3%！Jeong 课题组研究了疏水性溶剂在蒸气状态下对圆柱状组装体的影响，发现对其形貌的影响不大[10]，与我们的理论结果相一致。

除了上述关于自组装结构的静态分析之外，我们还对模拟过程中圆柱状自组装体的平均体积进行了动态分析，如图 7-11 所示，这有助于进一步理解自组装结构的演变过程和溶剂在此过程起到的作用。在单纯的共聚物体系中，初始的均相状态维持了不到 50 时间步，众多共聚物分子大范围地聚拢成未分相的聚集体，但很快分解成多个小聚集体，直到 26.2×10^3 时间步，每个聚集体中的共聚物分子继续调整各分子的构象和分子间的堆叠位置，形成了准圆柱状结构。在小体积聚集体的高表面自由能密度的驱动下，这些小聚集体有增大聚集体积从而降低自由能密度的趋势，随后，经过 2.2×10^3 时间步的调整，体系才达到稳定的热力学状态。接下来就是各聚集体优化成规整组装体的阶段，实现共聚物分子自组装成圆柱状结构。因为引入的疏水性溶剂的量远小于共聚物，对组装体亲水性外壳的排斥力大于对组装体疏水性核，导致疏水性溶剂分子更容易进入圆柱体的核心区域，在溶剂分子的快速入侵之下，溶剂分子既占据了 MMA

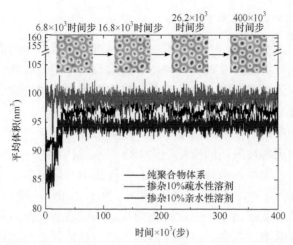

图 7-11　圆柱结构的平均尺寸随模拟时间在三种不同系统中的变化过程，即纯物质系统、掺杂 10%疏水性溶剂的系统和掺杂 10%亲水性溶剂的系统，分别用黑色线、红色线和蓝色线表示。亲水性溶剂粒子的密度颜色对比图用蓝白红图示来表示，其在代表性时间点的密度图列于上方

组分所在的空间，二者之间相对弱的排斥力会使得位于组装体内部的共聚物分子在一定程度上溶胀，使圆柱体的体积比未引入溶剂时的体积更大一些，各圆柱体尺寸的变化规律与之相似，且平均尺寸介于掺杂亲水性溶剂和未掺杂溶剂的组装体平均尺寸之间。组装过程中涉及大体积聚集体的形成、分裂成小聚集体、各小聚集体融合成大聚集体、各聚集体的结构优化这四个变化阶段。与引入疏水性溶剂相比，当向体系引入亲水性溶剂时，存在着两点显著区别：①有两个连续的小聚集体融合阶段，而不是一个；②形成的圆柱状组装体的平均尺寸是减小，而非增大。产生这些区别的根源就是因为引入了亲水性溶剂，其与 EO 组分的排斥力比它对 MMA 的排斥力弱，导致大多数溶剂粒子都聚集在聚集体的外壳周围，形成了"溶剂壳"。模拟初期，体积小的溶剂粒子与大尺寸的聚集体混合在一起，有别于聚集体组分的异质性，更利于该大聚集体分裂成小聚集体，且各个小聚集体的平均尺寸比同阶段未引入溶剂效应时体系中小聚集体的平均尺寸小 6.39%，由溶剂粒子形成的溶剂外壳尺寸也相对较小，高表面能为后续外壳的打开和融合在热力学上提供了便利。随后的聚集体间合并逐渐加快，随即开启另一个聚结阶段，使得平均尺寸分别增加了 4.42 nm^3 和 4.72 nm^3。与未加溶剂的体系相比，亲水性溶剂效应引起的加速作用使得两次聚结阶段减少了 7.0×10^3 时间步，此外，包裹在组装体外部的溶剂壳因为对高分子各组分都有排斥作用，迫使离它最近的亲水性链段采用收缩式构象，组装体的平均尺寸也相应减少了 2.44 nm^3。

2. 二元溶剂中的组装结构

在不同亲/疏水性的单一溶剂环境中，经过对自组装结构的静态分析和组装演化过程的动态分析之后发现，溶剂都起着重要的作用。既然单一性溶剂起到的作用也是单一的，那么由亲水性溶剂和疏水性溶剂共同构成的二元溶剂对自组装结构和机理又会发挥怎样的作用呢？

为了更好地对单一性溶剂掺杂系统进行对比分析，这里设定各体系中引入的亲水性溶剂和疏水性溶剂的总量均为10%，与之前引入单一性溶剂的量相同。以疏水性溶剂占二元溶剂中的含量为依据，构建了9个掺杂了二元溶剂的共聚物体系，分别称为10%、20%、30%、40%、50%、60%、70%、80%和90%，再加上仅掺杂亲水性溶剂和疏水性溶剂的两个共聚物系统作为参考体系，为统一性描述，对这两个体系也以疏水性溶剂占溶剂总量的百分比来命名，分别称为0%和100%。这11个体系的组装结构的平均尺寸和体系的热力学数据如图7-12所示，随着疏水性溶剂的增加，体系的焓值几乎成正比例地增加，而自由能密度和组装体平均尺寸的变化趋势是先减小后增大，变化的拐点都出现在掺杂了40%疏水性溶剂的体系。

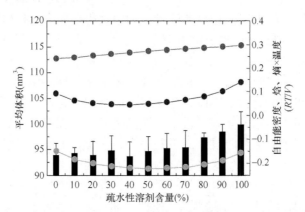

图 7-12　掺杂了不同疏水性溶剂体系的平均体积、自由能密度、焓、熵×温度，分别用黑色柱、蓝色线、红色线和绿色线表示

为了更深入地探索在二元溶剂中的自组装，下面将对三种代表性体系进行了对比性分析，即系统中掺杂10%、40%和90%疏水性溶剂的体系，分别代表含亲水性溶剂最多的体系、体系自由能密度和组装体平均尺寸均最低的体系以及含疏水性溶剂最多的体系，各体系的B粒子密度分布如图7-13所示。在掺杂10%疏水性溶剂的体系中，如图7-13(a)所示，由于疏水性溶剂粒子含量很低，几乎平均分散于体系中，对共聚物分子的影响不大。相比之下，含量较多的亲水性溶剂粒子则聚集在圆柱状组装体的外围，亲水性溶剂壳对共聚物分子各组

分的排斥作用迫使位于组装体内部的 MMA 链段向内收缩，导致圆柱状组装体的径向尺寸减小。当疏水性溶剂的含量增至 40%时，因为亲水性溶剂和疏水性溶剂的含量相当，所以，理论上来说应该会形成两个溶剂壳，一个是包围着组装体亲水外壳的疏水性溶剂壳，另一个是包围着组装体疏水性内核的亲水性溶剂壳，但事实却是，因为亲水性溶剂和疏水性溶剂的各自含量都较低，使得两个溶剂壳之间没有明显的边界，形成了混合式溶剂环境，如图 7-13(b)所示，溶剂粒子的侵入模糊了组装体核心与外壳的界限，表现为最小平均尺寸的圆柱状组装体，正因为这种准均相的二元溶剂扰乱了整个体系的有序度，造就了第二高的熵值和最低的自由能密度。随着疏水性溶剂的持续增加，以图 7-13(c)所示的 90%疏水性溶剂掺杂的体系为例，亲水性溶剂粒子含量很低，几乎平均分布在体系中，对高分子的自组装影响不大，相反地，疏水性溶剂粒子的含量较多，虽然在组装体的外壳和内核部分都有分布，但对 MMA 组分相对较低的排斥力使得它在组装体的内核部分分布最多，且形成了疏水性溶剂壳，占据空间加上排斥力作用，使得 MMA 组分发生溶胀，密度也明显降低，圆柱状组装体的平均尺寸相应增加。因为溶剂粒子对组装体的扰动较小，共聚物分子仍能保持高度有序地排列，因此，该体系能保持较低的熵值。此外，疏水性溶剂粒子对 EO 组分的排斥力大于它对 MMA 组分的排斥力，再加上高含量的疏水性溶剂，协同促进形成了覆盖范围较大的疏水性溶剂壳，而且该溶剂壳的密度也较高，这些都促使体系的焓值增加。40%疏水性溶剂中含量相当的溶剂同时进入组装体内部使得组装体的自由能密度达到最低，加之体系熵值第二高，共同促成了该系统，成为热力学最稳定系统。

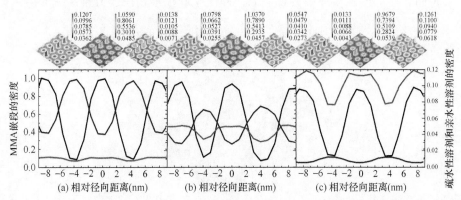

图 7-13　B 粒子、疏水性溶剂粒子、亲水性溶剂粒子在组装柱体阵列径向方向的密度分布，
分别用黑色线、红色线和蓝色线表示

(a)体系中掺杂 10 %疏水性溶剂；(b)体系中掺杂 40%疏水性溶剂；(c)体系中掺杂 90%疏水性溶剂。每张子图上面从左到右依次是亲水性溶剂粒子、B 粒子和疏水性溶剂粒子的密度截面图，分别用蓝白红、反向彩虹和蓝白红图示

3. 限制条件下的组装结构

限制条件的表面性质是决定限制条件的重要参数，可以通过调节限制条件与共聚物组分之间的相互作用来实现。根据不同的几何形态，维度也是表征限制条件的关键参数，可分为一维(1D)[28,29,35,90,100]、二维(2D)[36,37]和三维(3D)[39-41]限制条件。实现这三种限制条件最简单的方式是，分别向体系中引入两个限制平面、同心环和球体。仅从几何结构来说，从 1D 到 2D，再到 3D，维度依次增加，由此产生的组装结构之间应该也存在一定关系和共性特点，由此可见，对一维限制结构的研究就显得很有必要，为合理推断和理解二维和三维限制结构提供坚实的理论基础。

为了简化一维限制条件，我们采用中性的限制平板，且对 A 粒子和 B 粒子的排斥力度相同，即 $E_{wall-A}=E_{wall-B}=5.0$ kJ/mol，表现为对共聚物的两种组分没有润湿偏好。此外，根据在 $L_x \times L_y \times L_z$ 空间网格中的不同位置，建立了两种限制平板，一种被称为 YW55 限制条件，其限制平面置于 XZ 平面内，另一种被称为 ZW55 限制条件，其限制平面置于 XY 平面内。模拟所需的其他参数设置与之前相同。

图 7-14 中，Y 形共聚物在 YW55 限制条件下自组装成 5 排圆柱状结构，与无限制条件下组装成的均匀圆柱体不同，这里只有位于同一行(即平行于限制平面)中的圆柱体才是相同的，而位于不同行(即垂直于限制平面)的圆柱体由于与限制平面的距离不同、受到的排斥力不同，导致它们无论在体积大小还是径向密度分布方面都是不同的。两个限制平面对距离二者最近的 A 粒子和 B 粒子排斥力相同，形成的聚集体结构也类似，即由半圆柱形聚集体分别组成的第 1 行

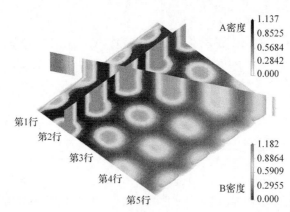

图 7-14　在 YW55 限制条件下的 3 个特征密度截面，第 1 个是 XY 平面，第 2 个通过第 2 行的所有圆柱轴线，第 3 个穿过每行中各一个圆柱的轴线

和第 5 行，与无限制条件下组成的第 1 行和第 5 行中的完整圆柱状阵列有很大区别。距离限制平面极近时，排斥力最大，故 A 粒子和 B 粒子在此处分布极少，因此，两个限制平面附近的聚集体体积(即第 1 行和第 5 行)与远离限制平面的其他聚集体体积(即第 2 行、第 3 行和第 4 行)相比是最小的。一系列表面敏感实验证明：优先润湿或非优先润湿的链段，在基底表面上都倾向于采取伸展式构象[101]，该实验结果可以支持限制自组装结构的模拟结果。

相反地，众多 A 粒子和 B 粒子在模拟箱的中间区域组装成大尺寸的圆柱状结构。在垂直于限制平面的方向，从每一行中随机选择一个圆柱体，统计它们随时间变化的体积和密度分布，定量地表现出它们之间的区别和变化。自体系达到热力学平衡之后，第 1 行、第 2 行、第 4 行和第 5 行的圆柱体体积随着时间呈现周期性变化，图 7-15 中仅展示出最后三个周期性的变化曲线。相对方向放置的限制平面会对共聚物分子施加相反方向的排斥力，那么，聚集体的密度分布也会随之呈现周期性波动。因此，在 YW55 限制条件下，共聚物分子的自组装机制可以在一个变化周期中阐明周期性变化的规律。另外，我们提取了从 $399.2×10^3$ 时间步到 $400×10^3$ 时间步，即图 7-15 中绿色区域覆盖的最后一个变化周期，在图 7-16 中详细分析了各圆柱状聚集体密度分布情况。结合图 7-15 和图 7-16 给出的信息，以 $399.2×10^3$ 时间步为时间起始点，此时的组装结构已经历经几个周期的结构调整，第 1 行和第 2 行中的圆柱状组装体距离上方平面较远，利于共聚物采用相对膨胀的分子构象，那么，该区域的聚集体体积较大，密度也相对较高。相反，第 4 行和第 5 行中的圆柱状聚集体位于下方平面附近，该平面排斥力会迫使 EO 和 MMA 链段采取收缩式构象，共聚物分子从该区域流出，剩余共聚物分子只能组装成体积小、密度低的圆柱状聚集体。从对 B 粒

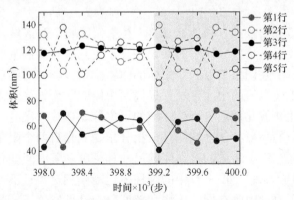

图 7-15　从 $398.0×10^3$ 时间步到 $400.0×10^3$ 时间步之间，统计各行平均体积随时间的变化趋势，绿色区域将在图 7-16 进行详细分析

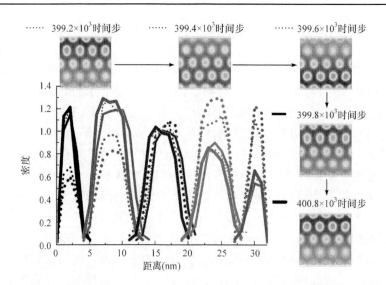

图 7-16　在 YW55 限制条件下，B 粒子的密度分布随时间的变化趋势，其中，随着点尺寸增加的三条点状线分别对应着 399.2×10^3 时间步、399.4×10^3 时间步和 399.6×10^3 时间步的密度分布，随着线宽增加的两条实线分别对应着 399.8×10^3 时间步和 400.8×10^3 时间步的密度分布。从第 1 行到第 5 行圆柱的密度分布分别由黑色、红色、蓝色、洋红色和深绿色线表示

子密度分布的定量分析中可以看出，第 1 行中圆柱状聚集体的核密度高于第 5 行中圆柱状聚集体的核密度，相同的原因导致，第 2 行中圆柱状聚集体的核密度高于第 4 行中圆柱状聚集体的核密度。

　　靠近限制平面同一侧的圆柱体会显示出非常相似的变化趋势，因此，可以将模拟箱分成三个特征区域：靠近一个限制平面的区域，包括第 1 行和第 2 行，称为区域 1；由第 3 行组成的中间区域，称为区域 2；靠近另一个限制平面的区域，包括第 4 行和第 5 行，称为区域 3。其中，区域 1 和区域 3 中的圆柱体都距离限制平面较近，这些区域中的共聚物分子受到来自限制平面的排斥作用相对较大，那么，由它们组装成的聚集体的体积和密度随着时间也变化较大。但是，区域 2 处于模拟箱的中间区域，远离两个限制平面，受到来自相反方向的两股排斥力在此处彼此抵消，为该区域的聚集体营造一个没有外部作用力或者外部作用力很小的环境，该区域的共聚物分子受到来自两个限制平面的排斥作用最小，那么，它们组装成的聚集体的尺寸和密度随着时间变化不大。然而，在 399.2×10^3 时间步时，第 3 行中的圆柱体运动到相对靠近下方平面的位置，受到微弱的净斥力，因此它们的体积和密度分布都仅发生了轻微的变化，且运动范围最大。类似地，这种不平衡的合力作用到不同行的聚集体上时，会推动聚集体朝向限制平面的方向进行不同程度的移动。受到来自限制平面的强排斥作用，第 1 行和第 5 行中的圆柱状聚集体被限制在一个狭窄的空间内，运动范围最小。第2行和第4行中的聚集体比第1行和第5行中聚集体距离限制平面都远一些，受到的排斥力相对较弱，削弱了对它们运动能力的限制，运动范围相应扩大。表7-4列出了五行圆柱状聚集体的核心随时间的位置变化，这些定量数据可以与上述的定性分析相对应，第3行表现出最高的标准偏差，表明圆柱状聚集体的在模拟箱中间区域的运动能力最强、活动范围最大；第2行和第4行的标准偏差数值相似，数值大小居中间值且几乎是第3行标准偏差的一半，该范围的圆柱状聚集体距离限制平面次近，运动能力和运动范围受到一些限制；第1行和第5行的标准偏差相当接近且数值最小，仅为第3行标准偏差最高值的10%，说明距离限制平面最近的位置，圆柱状聚集体的运动能力最低，活动范围最小，受限程度最大。

第1行和第5行中聚集体受到来自限制平面的排斥合力方向相反，第2行和第4行中聚集体的情况也类似，因此，它们在399.4×10³ 时间步时的体积变化和密度分布趋势在此发生了翻转，这也是区域1和区域3在体积变化和密度分布有很大区别的原因。所有聚集体都朝向靠近第1行的限制平面方向移动，受到该限制平面的排斥力之后，在随后的 0.4×10³ 时间步内各聚集体的位置才慢慢回复，直到 399.8×10³ 时间步回到周期开始时的位置，但随后，新的周期变化又被激活。由此推断，引入限制条件，特别是与共聚物组分存在着强相互作用的限制条件，能使系统陷入动力学周期性的循环变化中，利于生成多级尺寸分布的聚集体结构。

表 7-4　图 7-15 各行选取的 5 个圆柱体在 Z 轴方向的平均位置

行号	核的平均位置(nm)	标准偏差
第1行	1.679	0.064
第2行	8.336	0.436
第3行	16.188	0.612
第4行	23.889	0.387
第5行	30.372	0.062

4. 限制条件下掺杂了单一溶剂的自组装结构

与受限自组装相比，将含量相同的10%疏水性溶剂或亲水性溶剂掺杂到受限体系中，通过统计平均体积随时间的变化趋势来研究溶剂在这里所起的作用，见图 7-17。从前面对受限自组装机制的分析可知，沿垂直于限制平面的方向，体系形成了多级尺寸的聚集体，而且，所有圆柱状聚集体的平均尺寸都呈现大幅度的周期性变化。但是，引入溶剂却给体系带来了最显著的变化：不仅该周期性变化的振幅明显减小，而且调整圆柱状聚集体的尺寸所需要的时间也大大减少，从 $129×10^3$ 时间步(YW55 限制条件下)分别缩短到 $10.2×10^3$ 时间步(又掺杂疏水性溶剂)和 $42.6×10^3$ 时间步(又掺杂亲水性溶剂)。

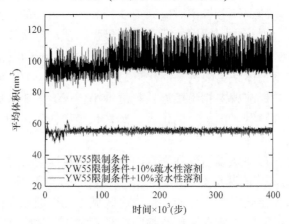

图 7-17　三个体系中组装圆柱体的平均体积随时间的变化曲线，在 YW55 限制条件下的体系用黑色线表示，YW55 限制条件加 10 %疏水性溶剂的体系用红色线表示，YW55 限制条件加 10 %亲水性溶剂的体系用蓝色线表示

因为溶剂分子体积小、分散迅速，容易快速进入系统即时地参与共聚物分子的自组装。溶剂粒子稀释了共聚物的密度，降低了相同共聚物组分的"相遇"概率，因此，被"稀释"的共聚物组分更易组装成小尺寸的聚集体。当共聚物体系掺杂10%疏水性溶剂之后，小体积的溶剂粒子很快占据了靠近两个限制表面的最内侧区域，在平面上各形成一层薄的溶剂层，不仅隔开了限制平面与共聚物分子之间的距离，也削弱了二者之间的排斥力。此外，溶剂粒子会与共聚物分子中的疏水性链段混合在一起，即集中在组装体的核区域内，替共聚物分子中的 MMA 组分分担来自限制平面的一部分排斥力，导致后续的尺寸调整阶段仅为无溶剂情况下的 7.9%。同样地，掺杂的亲水性溶剂粒子会与共聚物分子中的亲水性链段混合在一起，即组装体的外壳部分，也可以替共聚物分子中的 EO 组分分担来自限制平面的一部分排斥力，避免形成多级尺寸的聚集体。与引入疏水性溶剂所形成的致密核结构相比，无论是在小聚集体融合时打开彼此外壳所需要的时间，还是在大聚集体分裂时打开外壳所需要的时间，亲水性溶剂在聚集体外形成的溶剂壳都会延长两种情况下所需要的时间。因此，在组装体结构的调整阶段，系统会经历 6 次"融合—拆分"的循环过程，直到系统达到热力学和动力学的稳定状态。最终，限制组装结构掺杂亲水性溶剂所经历的结构调整时间确实比它掺杂疏水性溶剂所经历的结构调整时间要长一些，但两种溶剂对限制组装体体积的影响却是微乎其微的。

与 YW55 限制条件相比，ZW55 限制条件具有更短的作用距离，即 5 nm，仅为前者的 15.625%，以及更大的作用面积，即 1024 nm³，比前者大 40.96 倍。ZW55 限制条件的这两个突出的特点为共聚物分子营造了一个强排斥性的作用环境，利于模拟初期由大片聚集体分拆成小聚集体的情况发生。由于两个限制平面离得很近，在如此狭窄的空间下，其强烈的排斥力会迫使共聚物分子中的疏水性链段和亲水性链段与平面之间形成一定的倾斜角，多种倾斜角的共聚物彼此聚集，形成了球形胶束结构。在高表面自由能的驱动下，小胶束经过 4.0×10^3 时间步聚结成大胶束，新生的大胶束迅速调整在体系中的位置，成规则的六方排列，并逐渐达到稳定的热力学状态。与 YW55 限制条件下的圆柱状组装结构截然不同，共聚物分子在 ZW55 限制条件下组装成的是球形胶束结构，组装体体积的调整时间急剧缩短至仅为前者的 3.1%，各胶束尺寸均一，平均体积也减少约 57%。

向 ZW55 受限体系中加入溶剂之后发现，共聚物体系的自组装机理发生了很大变化，与溶剂的亲水/疏水性有很大关系，如图 7-18 所示。当掺杂疏水性溶剂时，溶剂粒子迅速分散到系统中，并快速聚集在疏水性区域，溶剂粒子的侵入稀释了疏水性区域的密度，利于产生更多的疏水性独立聚集体。在来自限制平板强排斥力的作用下，从小胶束融合成大胶束的快速聚结阶段仅用了 1.0×10^3 时间步，与仅在 ZW55 限制条件下呈现的"合并"机制是相同的，但是，被稀释的疏水性核更不易发生进一步融合，导致胶束的数量增长为之前的两倍。与疏水性溶剂相比，亲水性溶剂粒子会分散到亲水性区域，被稀释的外壳连续

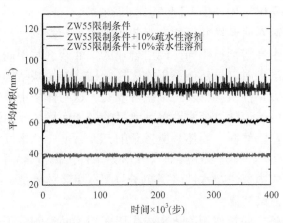

图 7-18　三个体系中组装胶束的平均体积随时间的变化曲线，在 ZW55 限制条件下的体系用黑色线表示，ZW55 限制条件加 10%疏水溶剂的体系用红色线表示，ZW55 限制条件加 10%亲水溶剂的体系用蓝色线表示

相却对共聚物体系初始的相分离贡献不大，仅形成大体积的聚集体，随后，仅需 $1.4×10^3$ 时间步就完成了从大聚集体拆分成小聚集体的过程，表现为"拆分"机制。密度如此稀疏的亲水性外壳密度对内部疏水性链段松弛其分子构象的限制程度很小，更伸展的分子构象造就了结构松散的胶束，表现为体积更大的聚集体，平均尺寸约为 $82\ nm^3$。亲水性溶剂包裹在胶束外壳之外，能抵抗来自限制平面的部分排斥力，不利于形成尺寸均匀的胶束。因此，在结构调整的平衡阶段，随着时间的推移，胶束的平均体积一直在 $74\ nm^3$ 至 $94\ nm^3$ 之间大幅度地波动。

7.2.4　小结

我们利用 MesoDyn 模拟方法在介观尺度下研究了 Y 形共聚物体系，发现它会自组装成尺寸均一、密度均匀的圆柱状结构。当向体系中引入仅为 10% 的疏水性或亲水性溶剂，就能破坏聚集体原有的均一性分布，尤其是疏水性溶剂，它能大量地进入到组装体内部的核区域，干扰和稀释自组体的原有密度分布，溶剂粒子也会导致自组装体溶胀，表现为体积增大。相反地，亲水性溶剂粒子则分散到亲水性聚集区，位于组装体的外围，它的空间占领和排斥作用会使共聚物分子的疏水链段向内收缩，导致组装体的体积减小。疏水性链段采取的收缩式分子构象虽然能增加组装体的核密度，但又被少量进入核区域的溶剂粒子削弱了密度增加的可能性，这两个因素对组装体的密度分布起着不同程度的干扰作用。该理论结果与实验结果相一致，都说明了不同类型的选择性溶剂能够在一定范围内对有序结构产生不同的影响[10]。

根据不同溶剂对两亲性共聚物自组装产生的不同影响，我们又进一步研究了由疏水性和亲水性溶剂按不同比例混合成的二元溶剂对相同共聚物体系的影响。当掺入二元溶剂时，虽然体系仍能保持圆柱状的组装结构不变，但组装体的平均体积和热力学性质等都发生了些许改变，这与体系中掺杂的疏水性溶剂的量有关。体系的焓值随着疏水性溶剂含量的增加而增加，组装体的平均体积也基本遵循此规律。然而，当体系所掺杂的二元溶剂中疏水性溶剂和亲水性溶剂的量比较接近(即 40% 疏水性溶剂与 60% 亲水性溶剂混合)时，由于疏水性溶剂粒子进入组装体内部、亲水性溶剂粒子包围在组装体外部，导致体系的自由能密度最低、熵值第二高。

YW55 限制条件的长作用距离和小作用面积为共聚物分子营造了一个弱排斥的作用环境，从每行圆柱状组装体平均体积的变化趋势和相应的密度分布特点，可以将系统分成泾渭分明的三个区域，即限制平面附近的两个区域和体系的中间区域。值得注意的是，随着时间的推移，中间区域的组装体平均尺寸和密度分布基本保持不变，与另外两个区域的组装体相比，该区域的组装体拥有最大的运动范围。另一方面，当靠近一面限制平面的组装体的平均尺寸或密度分布减少时，位于另一面限制平面的平均尺寸或密度分布就会相应增加，这两个区域的变化趋势总是截然相反的，而且，最靠近限制平面的组装体被限制在最小的运动范围内，但却显示出最大的变化幅度。由此，沿着垂直于限制平面方向，在此动态的平衡过程中，多级尺寸的圆柱状聚集体应运而生。令人惊讶的是，当向体系中再加入疏水性溶剂或亲水性溶剂之后，得到的圆柱状自组装体不再是多级尺寸，而是均一尺寸，这是因为疏水性或亲水性溶剂粒子能进入到组装体的核区域或包围在组装体的外壳，都可以部分抵消限制平面对共聚物分子的排斥作用，对组装体的扰动较小，而且，两种溶剂环境下形成的组装体平均体积也非常接近。

与 YW55 限制条件相比，ZW55 限制条件的作用距离更短、作用面积更大，共聚物分子在此强排斥环境下组装成球形胶束结构，而不是圆柱形结构。小体积的疏水性溶剂粒子与共聚物的疏水性链段混合在一起，在限制平面的强大排斥力作用下，体系生成许多由共聚物的疏水性链段和溶剂粒子组成的内部结构、由共聚物的亲水性链段组成的外部结构形成的小聚集体。随后，在小聚集体之间发生融合之前，需要打开彼此的外壳，此时，外壳仅由共聚物的亲水性链段组成，因此，实现这一步很容易。因为胶束的核心密度被稀释，它又位于胶束的内部，较难在短时间内再聚集疏水性链段做补充，因此，组装成的胶束体积较小，但尺寸仍保持均一，疏水性溶剂参与自组装过程以"聚结"机理为主。相反地，亲水性溶剂粒子与共聚物亲水性链段组成的连续相混合在一起，不易分割，但组装体的亲水性外壳被稀释，为胶束内部的疏水性链段向外膨胀提供了便利，由此可见，亲水性溶剂参与自组装过程以"分裂"机制为主，利于生成较大尺寸的组装体，且平均尺寸的波动不大。

这些研究结果为溶剂对自组装的影响提供了坚实而丰富的理论依据，为纳米材料的制造提供了新的视角，借助于溶剂的亲水/疏水性，选择性地参与到组装体的不同区域，达到不同的调控作用，为进一步实现对材料功能的调控提供了新思路，有望应用于制造手性分离膜、药物释放系统、防污涂料、气体和生物传感器、生物催化剂的活化载体等诸多领域。

7.3　第三组分对 Y 形共聚物薄膜组装的影响

7.3.1　研究背景

在嵌段共聚物中，不同组分的化学性质差异性会导致微相分离的发生，进

而组装成丰富、有序的纳米结构,在纳米线[102]、膜[103]、超材料[104,105]、光刻[106,107]
等领域中有着重要的应用价值。除了嵌段比例和嵌段之间的相互作用强度之外,
嵌段共聚物的分子结构也是影响自组装行为和结构的重要因素。以 AB 型共聚
物为例,其结构可随着重复性嵌段的数量和链拓扑结构的变化而变化,例如最
简单的线形 AB 二嵌段共聚物[108]、线形 ABA 三嵌段共聚物[109-113]、AB_n 杂臂星
形共聚物[114-118]、$(AB)_n$ 星形共聚物[119-122]、梳形共聚物[123-125]、ABAB···共
聚物[126-131]、$(BAB)_n$ 星形共聚物[132,133]等等,通过实验和理论方法在对这些共
聚物体系的研究过程中,除了发现常见的体心立方球、六方排列圆柱形、双连
续回转和平行片层等组装结构之外,还发现了穿孔式片层和 σ 相等不常见的组
装结构。Li 课题组利用自洽场理论研究了 ABA_T 嵌段共聚物的自组装行为,
该嵌段共聚物是由一个 AB 二嵌段共聚物和另外一个 A 嵌段连到 B 嵌段上组
成的。他们发现该体系的相行为对拓扑结构很敏感,还测定了两个不同 B 嵌
段的局部分相,该行为可调节局部的界面曲率但受到链结构的限制,甚至会影
响到体系的相行为。

　　从理论上讲,增加嵌段类型的种类可以丰富自组装结构的数量,因此,通
过向 AB 二嵌段共聚物的分子结构中引入其他种类的嵌段构建起的ABC 三元三
嵌段共聚物,应该能够获得比 AB 二元二嵌段共聚物更多的组装结构,例如,
汉堡状胶束、分段蠕虫状胶束、树莓状胶束、双螺旋和三螺旋等结构[99,134-137]。
然而,随着空间参数数量的增多,嵌段类型数量的增加给结构的搜索和控制带
来了巨大挑战[138]。仍然从最简单的线形 AB 二嵌段共聚物开始阐述,该共聚物
仅通过两个参数(即 $\chi_{AB}N$ 和 f_A,这里的 χ_{AB} 是 Flory-Huggins 相互作用参数,N
是链长,f_A 是 A 组分的链长比)即能建模。当引入一个或多个嵌段类型时,构建
ABC 三嵌段共聚物则至少需要五个参数,即 $\chi_{AB}N$、$\chi_{BC}N$、$\chi_{AC}N$、f_A 和 f_B。若嵌
段类型的数量进一步增加,那么,用于描述模型的参数数量有可能会骤然增加
到难以承受的程度。

　　在我们之前的工作中,研究了两种类型的 A_nB 杂臂星形共聚物体系,一种
是 H 形分子结构[90],另一种是 Y 形分子结构[100]。这两种共聚物薄膜体系都自
组装成了六边排列的圆柱状结构,特别是,比 Y 形共聚物多出来两条亲水性链
段的 H 形共聚物,它的自组装过程是借助体系中产生的空隙来完成的,自组装
结构的尺寸不均匀且分布较宽。然而,圆柱状自组装结构若都是以疏水性链段
为核的话,组装体的结构和材料的功能就会很单一,应用领域自然也会受到一
定限制。所以,我们从"结构决定性质"出发,寻找反胶束的形成条件就显得
很有必要了,通过改变链结构来实现对潜在功能的拓展。受"增加嵌段类型能
丰富自组装结构"的启发,还考虑增加描述参数的数量,将第三种组分引入 Y
形共聚物分子的每条臂中,构建$(AC)_2CB$ 三元三杂臂星形共聚物,再利用介观

模拟来研究形成反胶束结构的自组装机理。

7.3.2　模型粗粒化和参数设置

与原子级别的计算或模拟方法相比，介观模拟方法无疑是研究非均匀高分子体系的有力工具。在各种介观模拟方法中，MesoDyn 已被验证为探索高分子系统相行为的有效方法之一[139-144]，MesoDyn 不仅可以处理从线形[145]到分支[90-100,146]等多种结构类型的高分子体系，随着技术理论和实验结果的不断验证，MesoDyn 已成为研究柔性嵌段共聚物相行为的成熟方法。

介观动力学的相关理论和详细推导在很多文献中都能找到，在此我们仅作简要描述。MesoDyn 方法的内在理论是基于 Fraaije[47,48]开发的动态平均场理论，利用 Langevin 方程来描述高分子体系的相分离动力学和有序化过程，在外部势场和每种粒子类型的密度场之间建立高斯链的密度泛函，此外，本征化学势是外势和密度场的泛函，因此，用耦合的 Langevin 方程就可以描述时间导数与本征化学势之间的关系。噪声源和动力学交换系数之间能形成了一个闭合集，通过 Crank-Nicholson 方案可以有效地集成到一个立方体的网格中，用于内部的迭代计算[95]。为了简单起见，设置模型中的所有珠子尺寸都相同，高分子的拓扑结构以粗粒化模式来表达。

对模型实施粗粒化处理的基本原则是：保持高分子的结构主框架不变。因此，维持 A_2B 三杂臂星形的拓扑结构不变，从接合点沿三条臂插入由第三组分(用 C 表示)组成嵌段式三臂结构，形成 $(AC)_2CB$ 三元三杂臂星形高分子，示意性结构如图 7-19 所示。为了与之前的研究保持一致，EO 链段和 MMA 链段的链段仍以最短代表性链长 50 为基础[100]，那么，每条臂中 A 粒子和 B 粒子数量仍分别为 5 和 6，设置二者之间的相互作用参数为 4.68 kJ/mol。三段附加的 C 嵌段长度相同，每条 C 嵌段中 C 粒子的数量从 1 逐步增加到 6，构成6 个单独的共聚物体系，分别命名为 3C1、3C2、3C3、3C4、3C5 和 3C6 体系(将未引入 C 嵌段的 A_2B 体系命名为 C0)。除了考虑到 C 嵌段的链长之外，还增加了对 C 粒子与 A 粒子和 B 粒子之间相互作用的考量，设置了 4 种成对的相互作用，即 $E_{CA}=0$ kJ/mol 和 $E_{CB}=0$ kJ/mol、$E_{CA}=5$ kJ/mol 和 $E_{CB}=5$ kJ/mol、$E_{CA}=1$ kJ/mol 和 $E_{CB}=5$ kJ/mol、$E_{CA}=5$ kJ/mol 和 $E_{CB}=1$ kJ/mol，分别称为 C[00]、C[55]、C[15]和 C[51]相互作用，表 7-5 列出了各相互作用参数的具体数值，从 C 粒子分别对 A 粒子和 B 粒子的作用力可以看出，C[00]和 C[55]属于无差别的相互作用，即 C 粒子对 A 粒子和 B 粒子的相互作用没有区别，而 C[15]和 C[51]属于有差别的相互作用，即 C 粒子分别与 A 粒子和 B 粒子存在亲和力。

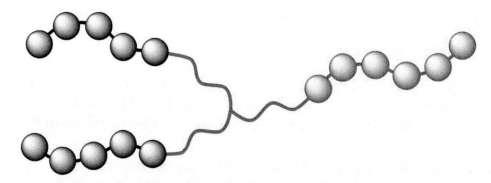

图 7-19 (AC)₂CB 三杂臂星形三元共聚物的结构示意图。黑色和红色球分别代表 A 粒子和
B 粒子，三条蓝色线代表插入的相同长度的 C 链段

表 7-5 输入参数(E_{ij})

E_{ij}(kJ/mol)	A 粒子	B 粒子	C[00]	C[55]	C[15]	C[51]
A 粒子	0	4.68	0	5	1	5
B 粒子	4.68	0	0	5	5	1
C[00]	0	0	0	N/A	N/A	N/A
C[55]	5	5	N/A	0	N/A	N/A
C[15]	1	5	N/A	N/A	0	N/A
C[51]	5	1	N/A	N/A	N/A	0

与三维空间中的模拟相比，虽然二维空间中的模拟结果可能会缺少一些立体的信息，例如双连续或三连续回转体结构，但是，在工业上，许多材料的性质受薄膜中的二维有序结构影响更大，这说明在二维空间中进行结构控制还是有着不可替代的重要意义。因此，以 50 nm×50 nm×5 nm 的空间网格为模拟箱，Z 轴长度仅为 X 轴或 Y 轴长度的 10%，适合模拟薄膜的二维环境。此外，将键长设置为 1.1543 Å，以确保所有网格限制运算符的各向同性；为了忽略粒子尺寸对自组装的影响，将所有粒子的尺寸都设为 0.01 nm³；在 MesoDyn 模拟中，由粒子的扩散系数建立起模拟的实时尺度与无量纲单位之间的联系，采用默认值 $1.0×10^{-7}$ cm²/s；由于无量纲噪声参数与所施加的热噪声水平成反比，故将噪声参数设为最大值 100，以实现最小噪声；设置压缩性参数为 10.0、无量纲的时间步长 0.5、每个体系的模拟时间均为 $1.0×10^5$ 时间步。

7.3.3 模拟结果与讨论

大多数体系都组装成圆柱状结构，其平均体积容易计算。先模拟了 A₂B 拓扑结构中插入一个 C 粒子为连接点的共聚物分子(称为 C0 体系)分别在 C[00]、C[55]、C[15]和 C[51]相互作用环境下的组装行为和结构，见图 7-20。与 A 粒子和 B 粒子相比，C 粒子不仅在 C0 分子中所占比重最低，还位于分子中间即最内部的位置，这些都严重削弱了 C 粒子影响其他组分的能力，导致在各相互作用条件下的组装体平均尺寸没有明显差异。再模拟(AC)$_2$CB 共聚物分别在 C[00]、C[55]、C[15]和 C[51]相互作用环境下的组装行为和结构，这时的共聚物分子结构中，不仅三条臂都链接在同一个 C 粒子上，而且每条臂从内侧开始 C 粒子的数目从 1 增加到 6，相应地称为 3C1、3C2、3C3、3C4、3C5、3C6 体系。从图 7-20 可见，在不同的相互作用条件下，随着 C 嵌段长度的增加，组装体平均尺寸的变化趋势存在很大差异。只有在 C[00]相互作用条件下，组装体的平均尺寸才显示出随着 C 嵌段长度的增加成几乎正比例增加的变化趋势；C[55]与 C[00]都属于无差别的相互作用条件，故二者的变化趋势也很相似，但在 C[55]相互作用条件下，C 粒子对 A 粒子和 B 粒子都显示出强排斥力，会使位于分子结构外围的 A 粒子和 B 粒子向外膨胀，故同一共聚物体系在 C[55]相互作用条件下形成的组装体平均尺寸比它在 C[00]相互作用条件下形成的尺寸更大，特别是 3C4 体系，在 C[55]曲线上表现为平均尺寸的最高值，这打破了平均尺寸单调增加的趋势，该体系将在后面展开详细分析。在 C[15]相互作用条件下，组装体平均尺寸的变化随着 C 粒子的增加大致是先增大后减小，除了 3C3 体系的平均尺寸比它在 C[00]相互作用下的平均尺寸稍高一些之外，在

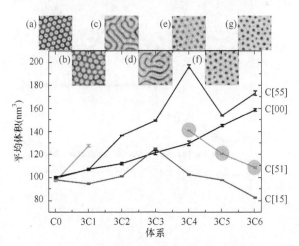

图 7-20　六个体系在不同条件下形成圆柱结构的平均体积，黑色线、蓝色线、红色线、绿色线分别对应着 C[00]、C[55]、C[15]、C[51]相互作用。绿色线上缺失的两个点对应着形成非圆柱结构的体系，粉色圆圈标注对应着形成反胶束的体系。图(a)～(g)是 C[51]相互作用下 C0 到 3C6 体系达到平衡态时沿着 XY 平面的密度截面图

C[15]相互作用条件下形成的其他组装体尺寸，是相同共聚物分子在 4 种相互作用条件下形成组装体平均尺寸中最小的。在 C[51]相互作用条件下的自组装结构较复杂，3C1 体系形成疏水链为核、亲水链为壳的圆柱状结构；但 3C2 和 3C3 体系形成的组装结构已经不再是圆柱状结构，而是不规则的连通式片层结构，难以简单计算平均尺寸，故在图中留白；随着 C 嵌段的继续增加，3C4、3C5 和 3C6 体系又形成了圆柱状结构，但与 3C1 体系相比，组装体的核和壳的组成成分彼此相反，呈反胶束结构，且其平均尺寸成比例地减小。

3C4 体系在各相互作用条件下都有不同的表现，那么，有必要详细探索其中的原因。从图 7-21 所示的 3C4 体系在 4 种作用条件下形成组装体平均尺寸随时间演变的轨迹中发现，无论是变化趋势、变化过程，还是平衡时间、稳定的平均尺寸大小等方面，都有很大差别。与其他线的大致上升变化趋势明显不同，C[00]线呈下降趋势，表明组装体经历了分裂机理，此外，C 粒子与 A 粒子和 B 粒子无优先选择性，甚至彼此之间没有相互作用，那么位于分子中间位置的 C 粒子因为从内向外插入分子结构内而拉大了 A 组分和 B 组分之间的距离，由此导致 A 粒子和 B 粒子之间的相互作用减弱，造成所形成的胶束结构不稳定，表现出 C[00]线上最大的平均体积。C[15]和 C[55]线均呈现出逐步增加的趋势，表明组装体经历了融合机理。与 C[15]相互作用条件相比，在 C[55]相互作用条件下，C 粒子与 A 粒子和 B 粒子之间的无差别但排斥作用很强的作用会加剧各组

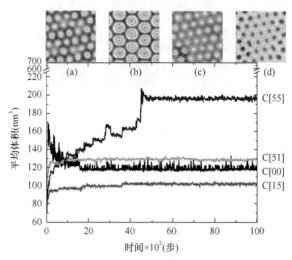

图 7-21　3C4 体系在 C[00]、C[55]、C[15]、C[51]相互作用下形成聚集体的平均体积随时间的变化，分别用黑色线、蓝色线、红色线和绿色线表示，其达到平衡态时沿着 XY 平面的密度截面图

分形成核或壳结构之间的竞争，就需要更多的步骤将小胶束融合成大胶束，也需要更多的时间来不断地调整组装体的结构和排布方式。与常规胶束结构是以疏水性组分为核不同，在 C[51]相互作用条件下形成的是以亲水性组分为核的反胶束结构，C 粒子与 A 粒子之间较强的排斥力利于促进亲水性核心部分的迅速形成，几乎不需要经过由小胶束融合成大胶束的过程，另外，B 粒子构成外壳结构，加之 C 粒子与 B 粒子之间较弱的排斥力，协同利于稳定组装成胶束结构，在最后的结构调整阶段中，其平均尺寸的变化幅度最小也佐证了这一点。

1. 无差别相互作用下的组装

虽然 C[00]和 C[55]相互作用是无差别相互作用的两个典型代表，但这两个作用条件下对 C 粒子和 A、B 粒子之间相互作用的排斥力却是不同的，导致它们的自组装结构也有很大区别，见图 7-22。在 C[00]相互作用条件下，因为 C 粒子对 A 粒子和 B 粒子都没有相互作用，所以不会影响 B 粒子和 A 粒子分别在组装体的核部分和外壳部分的聚集，也不会对 C 粒子的聚集和分布产生额外影响。相反地，对于 C[55]相互作用，C 粒子对 A 粒子和 B 粒子的强排斥作用会对二者产生挤压效应，不仅利于 A 粒子和 B 粒子在各自聚集区的分布更加集中，表现为两区域密度的增加，而且横亘在 A 粒子和 B 粒子之间的 C 粒子所占据的空间也拓展了组装体核区域的范围。因此，若不考虑 C 组分的话，最终的组装结构相当于囊泡结构。

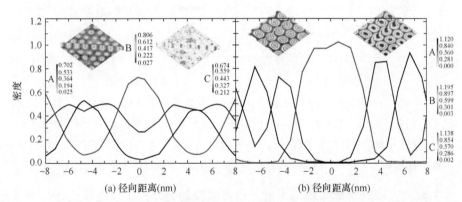

图 7-22　3C4 体系达到平衡态时，随机选择的圆柱体在(a)C[00]相互作用、(b)C[55]相互作用下，A 粒子、B 粒子和 C 粒子的密度分布，分别用黑色线、红色线、蓝色线来表示，密度截面图示分别用白黑、反式彩虹、蓝白红图示，每个密度截面图都由两个相互垂直的密度切面组成，一个沿着 XY 平面，另一个沿着一个圆柱阵列的圆柱轴

为了阐明在 C[55]相互作用条件下组装体经历的典型融合机理，在图 7-23

中，我们选取两个相邻的圆柱状组装体，在几个典型的时间点，沿着组装体的径向方向统计密度分布，来定量地描述融合过程。从 $0.2×10^3$ 时间步开始，由于 C 粒子与 A 粒子和 B 粒子之间的强排斥作用，可以从 B 粒子密度分布中看到两个宽峰，这就是两个聚集体核区域的雏形。在接下来的 $0.1×10^3$ 时间步中，两个聚集体之间的 C 粒子在聚集的初始阶段会对 A 粒子和 B 粒子产生挤压作用，加速 B 粒子之间的聚集，B 粒子聚集区域的密度得到快速增长。随后，C 粒子聚集区的密度也在同步增加，并将两个藕断丝连的聚集体明确分割成两个单独的聚集体结构。处于两峰之间的 B 粒子逐渐向 B 粒子聚集的两峰之中聚集，形成两个范围较宽的峰。在接下来的 $4.7×10^3$ 时间步中，两个聚集体逐渐靠近，它们之间的 C 粒子密度逐渐降低，表明 C 粒子正逐渐被挤出该区域，至 $5.6×10^3$ 时间步，两个聚集体之间的融合正式完成，此时，B 粒子的高密度和相似的密度分布覆盖了两个原始聚集体所在的范围，而在这个新生成的大聚集体中，C 粒子的密度几乎为零。

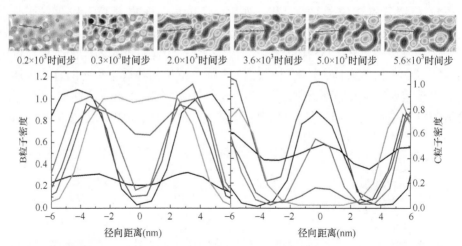

图 7-23　受到 C[55]相互作用的影响，两个相邻圆柱状聚集体中 B 粒子和 C 粒子在不同时间，即 $0.2×10^3$ 时间步、$0.3×10^3$ 时间步、$2.0×10^3$ 时间步、$3.6×10^3$ 时间步、$5.0×10^3$ 时间步和 $5.6×10^3$ 时间步的密度分布，分别用黑色线、红色线、蓝色线、洋红色线、黄褐色线和绿色线表示，相应的图像列于上方，图中的原点对应着相邻圆柱状聚集体两核之间的中间位置

类似地，在这对聚集体的附近，也可以找到另外两个较小聚集体合并成一个较大聚集体的现象，但融合方式却与上述有所区别，其形成过程可以通过分析 B 粒子和 C 粒子的密度变化来描述，如图 7-24 所示。在 $3.3×10^3$ 时间步时，两个体积较小、初始结构相同的聚集体都是由 B 粒子聚集成核、C 粒子围绕着该核心成壳。在接下来的 $1.0×10^3$ 时间步中，当两个聚集体彼此靠近时，其周围的 C 壳也彼此接近，C 粒子受到来自两个核给予的相反方向的排斥力，那么

内壳中的 C 粒子就会被排斥到外壳，导致内壳密度降低，外壳密度增加。两个聚集体经过 7.8×10³ 时间步后距离很近时，会通过两个聚集体之间的空隙输送一定量的 C 粒子，使得外壳中的粒子分布不均匀。随着两个聚集体之间的距离越来越短，两个核心部分逐渐融为一体，B 粒子填满两个聚集体之间的空隙。C 粒子与 B 粒子之间相互排斥，而且 B 粒子对 C 粒子来说存在一定的空间位阻，造成 C 粒子通过空隙时的移动距离越来越小，直至 3.4×10³ 时间步时变为零。在随后的 1.9×10³ 时间步中，以 B 粒子为核、C 粒子为壳的椭圆形聚集体调整为一个规则的圆形，调整过程一直持续到最后，直到 B 粒子和 C 粒子均匀地分布在同一径向位置。

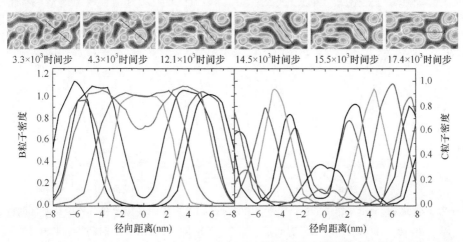

图 7-24　受到 C[55]相互作用的影响，两个相邻圆柱状聚集体中 B 粒子和 C 粒子在不同时间，即 3.3×10³ 时间步、4.3×10³ 时间步、12.1×10³ 时间步、14.5×10³ 时间步、15.5×10³ 时间步和 17.4×10³ 时间步的密度分布，分别用黑色线、红色线、蓝色线、洋红色线、黄褐色线和绿色线表示，相应的图像列于上方，图中的原点对应着相邻圆柱状聚集体两核之间的中间位置

在每个单独聚集体的核完成分裂和合并之后，围绕在聚集体周围的 C 粒子都会发生转移，如图 7-25 所示。图 7-24 中最后一张，即 17.4×10³ 时间步，从中选取 6 个聚集体并对其编号，其中，编号为 2 和 6 的聚集体是两个独立的圆柱状组装体，编号为 3、1、5 和 4 的 4 个圆柱状聚集体彼此共享 C 粒子形成的外壳。为了获得较低的自由能，就需要形成更多的有序结构，而目前只有两个有序的圆柱状组装体(即圆柱体 2 和圆柱体 6)和 C 粒子形成的外壳是远远不够的。因此，在 1.4×10³ 时间步中，圆柱体 2 和圆柱体 6 都打开自身的 C 外壳，分别与圆柱体 4 和圆柱体 6 连接。在随后的 12.9×10³ 时间步中，从圆柱体 6 经由圆柱体 2 将 C 壳延伸到圆柱体 3 的 C 壳，完成了 6 个圆柱体之间共享 C 壳的大联合，这为不同圆柱体之间建立起一个传递组分的通道网络。经过 10.0×10³

时间步，圆柱体 6 和圆柱体 5 从该联合体脱离，完成了 6 个圆柱体的第一次再分配；此外，圆柱体 1 和圆柱体 2 的两个外侧的 C 壳是通过圆柱体 1、圆柱体 2、圆柱体 3 和圆柱体 4 共有的 C 粒子，从 C 粒子富裕区域转移到 C 粒子贫瘠区域形成的，类似地，圆柱体 3 和圆柱体 4 的 C 壳也是借助于粒子转移和补充的方式来完成的。随着完整 C 壳的形成，相邻圆柱体之间的距离在 C 粒子的强烈排斥作用下不断增加，直到，圆柱体之间共同的 C 外壳逐渐瓦解，仅包裹住各自的圆柱体外围，形成一个个独立的、C 粒子均匀分布为壳的圆柱状胶束。

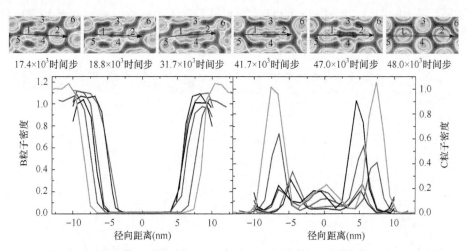

图 7-25　受到 C[55] 相互作用的影响，两个相邻圆柱状聚集体中 B 粒子和 C 粒子在不同时间，即 17.4×10³ 时间步、18.8×10³ 时间步、31.7×10³ 时间步、41.7×10³ 时间步、47.0×10³ 时间步和 48.0×10³ 时间步的密度分布，分别用黑色线、红色线、蓝色线、洋红色线、黄褐色线和绿色线表示，相应的图像列于上方，图中的原点对应着相邻圆柱状聚集体两核之间的中间位置

2. 两个过渡体系

图 7-20 中，在 C[51] 相互作用条件下，随着 C 嵌段长度的增加，体系能形成三种不同的组装结构，即以 B 粒子为核部分的圆柱状组装结构(C0 和 3C1 体系)、变形的层状结构(3C2 和 3C3 体系)，以及以 A 粒子为核部分的反胶束式圆柱状组装结构(3C4、3C5 和 3C6 体系)。因此，两个中间体系，即 3C2 和 3C3 体系就可以认为是从常规圆柱状胶束结构到反胶束圆柱状组装结构的过渡，其密度分布如图 7-26 所示。在 3C2 和 3C3 体系中，相同的组成呈现相同的变化趋势，说明形成了相同类型的组装结构。然而，与 3C2 体系相比，3C3 体系却呈现出两点明显的差异，一个是同种组分形成的聚集体之间的距离相对较大，另一个是由相同组分组成的密度分布中的峰值相对较高，这些都可以从 C 粒子

的空间位阻和对 A/B 粒子的强烈排斥力得到解释。在分子结构中，C 粒子聚集在相邻的 A 粒子聚集区和 B 粒子聚集区之间，3C3 体系中 C 嵌段的增长导致 C 粒子聚集区占用的空间更大，加之 C 粒子对其他粒子的排斥力，A/B 粒子的聚集区就会被 C 粒子聚集区"推"到远离 C 粒子聚集区的其他地方，那么，同种类聚集体之间的距离就会变得相对较大。此外，每一个 A/B 粒子聚集区都被两个 C 粒子聚集区夹在中间，随着 C 粒子数量的增多，对其他粒子产生的"挤压效应"自然增大，迫使 A 粒子和 B 粒子向内部转移，相应的密度分布就会表现出较高的峰值。不同于由 B 粒子聚集成核、A/C 粒子聚集成壳的规则圆柱状组装结构，变形的层状结构中没有核或壳的定义，只能确定为从 A 粒子聚集区到 C 粒子的聚集区到 B 粒子聚集区到 C 粒子聚集区的交替重复分布。因此，我们可以合理地做出推论，继续增加 C 嵌段的长度，应该还会形成反胶束式圆柱状组装结构，但 A 嵌段和 B 嵌段的柔韧性会有所增加，组装体尺寸的降低速度会逐渐减缓。

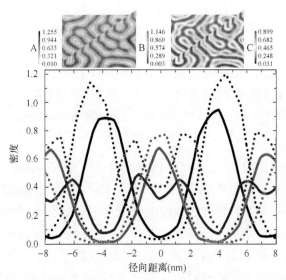

图 7-26　在 C[51]相互作用下达到平衡态时，另外三个相邻聚集体的 A 粒子、B 粒子和 C 粒子的密度分布，分别用黑色线、红色线和蓝色线表示，实线和虚线对应着 3C2 和 3C3 体系。两个密度截面图选自 3C2 体系的 A-B 粒子(左图)和 C 粒子(右图)，每个密度截面图分别由两个相互垂直的密度切面构成，一个沿着 *XY* 平面，另一个垂直穿过平行的层状结构

3. 反式圆柱胶束结构的自组装

图 7-27(a)中显示的是，在 C[15]相互作用条件下，3C4 体系的各粒子密度分布。因为 C 粒子对 B 粒子的排斥力强于 C 粒子对 A 粒子的排斥力，C 粒子

聚集区与 B 粒子聚集区之间明显是分离的，但 C 粒子聚集区与 A 粒子聚集区位置相近，都扮演着组装体外壳的角色。与之前的推测相同，当向 C 嵌段中插入的 C 粒子的数量增加到 4 个或更多时，在 C[51]相互作用条件下都会组装成反胶束的圆柱状结构，3C4 体系在该环境下的各粒子密度分布见图 7-27(b)。C 嵌段的增长提高了各臂的柔韧性，有利于 A 粒子聚集成组装体的核部分，C 粒子对 A 粒子的排斥力强于对 B 粒子的排斥力，A 粒子聚集区和 C 粒子聚集区之间明显分离，那么，A 粒子和 B 粒子就聚集在一起共同构成组装体的外壳。

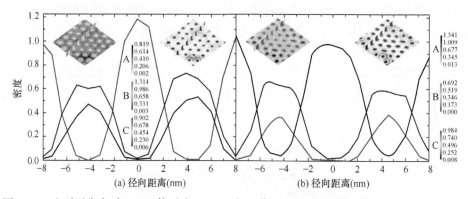

图 7-27　达到平衡态时，3C4 体系在(a)C[15]相互作用、(b)C[51]相互作用下的密度分布 A 粒子、B 粒子和 C 粒子的密度分布分别用黑色线、红色线和蓝色线表示。(a)(b)分别是 A-B 粒子、C 粒子的密度截面图，并分别由两个相互垂直的截面切面组成，一个沿着 XY 平面，另一个沿着圆柱体阵列穿过圆柱轴

与无差别相互作用条件(即 C[00]和 C[55])下，组装体的平均尺寸随着 C 嵌段的增加而增加的变化趋势(或大致上升趋势)不同，在有差别相互作用(即 C[15]和 C[51])条件下，当体系中的 C 嵌段由 4 个或更多 C 粒子组成时，组装体的平均尺寸随着 C 嵌段的增加呈现下降趋势，这一显著区别是由分子结构造成的。首先，撇开 A 组分和 B 组分在两种有差别相互作用下形成组装体的核、壳发生交换，仅从密度分布来看就有明显区别，即 C 粒子和 A 粒子或 B 粒子的分布重叠在一起，A 粒子或 B 粒子也构成了组装体的壳部分，与无差别相互作用下 C 粒子聚集区与 A 粒子聚集区和 B 粒子聚集区之间位置明显不同时，区别很大。此外，C 粒子在组装体中分布广泛，A 粒子或 B 粒子的公共范围加大了与构成组装体核心组分之间的排斥强度，因此，C 粒子的增加就会给其他粒子带来更大的排斥力，向内"挤压"构成组装体核的部分，使其更加浓缩，生成尺寸更小的圆柱状组装体，这对应着图 7-20 中粉色圆圈圈出的三个体系中组装体平均尺寸逐渐减小的变化趋势。

由于 3C4 体系在 C[51]相互作用条件下形成了特殊的组装结构，有必要仔细研究一下反胶束式圆柱状组装结构的形成过程，如图 7-28 所示。C 粒子对 A 粒子的排斥力比 C 粒子对 B 粒子强，那么，A 粒子和 C 粒子的密度变化趋势就会一直是相反的，即当 A 粒子的密度升高时，C 粒子的密度一定会降低。在 0.1×10^3 时间步时，沿着所选路线的密度分布有四个较宽范围的峰，而且四个峰的峰值和分布范围不明显，是由相同组分初步聚集形成的大致分区。经过 0.1×10^3 时间步之后，相同组分进一步聚集，使 4 个峰的密度增加、分布的范围稍微变窄。在接下来的 1.2×10^3 时间步中，随着小聚集体之间的融合和大聚集体的分裂同时发生，聚集体的结构逐渐显现出规则性，C 粒子在组装体周围逐渐聚集成外壳。规则圆柱状组装体完成于 2.5×10^3 时间步，在随后的 1.2×10^3 时间步中，4 个圆柱状组装体的密度分布逐渐趋于均匀。随后，包括上述 4 个圆柱状组装体在内的其他圆柱状组装体也实现了规则的形状、均匀的密度分布、有序的位置布局。位于 A 嵌段和 B 嵌段之间的三个 C 嵌段是 A、B 组分在组装体中发生反转的重要角色，A 粒子聚集在组装体的核心区域，经历了聚集体之间的融合和分裂，使达到平均尺寸平衡状态所需要的时间最少、平均尺寸变化曲线中的变化幅度最小，如图 7-21 所示。

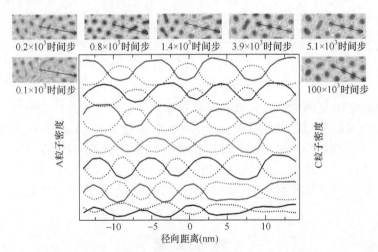

图 7-28 在不同时间点，沿着蓝色选择路径的 A 粒子和 C 粒子的密度分布，分别由实线和虚线表示，0.1×10^3 时间步、0.2×10^3 时间步、0.8×10^3 时间步、1.4×10^3 时间步、3.9×10^3 时间步、5.1×10^3 时间步、100×10^3 时间步分别用黑色线、红色线、蓝色线、洋红色线、黄褐色线、海蓝色线、紫色线表示，相应的密度截面从左到右按时间顺序排列

7.3.4　小结

我们利用 MesoDyn 方法研究了(AC)$_2$CB 三元杂臂星形共聚物在薄膜中的自组装结构和机理。为了将引入的变量数目降到最低，仅改变 C 嵌段的长度和 C 粒子与 A/B 粒子之间的相互作用。

在 C[55]相互作用下的 3C4 体系形成的组装体平均尺寸非常大，随着 C 嵌段的增加，在 C[15]和 C[51]相互作用下形成的组装体平均尺寸却成下降趋势，可见该体系对作用力的变化很敏感，因此，选择 3C4 体系展开进一步分析。在不同的相互作用条件下，从平均尺寸随时间的变化趋势可以推断出不同的形成过程，即分裂过程(在 C[00]相互作用条件下)、多步聚结过程(在 C[55]相互作用条件下)、三步聚结过程(在 C[15]相互作用条件下)，无确定的变化过程(在 C[51]交互作用条件下)。

在对各粒子的密度分布进行详细分析后，可以明确地揭示相关的形成机制。对于 C[00]相互作用条件，C 粒子与 A 粒子和 B 粒子之间的排斥力均为零，造成 C 粒子在 A 粒子和 B 粒子聚集区采取非差别性均匀分布，那么，A 粒子和 B 粒子之间的相互作用被削弱，从几个零散聚集体的分裂开始，聚集体平均尺寸的变化幅度很大，说明该圆柱形组装结构是不稳定的。对于 C[55]相互作用，C 粒子与 A 粒子和 B 粒子之间的排斥力相等，且都很强，导致 A 粒子和 B 粒子之间形成了 C 粒子聚集区，当小聚集体之间的融合又伴随着 C 壳的变化，情况就变得更加复杂，表现为多步聚结机制。对于 C[15]或 C[51]相互作用，C 粒子有差别地更排斥 B 粒子或 A 粒子，导致 C 粒子聚集区分别覆盖在 A 粒子聚集区或 B 粒子聚集区上，共同形成外壳。这种不均匀外壳的"挤压效应"会随着 C 嵌段长度的增加而增强，这就可以解释组装体平均尺寸为什么呈减小的变化趋势。最令人欣喜的是发现了反胶束的圆柱状组装结构，这是从分子设计的理念出发，调控相互作用(C[51])和改造分子结构(3C4 体系)双管齐下的结果，仅调节两个影响因素就实现组装结构的改变，填补了复杂条件形成反胶束结构的不足，为设计具有新颖结构的材料提供了设计思路，拓展了制造特定性质器件的研究方法。

参 考 文 献

[1] Hamley I W. The Physical of Block Copolymers [M]. Oxford: Oxford University Press, 1998.

[2] Bates F S, Fredrickson G H. Block copolymer thermodynamics: Theory and experiment [J]. Annual Review of Physical Chemistry, 1990, 41: 525-557.

[3] Lopes W A, Jaeger H M. Hierarchical self-assembly of metal nanostructures on diblock copolymer scaffolds [J]. Nature, 2001, 414(6865): 735-738.

[4] Edrington A C, Urbas A M, DeRege P, Chen C X, Swager T M, Hadjichristidis N, Xenidou

M, Fetters L J, Joannopoulos J D, Fink Y, Thomas E L. Polymer-based photonic crystals [J]. Advanced Materials, 2001, 13(6): 421-425.

[5] Kwon G S, Kataoka, K. Block copolymer micelles as long-circulating drug vehicles [J]. Advanced Drug Delivery Reviews, 1995, 16(2-3): 295-309.

[6] Morkved T L, Lu M, Urbas A M, Ehrichs E E, Jaeger H M, Mansky P, Russell T P. Local control of microdomain orientation in diblock copolymer thin films with electric fields [J]. Science, 1996, 273(5277): 931-933.

[7] Matsen M W. Stability of a block-copolymer lamella in a strong electric field [J]. Physical Review Letters, 2005, 95: 258302.

[8] Mu D, Li J Q, Wang S. Modeling and analysis of the compatibility of poly (ethylene oxide)/poly (methyl methacrylate) blends with surface and shear inducing effects [J]. Journal of Applied Polymer Science, 2011, 122(1): 64-75.

[9] Mu D, Li J Q, Zhou Y H. Modeling and analysis of the compatibility of polystyrene/poly (methyl methacrylate) blends with four inducing effects [J]. Journal of Molecular Modeling, 2011, 17(3): 607-619.

[10] Jeong J W, Park W I, Kim M-J, Ross C A, Jung Y S. Highly tunable self-assembled nanostructures from a poly(2-vinylpyridine-b-dimethylsiloxane) block copolymer [J]. Nano Letters, 2011, 11(10): 4095-4101.

[11] Kimura M, Misner M J, Xu T, Kim S H, Russell T P. Long-range ordering of diblock copolymers induced by droplet pinning [J]. Langmuir, 2003, 19(23): 9910-9913.

[12] Kim S H, Misner M J, Xu T, Kimura M, Russell T P. Highly oriented and ordered arrays from block copolymers via solvent evaporation [J]. Advanced Materials, 2004, 16(3): 226-231.

[13] Bodycomb J, Funaki Y, Kimishima K, Hashimoto T. Single-grain lamellar microdomain from a diblock copolymer [J]. Macromolecules, 1999, 32(6): 2075-2077.

[14] Mu D, Li J Q, Wang S. Mesoscopic simulation of the surface inducing effects on the compatibility of PS-b-PMMA copolymers [J]. Journal of Applied Polymer Science, 2012, 124(2): 879-889.

[15] Kim S, Shin D O, Choi D-G, Jeong J-R, Mun J H, Yang Y-B, Kim J U, Kim S O, Jeong J-H. Graphoepitaxy of block-copolymer self-assembly integrated with single-step ZnO nanoimprinting [J]. Small, 2012, 8(10): 1563-1569.

[16] Rockford L, Liu Y, Mansky P, Russell T P, Yoon M, Mochrie S G J. Polymers on nanoperiodic, heterogeneous surfaces [J]. Physical Review Letters, 1999, 82: 2602-2605.

[17] Tavakkoli A, Gotrik K G K W, Hannon A F, Alexander-Katz A, Ross C A, Berggren K K. Templating three-dimensional self-assembled structures in bilayer block copolymer films [J]. Science, 2012, 336(6086): 1294-1298.

[18] Yang X M, Peters R D, Nealey P F, Solak H H, Cerrina F. Guided self-assembly of symmetric diblock copolymer films on chemically nanopatterned substrates [J]. Macromolecules, 2000, 33(26): 9575-9582.

[19] Park S M, Craig G S W, La Y H, Solak H H, Nealey P F. Square arrays of vertical cylinders

of PS-*b*-PMMA on chemically nanopatterned surfaces [J]. Macromolecules, 2007, 40(14): 5084-5094.

[20] Stoykovich M P, Müller M, Kim S O, Solak H H, Edwards E W, de Pablo J J, Nealey P F. Directed assembly of block copolymer blends into nonregular device-oriented structures [J]. Science, 2005, 308(5727): 1442-1446.

[21] Kim S O, Solak H H, Stoykovich M P, Ferrier N J, de Pablo J J, Nealey P F. Epitaxial self-assembly of block copolymers on lithographically defined nanopatterned substrates [J]. Nature, 2003, 424(6947): 411-414.

[22] Ruiz R, Kang H, Detcheverry F A, Dobisz E, Kercher D S, Albrecht T R, de Pablo J J, Nealey P F. Density multiplication and improved lithography by directed block copolymer assembly [J]. Science, 2008, 321(5891): 936-939.

[23] Cheng J Y, Rettner C T, Sanders D P, Kim H-C, Hinsberg W D. Dense self-assembly on sparse chemical patterns: Rectifying and multiplying lithographic patterns using block copolymers [J]. Advanced Materials, 2008, 20(16): 3155-3158.

[24] Tada Y, Akasaka S, Yoshida H, Hasegawa H, Dobisz E, Kercher D, Takenaka M. Directed self-assembly of diblock copolymer thin films on chemically-patterned substrates for defect-free nano-patterning [J]. Macromolecules, 2008, 41(23): 9267-9276.

[25] Chen P, Liang H, Xia R, Qian J, Feng X. Directed self-assembly of block copolymers on sparsely nanopatterned substrates [J]. Macromolecules, 2013, 46(3): 922-926.

[26] Mu D, Li J Q, Wang S. Changes in the phase morphology of miktoarm PS-*b*-PMMA copolymer induced by a monolayer surface [J]. Colloid and Polymer Science, 2015, 293(10): 2831-2844.

[27] Mu D, Li J Q, Feng S.Y. Mesoscale simulation of the formation and dynamics of lipid-structured poly(ethylene oxide)-*block*-poly(methyl methacrylate) diblock copolymers [J]. Physical Chemistry Chemical Physics, 2015, 17(19): 12492-12499.

[28] Mu D, Li J Q, Feng S Y. Mesoscopic simulation of the self-assembly of the weak polyelectrolyte poly(ethylene oxide)-*block*-poly(methyl methacrylate) diblock copolymers [J]. Soft Matter, 2015, 11(22): 4366-4374.

[29] Mu D, Li J Q, Feng S Y. Morphology of lipid-like structured weak polyelectrolyte poly(ethylene oxide)-*block*-poly(methyl methacrylate) diblock copolymers induced by confinements [J]. Soft Matter, 2015, 11(22): 4356-4365.

[30] Mu D, Li J Q, Wang S. MesoDyn simulation study on the phase morphologies of miktoarm PEO-*b*-PMMA copolymer induced by surfaces [J]. Journal of Polymer Research, 2012, 19(7): 9910.

[31] Walton D G, Kellogg G J, Mayes A M, Lambooy P, Russell T P. A free energy model for confined diblock copolymers [J]. Macromolecules, 1994, 27(21): 6225-6228.

[32] Shull K R. Mean-field theory of block copolymers: bulk melts, surfaces, and thin films [J]. Macromolecules, 1992, 25(8): 2122-2133.

[33] Lambooy P, Russell T P, Kellogg G J, Mayes A M, Gallagher P D, Satija S K. Observed frustration in confined block copolymers [J]. Physical Review Letters, 1994, 72: 2899-2902.

[34] Kellogg G J, Walton D G, Mayes A M, Lambooy P, Russell T P, Gallagher P D, Satija S K. Observed surface energy effects in confined diblock copolymers [J]. Physical Review Letters, 1996, 76: 2503-2506.

[35] Wang Q, Yan Q, Nealey P F, de Pablo J J. Monte Carlo simulations of diblock copolymer thin films confined between two homogeneous surfaces [J]. The Journal of Chemical Physics, 2000, 112(1): 450-464.

[36] Dobriyal P, Xiang H, Kazuyuki M, Chen J T, Jinnai H, Russell T P. Cylindrically confined diblock copolymers [J]. Macromolecules, 2009, 42(22): 9082-9088.

[37] Wang Y, Qin Y, Berger A, Yau E, He C, Zhang L, Gösele U, Knez M, Steinhart M. Nanoscopic morphologies in block copolymer nanorods as templates for atomic-layer deposition of semiconductors [J]. Advanced Materials, 2009, 21(27): 2763-2766.

[38] Yu B, Li B, Jin Q, Ding D, Shi A-C. Self-assembly of symmetric diblock copolymers confined in spherical nanopores [J]. Macromolecules, 2007, 40(25): 9133-9142.

[39] Rider D A, Chen J I L, Eloi J C, Arsenault A C, Russell T P, Ozin G A, Manners I. Controlling the morphologies of organometallic block copolymers in the 3-dimensional spatial confinement of colloidal and inverse colloidal crystals [J]. Macromolecules, 2008, 41(6): 2250-2259.

[40] Chen P, Liang H, Shi A C. Microstructures of a cylinder-forming diblock copolymer under spherical confinement [J]. Macromolecules, 2008, 41(22): 8938-8943.

[41] Li S, Chen P, Zhang L, Liang H. Geometric frustration phases of diblock copolymers in nanoparticles [J]. Langmuir, 2011, 27(8): 5081-5089.

[42] Stewart-Sloan C R, Thomas E L. Interplay of symmetries of block polymers and confining geometries [J]. European Polymer Journal, 2011, 47(4): 630-646.

[43] Yu B, Sun P, Chen T, Jin Q, Ding D, Li B, Shi A-C. Self-assembly of diblock copolymers confined in cylindrical nanopores [J]. The Journal of Chemical Physics, 2007, 127(11): 114906.

[44] Yu B, Jin Q, Ding D, Li B, Shi A-C. Confinement-induced morphologies of cylinder-forming asymmetric diblock copolymers [J]. Macromolecules, 2008, 41(11): 4042-4054.

[45] Yu B, Li B, Jin Q, Ding D, Shi A-C. Confined self-assembly of cylinder-forming diblock copolymers: effects of confining geometries [J]. Soft Matter, 2011, 7(21): 10227-10240.

[46] Mu D, Huang X R, Lu Z Y, Sun C C. Computer simulation study on the compatibility of poly(ethylene oxide)/poly(methyl methacrylate) blends [J]. Chemical Physics, 2008, 348, 122-129.

[47] Fraaije J G E M, van Vlimmeren B A C, Maurits N M, Postma M, Evers O A, Hoffmann C, Altevogt P, Goldbeck-Wood G. The dynamic mean-field density functional method and its application to the mesoscopic dynamics of quenched block copolymer melts [J]. Journal of Chemical Physics, 1997, 106(10): 4260-4269.

[48] van Vlimmeren B A C, Maurits N M, Zvelindovsky A V, Sevink G J A, Fraaije J G E M. Simulation of 3D mesoscale structure formation in concentrated aqueous solution of the

triblock polymer furfactants (ethylene oxide)$_{13}$(propylene oxide)$_{30}$(ethylene oxide)$_{13}$ and (propylene oxide)$_{19}$(ethylene oxide)$_{33}$(propylene oxide)$_{19}$. Application of dynamic mean-field density functional theory [J]. Macromolecules, 1999, 32(3): 646-656.

[49] Lam Y M, Goldbeck-Wood G. Mesoscale simulation of block copolymers in aqueous solution: parameterisation, micelle growth kinetics and the effect of temperature and concentration morphology [J]. Polymer, 2003, 44(12): 3593-3605.

[50] Maurits N M, Sevink G J A, Zvelindovsky A V, Fraaije J G E M. Pathway controlled morphology formation in polymer systems: reactions, shear, and microphase separation [J]. Macromolecules, 1999, 32(22): 7674-7681.

[51] Li Y, Xu G, Wu D, Sui W. The aggregation behavior between anionic carboxymethylchitosan and cetyltrimethylammonium bromide: MesoDyn simulation and experiments [J]. European Polymer Journal, 2007, 43(6): 2690-2698.

[52] Guo S L, Hou T J, Xu X J. Simulation of the phase behavior of the (EO)$_{13}$(PO)$_{30}$(EO)$_{13}$(Pluronic L64)/water/p-xylene system using MesoDyn [J]. The Journal of Physical Chemistry B, 2002, 106(43): 11397-11403.

[53] Mu D, Li J Q, Wang S. MesoDyn simulation study on the phase morphologies of miktoarm PS-b-PMMA copolymer doped by nanoparticles [J]. Journal of Applied Polymer Science, 2013, 127(3): 1561-1568.

[54] Mu D, Li J Q, Feng S Y. MesoDyn modeling study on the phase morphologies of miktoarm poly(ethylene oxide)-b-poly(methyl methacrylate) copolymers doped by nanoparticles [J]. Polymer International, 2014, 63(3): 568-575.

[55] Xu T, Zvelindovsky A V, Sevink G J A, Lyakhova K S, Jinnai H, Russell T P. Electric field alignment of asymmetric diblock copolymer thin films [J]. Macromolecules, 2005, 38(26): 10788-10798.

[56] Ludwigs S, Krausch G, Magerle R. Phase behavior of ABC triblock terpolymers in thin films: Mesoscale simulations [J]. Macromolecules, 2005, 38(5): 1859-1867.

[57] Tsarkova L, Horvat A, Krausch G, Zvelindovsky A V, Sevink G J A, Magerle R. Defect evolution in block copolymer thin films via temporal phase transitions [J]. Langmuir, 2006, 22(19): 8089-8095.

[58] Lyakhova K S, Horvat A, Zvelindovsky A V, Sevink G J A. Dynamics of terrace formation in a nanostructured thin block copolymer film [J]. Langmuir, 2006, 22(13): 5848-5855.

[59] Horvat A, Knoll A, Krausch G, Tsarkova L, Lyakhova K S, Sevink G J A, Zvelindovsky A V, Magerle R. Time evolution of surface relief structures in thin block copolymer films [J]. Macromolecules, 2007, 40(19): 6930-6939.

[60] Tsarkova L, Sevink G J A, Krausch G. Nanopattern evolution in block copolymer films: Experiment, simulations and challenges. Advances in Polymer Science: Complex Macromolecular Systems [M]. Berlin: Springer, 2010: 33-73.

[61] Reiter G, Al Akhrass S, Hamieh M, Damman P, Gabriele S, Vilmin T, Raphaël E. Dewetting as an investigative tool for studying properties of thin polymer films [J]. The European Physical Journal Special Topics, 2009, 166: 165-172.

[62] Muñoz-Bonilla A, Fernández-García M, Rodríguez-Hernández J. Towards hierarchically ordered functional porous polymeric surfaces prepared by the breath figures approach [J]. Progress in Polymer Science, 2014, 39(3): 510-554.

[63] Morishima Y, Nomura S, Ikeda T, Seki M, Kamachi M. Characterization of unimolecular micelles of random copolymers of sodium 2-(acrylamido)-2-methylpropanesulfonate and methacrylamides bearing bulky hydrophobic substituents [J]. Macromolecules, 1995, 28(8): 2874-2881.

[64] Rösler A, Vandermeulen G W M, Klok H A. Advanced drug delivery devices via self-assembly of amphiphilic block copolymers [J]. Advanced Drug Delivery Reviews, 2012, 64: 270-279.

[65] Kylian O, Shelemin A, Solar P, Choukourov A, Hanus J, Vaidulych M, Kuzminova A, Biederman H. Plasma polymers: From thin films to nanocolumnar coatings [J]. Thin Solid Films, 2017, 630: 86-91.

[66] Bormashenko E, Pogreb R, Stanevsky O, Bormashenko Y, Tamir S, Cohen R, Nunberg M, Gaisin V-Z, Gorelik M, Gendelman O V. Mesoscopic and submicroscopic patterning in thin polymer films: Impact of the solvent [J]. Materials Letters, 2005, 59(19-20): 2461-2464.

[67] Cohen E, Weissman H, Pinkas I, Shimoni E, Rehak P, Král P, Rybtchinski B. Controlled self-assembly of photofunctional supramolecular nanotubes [J]. ACS Nano, 2018, 12(1): 317-326.

[68] Dwivedi S, Mukherjee V R, Atta A. Formation and control of secondary nanostructures in electro-hydrodynamic patterning of ultra-thin films [J]. Thin Solid Films, 2017, 642: 241-251.

[69] Bernardin G A, Davies N A, Finlayson C E. Spray-coating deposition techniques for polymeric semiconductor blends [J]. Materials Science in Semiconductor Processing, 2017, 71: 174-180.

[70] Credi C, Pintossi D, Bianchi C L, Levi M, Griffini G, Turri S. Combining stereolithography and replica molding: On the way to superhydrophobic polymeric devices for photovoltaics [J]. Materials & Design, 2017, 133: 143-153.

[71] Chopra A M, Mehta M, Bismuth J, Shapiro M, Fishbein M C, Bridges A G, Vinters H V. Polymer coating embolism from intravascular medical devices - a clinical literature review [J]. Cardiovascular Pathology, 2017, 30: 45-54.

[72] Crossland E J W, Kamperman M, Nedelcu M, Ducati C, Wiesner U, Smilgies D-M, Toombes G E S, Hillmyer M A, Ludwigs S, Steiner U. A bicontinuous double gyroid hybrid solar cell [J]. Nano Letters, 2009, 9(8): 2807-2812.

[73] Park S, Wang J Y, Kim B, Xu J, Russell T P. A simple route to highly oriented and ordered nanoporous block copolymer templates [J]. ACS Nano, 2008, 2(4): 766-772.

[74] Lee B, Yoon J, Oh W, Hwang Y, Heo K, Jin K S, Kim J, Kim K W, Ree M. In-situ grazing incidence small-angle X-ray scattering studies on nanopore evolution in low-k organosilicate dielectric thin films [J]. Macromolecules, 2005, 38(8): 3395-3405.

[75] Sidorenko A, Tokarev I, Minko S, Stamm M. Ordered reactive nanomembranes/ nanotem-

plates from thin films of block copolymer supramolecular assembly [J]. Journal of the American Chemical Society, 2003, 125(40): 12211-12216.

[76] Park S, Lee D H, Xu J, Kim B, Hong S W, Jeong U, Xu T, Russell T P. Macroscopic 10-terabit-per-square-inch arrays from block copolymers with lateral order [J]. Science, 2009, 323(5917): 1030-1033.

[77] Gersappe D, Fasolka M, Israels R, Balazs A C. Modeling the behavior of random copolymer brushes [J]. Macromolecules, 1995, 28(13): 4753-4755.

[78] Zhulina E B, Singh C, Balazs A C. Forming patterned films with tethered diblock copolymers [J]. Macromolecules, 1996, 29(19): 6338-6348.

[79] Ferreira P G, Leibler L. Copolymer brushes [J]. The Journal of Chemical Physics, 1996, 105: 9362-9370.

[80] Brown G, Chakrabarti A, Marko J F. Layering phase separation of densely grafted diblock copolymers [J]. Macromolecules, 1995, 28(23): 7817-7821.

[81] Wang J, Müller M. Microphase separation of diblock copolymer brushes in selective solvents: Single-chain-in-mean-field simulations and integral geometry analysis [J]. Macromolecules, 2009, 42(6): 2251-2264.

[82] Akgun B, Ugur G, Brittain W J, Majkrzak C F, Li X, Wang J, Li H, Wu D T, Wang Q, Foster M D. Internal structure of ultrathin diblock copolymer brushes [J]. Macromolecules, 2009, 42(21): 8411-8422.

[83] Guskova O A, Seidel C. Mesoscopic simulations of morphological transitions of stimuli-responsive diblock copolymer brushes [J]. Macromolecules, 2011, 44(3): 671-682.

[84] Rudov A A, Khalatur P G, Potemkin I I. Perpendicular domain orientation in dense planar brushes of diblock copolymers [J]. Macromolecules, 2012, 45(11): 4870-4875.

[85] Tobis J, Boch L, Thomann Y, Tiller J C. Amphiphilic polymer conetworks as chiral separation membranes [J]. Journal of Membrane Science, 2011, 372(1-2): 219-227.

[86] Lin C, Gitsov I. Preparation and characterization of novel amphiphilic hydrogels with covalently attached drugs and fluorescent markers [J]. Macromolecules, 2010, 43(23): 10017-10030.

[87] Gudipati C S, Greenlief C M, Johnson J A, Prayongpan P, Wooley K L. Hyperbranched fluoropolymer and linear poly(ethylene glycol) based amphiphilic crosslinked networks as efficient antifouling coatings: An insight into the surface compositions, topographies, and morphologies [J]. Journal of Polymer Science Part A: Polymer Chemistry, 2004, 42(24): 6193-6208.

[88] Hanko M, Bruns N, Rentmeister S, Tiller J C, Heinze J. Nanophase-separated amphiphilic conetworks as versatile matrixes for optical chemical and biochemical sensors [J]. Analytical Chemistry, 2006, 78(18): 6376-6383.

[89] Savin G, Bruns N, Thomann Y, Tiller J C. Nanophase separated amphiphilic microbeads [J]. Macromolecules, 2005, 38(18): 7536-7539.

[90] Mu D, Li J Q, Feng S Y. One-dimensional confinement effect on the self-assembly of symmetric H-shaped copolymers in a thin film [J]. Scientific Reports, 2017, 7: 13610.

[91] Yin Y, Jiang R, Li B, Jin Q, Ding D, Shi A-C. Self-assembly of grafted Y-shaped ABC triblock copolymers in solutions [J]. The Journal of Chemical Physics, 2008, 129: 154903.

[92] Sun J, Chen X, Guo J, Shi Q, Xie Z, Jing X. Synthesis and self-assembly of a novel Y-shaped copolymer with a helical polypeptide arm [J]. Polymer, 2009, 50(2): 455-461.

[93] Dong R, Zhong Z, Hao J. Self-assembly of onion-like vesicles induced by charge and rheological properties in anionic-nonionic surfactant solutions [J]. Soft Matter, 2012, 8: 7812-7821.

[94] Mu D, Li J Q, Feng S Y. Self-assembled morphologies of an amphiphilic Y-shaped weak polyelectrolyte in a thin film [J]. Physical Chemistry Chemical Physics, 2017, 19(46): 31011-31023.

[95] Crank J, Nicolson P. A practical method for numerical evaluation of solutions of partial differential equations of the heat conduction type [J]. Mathematical Proceedings of the Cambridge Philosophical Society, 1947, 43(1): 50-67.

[96] Grulke E A. Solubility Parameter Values in Polymer Handbook [M]. New York: John Wiley & Sons, 4th ed., 1999.

[97] Brandrup J, Immergut E H, Grulke E A. Polymer Handbook [M]. New York: John Wiley & Sons, 1999.

[98] Zhu J, Jiang W. Self-assembly of ABC triblock copolymer into giant segmented wormlike micelles in dilute solution [J]. Macromolecules, 2005, 38(22): 9315-9323.

[99] Li Z, Kesselman E, Talmon Y, Hillmyer M A, Lodge T P. Multicompartment micelles from ABC miktoarm stars in water [J]. Science, 2004, 306(5693): 98-101.

[100] Mu D, Li J Q, Feng S Y. Mechanistic investigations of confinement effects on the self-assembly of symmetric amphiphilic copolymers in thin films [J]. Physical Chemistry Chemical Physics, 2017, 19(33): 21938-21945.

[101] Sen M, Jiang N, Endoh M K, Koga T, Ribbe A, Rahman A, Kawaguchi D, Tanaka K, Smilgies D-M. Locally favored two-dimensional structures of block copolymer melts on nonneutral surfaces [J]. Macromolecules, 2018, 51(2): 520-528.

[102] Thurn-Albrecht T, Schotter J, Kastle C A, Emley N, Shibauchi T, Krusin-Elbaum L, Guarini K, Black C T, Tuominen M T, Russell T P. Ultrahigh-density nanowire arrays grown in self-assembled diblock copolymer templates [J]. Science, 2000, 290(5499): 2126-2129.

[103] Nunes S P. Block copolymer membranes for aqueous solution applications [J]. Macromolecules, 2016, 49(8): 2905-2916.

[104] Fujikawa S, Koizumi M, Taino A, Okamoto K. Fabrication and unique optical properties of two-dimensional silver nanorod arrays with nanometer gaps on a silicon substrate from a self-assembled template of diblock copolymer [J]. Langmuir, 2016, 32(47): 12504-12510.

[105] Higuchi T, Sugimori H, Jiang X, Hong S, Matsunaga K, Kaneko T, Abetz V, Takahara A, Jinnai H. Morphological control of helical structures of an ABC-type triblock terpolymer by distribution control of a blending homopolymer in a block copolymer microdomain [J]. Macromolecules, 2013, 46(17): 6991-6997.

[106] Ludwigs S, Boker A, Voronov A, Rehse N, Magerle R, Krausch G. Self-assembly of func-

tional nanostructures from ABC triblock copolymers [J]. Nature Materials, 2003, 2(11): 744-747.

[107] Bates C M, Maher M J, Janes D W, Ellison C J, Willson C G. Block copolymer lithography [J]. Macromolecules, 2014, 47(1): 2-12.

[108] Matsen M W, Schick M. Stable and unstable phases of a diblock copolymer melt [J]. Physical Review Letters, 1994, 72(16): 2660-2663.

[109] Matsen M W, Thompson R B. Equilibrium behavior of symmetric ABA triblock copolymer melts [J]. Journal of Chemical Physics, 1999, 111: 7139-7146.

[110] Matsen M W. Equilibrium behavior of asymmetric ABA triblock copolymer melts [J]. Journal of Chemical Physics, 2000, 113: 5539-5544.

[111] Mai S-M, Mingvanish W, Turner S C, Chaibundit C, Fairclough J P A, Heatley F, Matsen M W, Ryan A J, Booth C. Microphase-separation behavior of triblock copolymer melts. Comparison with diblock copolymer melts [J]. Macromolecules, 2000, 33: 5124-5130.

[112] Hamersky M W, Smith S D, Gozen A O, Spontak R J. Phase behavior of triblock copolymers varying in molecular asymmetry [J]. Physical Review Letters, 2005, 95: 168306.

[113] Sakurai S, Shirouchi K, Munakata S, Kurimura H, Suzuki S, Watanabe J, Oda T, Shimizu N, Tanida K, Yamamoto K. Morphology reentry with a change in degree of chain asymmetry in neat asymmetric linear A_1BA_2 triblock copolymers [J]. Macromolecules, 2017, 50: 8647-8657.

[114] Hadjichristidis N, Iatrou H, Behal S K, Chludzinski J J, Disko M M, Garner R T, Liang K S, Lohse D J, Milner S T. Morphology and miscibility of miktoarm styrene-diene copolymers and terpolymer [J]. Macromolecules, 1993, 26: 5812-5815.

[115] Yang L Z, Hong S, Gido S P, Velis G, Hadjichristidis N. I_5S miktoarm star block copolymers: packing constraints on morphology and discontinuous chevron tilt grain boundaries [J]. Macromolecules, 2001, 34: 9069-9073.

[116] Grason G M, Kamien R D. Interfaces in diblocks: A study of miktoarm star copolymers [J]. Macromolecules, 2004, 37: 7371-7380.

[117] Xie N, Li W H, Qiu F, Shi A-C. σ phase formed in conformationally asymmetric AB-type block copolymers [J]. ACS Macro Letters, 2014, 3: 906-910.

[118] Shi W C, Tateishi Y C, Li W, Hawker C J, Fredrickson G H, Kramer E J. Producing small domain features using miktoarm block copolymers with large interaction parameters [J]. ACS Macro Letters, 2015, 4: 1287-1292.

[119] Matsen M W, Schick M. Microphase separation in starblock copolymer melts [J]. Macromolecules, 1994, 27: 6761-6767.

[120] Pang X C, Zhao L, Akinc M, Kim J K, Lin Z Q. Novel amphiphilic multi-arm, star-like block copolymers as unimolecular micelles [J]. Macromolecules, 2011, 44: 3746-3752.

[121] Xu Y C, Li W H, Qiu F, Lin Z Q. Self-assembly of 21-arm star-like diblock copolymer in bulk and under cylindrical confinement [J]. Nanoscale, 2014, 6: 6844-6852.

[122] Burns A B, Register R A. Mechanical properties of star block polymer thermoplastic elastomers with glassy and crystalline end blocks [J]. Macromolecules, 2016, 49: 9521-9530.

[123] Zhang L S, Lin J P, Lin S L. Effect of molecular architecture on phase behavior of graft copolymers [J]. Journal of Physical Chemistry B, 2008, 112: 9720-9728.

[124] Wang L Q, Zhang L S, Lin J P. Microphase separation in multigraft copolymer melts studied by random-phase approximation and self-consistent field theory [J]. Journal of Chemical Physics, 2008, 129: 114905.

[125] Zhang J Y, Li T Q, Mannion A M, Schneiderman D K, Hillmyer M A, Bates F S. Tough and sustainable graft block copolymer thermoplastics [J]. ACS Macro Letters, 2016, 5: 407-412.

[126] Matsen M W, Schick M. Stable and unstable phases of a linear multiblock copolymer melt [J]. Macromolecules, 1994, 27: 7157-7163.

[127] Spontak R J, Smith S D. Perfectly-alternating linear (AB)$_n$ multiblock copolymers: Effect of molecular design on morphology and properties [J]. Journal of Polymer Science Part B—Polymer Physics, 2001, 39: 947-955.

[128] Rasmussen K Ø, Kober E M, Lookman T, Saxena A. Morphology and bridging properties of (AB)$_n$ multiblock copolymers [J]. Journal of Polymer Science Part B-Polymer Physics, 2003, 41: 104-111.

[129] Nagata Y, Masuda J, Noro A, Cho D, Takano A, Matsushita Y. Preparation and characterization of a styrene-isoprene undecablock copolymer and its hierarchical microdomain structure in bulk [J]. Macromolecules, 2005, 38: 10220-10225.

[130] Nap R, Sushko N, Erukhimovich I, ten Brinke G. Double periodic lamellar-in-lamellar structure in multiblock copolymer melts with competing length scales [J]. Macromolecules, 2006, 39: 6765-6770.

[131] Zhao B, Jiang W B, Chen L, Li W H, Qiu F, Shi A-C. Emergence and stability of a hybrid lamella? Sphere structure from linear ABAB tetrablock copolymers [J]. ACS Macro Letters, 2018, 7: 95-99.

[132] Lynd N A, Oyerokun F T, O'Donoghue D L, Handlin D L, Jr Fredrickson G. H. Design of soft and strong thermoplastic elastomers based on nonlinear block copolymer architectures using self-consistent-field theory [J]. Macromolecules, 2010, 43: 3479-3486.

[133] Gao Y, Deng H L, Li W H, Qiu F, Shi A-C. Formation of nonclassical ordered phases of AB-type multi-arm block copolymers [J]. Physical Review Letters, 2016, 116: 068304.

[134] Saito N, Liu C, Lodge T P, Hillmyer M A. Multicompartment micelles from polyester-containing ABC miktoarm star terpolymers [J]. Macromolecules, 2008, 41: 8815-8822.

[135] Liu C, Hillmyer M A, Lodge T P. Multicompartment micelles from pH-responsive miktoarm star block terpolymers [J]. Langmuir, 2009, 25: 13718-13725.

[136] Dupont J, Liu G, Niihara K-I, Kimoto R, Jinnai H. Self-assembled ABC triblock copolymer double and triple helices [J]. Angewandte Chemie—International Edition, 2009, 48: 6144-6147.

[137] Van Horn R M, Zheng J X, Sun H-J, Hsiao M-S, Zhang W-B, Dong X-H, Xu J, Thomas E L, Lotz B, Cheng S Z D. Solution crystallization behavior of crystalline-crystalline diblock copolymers of poly(ethylene oxide)-*block*-poly(ε-caprolactone) [J]. Macromolecules,

2010, 43(14): 6113-6119.

[138] Bates F S, Hillmyer M A, Lodge T P, Bates C M, Delaney K T, Fredrickson G H. Multiblock polymers: panacea or pandora's box? [J]. Science, 2012, 336(6080): 434-440.

[139] Yu H, Qiu X, Moreno N, Ma Z, Calo V M, Nunes S P, Peinemann K-V. Self-assembled asymmetric block copolymer membranes: Bridging the gap from ultra- to nanofiltration [J]. Angewandte Chemie—International Edition, 2015, 54(47): 13937-13941.

[140] Eslami H, Khanjari N, Müller-Plathe F. Self-assembly mechanisms of triblock Janus particles [J]. Journal of Chemical Theory and Computation, 2019, 15(2): 1345-1354.

[141] Gadelrab K R, Ding Y, Pablo-Pedro R, Chen H, Gotrik K W, Tempel D G, Ross C A, Alexander-Katz A. Limits of directed self-assembly in block copolymers [J]. Nano Letters, 2018, 18(6): 3766-3772.

[142] Ouaknin G, Laachi N, Bochkov D, Delaney K, Fredrickson G H, Gibou F. Functional level-set derivative for a polymer self consistent field theory Hamiltonian [J]. Journal of Computational Physics, 2017, 345: 207-223.

[143] Xia Y, Li W. Defect-free hexagonal patterns formed by AB diblock copolymers under triangular confinement [J]. Polymer, 2019, 166: 21-26.

[144] Jiang K, Zhang J, Liang Q. Self-assembly of asymmetrically interacting ABC star triblock copolymer melts [J]. Journal of Physical Chemistry B, 2015, 119(45): 14551-14562.

[145] Gong H, Xu G, Shi X. Comparison of aggregation behaviors between branched and linear block polyethers: MesoDyn simulation study [J]. Colloid and Polymer Science, 2010, 288(16-17): 1581-1592.

[146] Zhang Z-J, Lu Z-Y, Li Z-S. Phase separation in bimodal molecular weight high density polyethylene with differing branch contents by molecular dynamics and MesoDyn simulation [J]. Chinese Journal of Polymer Science, 2009, 27(4): 493-500.

第8章 糖分子组装机理

8.1 研 究 背 景

分子物理凝胶是一种具有重要应用价值的材料[1-4]，包括功能化的纳米材料、空间特异性的药物控释材料、生物相容性材料和高分子的增强材料等。当凝胶剂分子搭建起一个由非共价作用之间结合而成的结构框架时，一旦捕获到溶剂分子，就会形成凝胶。实际上，凝胶的性质完全由凝胶剂-溶剂和凝胶剂-凝胶剂之间的相互作用决定，这些凝胶材料的优点是：通过非共价作用力，即氢键和范德瓦耳斯相互作用之间的微妙平衡来控制体系的结构，这些力比化学键弱得多，可通过对凝胶剂或溶剂的分子结构或作用环境的微调，来影响材料的性能；缺点是：非共价作用力及其对材料整体性能的影响仍然很难理解、预测和控制。因此，凝胶制备的控制和对新型凝胶材料性质的预期，仍然是具有挑战性的课题。新型分子凝胶剂的设计仍存在一定的偶然性[3]。

分子物理凝胶的凝胶剂家族是由苄叉糖苷[1,5]组成的，这些分子由连接到苄叉芳香环的单糖部分组成，类似分子结构见图 8-1，它们可以形成性质迥然不同的分子物理凝胶，这取决于单糖、苄叉环上的取代基和溶剂。在极性溶剂中，凝胶剂通过芳环的堆积来构建原纤维，主要是糖基上的 OH 基团与溶剂相互作用[6]。相比之下，在非极性溶剂中，分子之间通过氢键发生相互作用，芳环是暴露在溶剂环境中的[6,7]。例如，4,6-*O*-亚苄基-D-葡萄糖(类似分子结构见图 8-1)可以与甲苯混合生成凝胶，但在水中却无法生成凝胶[5]。有意思的是，同一分子家族的其他成员却有着截然不同的表现。例如，把 OH2 从赤道位置转移到径向位置时，该分子称为甘露糖苷，简称

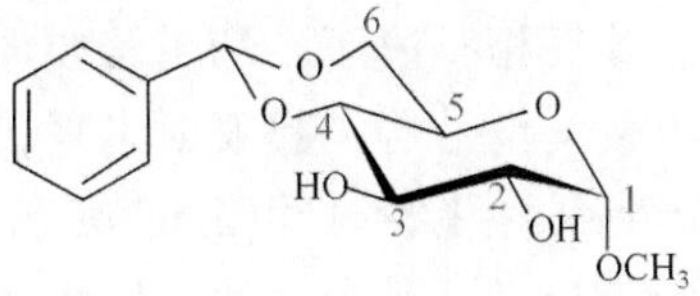

图 8-1 4,6-*O*-亚苄基-D-*α*-*O*-甲基葡萄糖(简称为 BzGlc)，是本章中研究的苄叉糖苷家族的代表

按照原子的编号原则，各数字指出碳原子在葡萄糖线性形式中的位置，氧原子和 OH 基团按照与之相连的碳原子序号进行编号

为 BzMan，它却可以在甲苯和水这两种溶剂中都能形成凝胶。尽管我们知道"结构决定性质"，但凝胶的形成似乎与凝胶剂的结构及其与环境的相互作用存在着密切联系。

　　将气相振动激光光谱与量子化学研究相结合，不仅能有效地探索由糖组成的分子与其环境之间的相互作用[8]，还可以获得分子内和分子间作用力的精确信息，这些作用力可以对松散的分子组装体的构象进行加强和固化，以此提高分子的稳定性。对于糖基体系来讲，羟基在弱相互作用体系中扮演着重要的角色，无论是作为供体或受体，或者同时作为供体和受体，O—H 的拉伸模式是识别作用力最好的工具。我们将这一研究策略应用于 BzGlc 单体、BzGlc 二聚体及其与水和甲苯形成的二元络合物中，以静电相互作用为主的氢键和以分散作用为主的范德瓦耳斯相互作用之间的平衡就是维持该体系稳定的重要作用力，也是形成分子物理凝胶的关键所在。为了帮助解释实验数据，还使用了基于色散校正的密度泛函理论(RI-B97D+disp)的理论计算方法，很多研究表明，该方法已成功用于重现 N—H 伸缩模式的振动光谱[9,10]，但对 O—H 伸缩模式的相关研究仍在不断地探索中。

8.2　实　验　方　法

　　BzGlc 化合物购自 Sigma-Aldrich 公司，未做进一步纯化处理。用微量石墨研磨化合物粉末，并在固体石墨棒的表面上摩擦混合物，形成薄层样品。将石墨棒置于真空中，放置于 500 mm 脉冲超声速阀(Jordan PSV)的出口处，该处通入 8 bar(1 bar=0.1 MPa)的氩气，并控制 10 Hz 的频率以形成脉冲式气流。与脉冲阀同步打开的还有 Nd:Yag 激光器(Minilite 连续介质，500 μJ/脉冲)，将它聚焦在样品表面定向输出，以解吸相关分子。蒸发的分子通过与超音速喷射的载气相碰撞而冷却，若要形成复合物，处于室温蒸气压下的甲苯或水需要经由载气携带着一起喷射出来，分子束通过一个 3 mm 的撇沫器(束流动力学)被引导到线性飞行时间(time of flight，TOF，Jordan)电离区内的一个差分泵室中，分子与光谱激光在此发生相互作用。最后，在质谱仪中对产生的离子进行质量分离，使其朝向双微通道板(micro-channel plate，MCP)检测器。

　　每个体系进行光谱测试之前，都需要先优化实验条件，以获得最佳信噪比(S/N)。孤立分子和络合物的实验条件是相似的，只是在载气压强、解吸样品到喷嘴的距离、阀门开启和紫外激光之间的时间延迟等实验参数略有差异，这些参数不仅随着体系的不同存在一定的差异，在不同的实验中还会有所不同。

　　单色共振双光子电离(1 color resonant 2 photon ionization，R2PI)光谱是利用纳秒染料激光器(FL2002，Lambda Physics，香豆素 540a，500 μJ/脉冲，10 ns 脉冲宽度，连续介质 Surelite Nd:Yag，355 nm，80 mJ/脉冲)发出光束，经由透镜调节成 3 mm 的平行光束。所有可观察到的单体、络合物等物质的 R2PI 光谱均以其自身的质量加以记录，另外，尝试通过观察 TOF 碎片质量通道中的解离信号来确定络合物。但是，在这些质量下，若孤立分子的非共振信号占主导地位，那就不适用于双共振实验了。

为了在 O—H 拉伸模式的光谱区(3200～3800 cm^{-1})执行构象选择，利用双共振红外离子浸(infrared ion dip，IRID)光谱，在紫外探测激光作用之前的 150 ns，先让红外激光束与分子发生作用，这里的红外光子是通过可见染料激光器(ND6000 连续谱，LDS765+LDS798，40 mJ/脉冲)的频率差分生成器(difference frequency generation，DFG)及其 Nd:Yag 泵浦激光器(Powerlite 8000 连续谱，270 mJ/脉冲)的基本输出获得的。为了覆盖整个感兴趣的红外范围，我们使用了铌酸锂 DFG 晶体，晶体的水孔被掺杂了 MgO 的铌酸锂晶体覆盖，达到 3450～3500 cm^{-1}。典型的红外能量从 2.5 mJ/脉冲逐渐增加到 5 mJ/脉冲，即从 3200 cm^{-1} 增至 3800 cm^{-1}。红外激光束经由 50 cm 的 CaF$_2$ 透镜在相互作用室的中心聚焦。

一些体系会用到皮秒双色 REMPI(ps-2C-REMPI)光谱，这些实验是在法国奥赛的 CLUPS 激光设备上进行，从锁模皮秒 Nd:YAG 激光器(EKSPLA-SL300 LT-02300)的两个 OPA 泵浦输出获得的激发和电离紫外激光束。利用可调谐可见光 OPA 基波的二次谐波生成器(second harmonic generation，SHG)系统(EKSPLA-PG411)产生紫外光束，泵浦激光器和探测激光器的典型激光能量分别为 50 μJ/脉冲和 100 μJ/脉冲，它们的脉冲持续时间约为 30 ps，带宽约为 10 cm^{-1}。虽然两束激光都聚焦在 TOF 电离区的中心，但激发光束是被 150 cm 的透镜轻微聚焦，而电离光束却是被 50 cm 的透镜更紧密地聚焦。

8.3　理论计算方法

利用分子力学、分子动力学、蒙特卡罗多重最小化程序和 MacroModel 软件中的大尺度低频模式扭转取样程序等一系列方法，来探索目标分子的构象及其复合物的作用构象[11]，将搜索得到的构象按照特点先分组，再分别进行几何优化，并利用 Turbomole 软件包[12,13]在 RI-B97D+D2/TZVPP 水平上计算它们的振动红外光谱。

在模拟 N—H 拉伸模式的研究中，RI-B97D+D2/TZVPP 水平的性能就已经得到很好的校准，Mons 等[10,14]经过大量的实验和理论计算确定了谐波计算频率的校正因子，与实验测量的光谱吻合度很高。但是，在该计算水平上 O—H 拉伸模式的频率计算中，尚缺少被广泛接受的校正因子，受 Mons 等[10]探索 N—H 频率计算校正因子的思路启发，我们也遵循同样的研究步骤，以 Simons 课题组获得的独立单糖分子、水合单糖、双糖的气相红外光谱研究提供的数据为参考[15-21]，由 $f_{scaled}=a\times f_{harm}+b$ 得到的频率修正值来计算理论上的标度频率，这里的 f_{harm} 是谐波计算频率，斜率 a 和截距 b 是表 8-1 中给出的标度参数。仅从水分子中的自由 O—H 拉伸模式来拟合是没有意义的，因为这些点实际上只会反映到一个点，应用于计算频率上的校正因子不仅需要将各计算频率拟合起来，还需要与实验频率保持一致。

图 8-2(a)中比较了计算频率和实验频率，从统计的数据可以看出，拟合分成了两段：一段是非相互作用或弱相互作用时，即 $f_{harm}>3670 \text{ cm}^{-1}$，O—H 拉伸模式的相关性相对较好；另一段是氢键作用更强时，即 $f_{harm}<3670 \text{ cm}^{-1}$，拟合线周围各点的分布很分散，对 O—H 拉伸频率的预测能力相对较差。但是，在

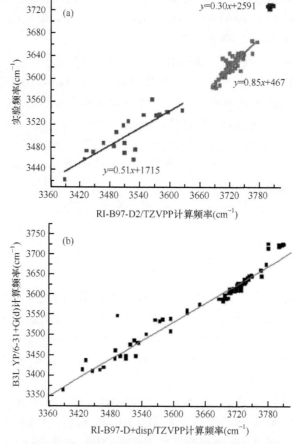

图 8-2　以 RI-B97D+D2/TZVPP 水平对计算 OH 拉伸频率进行校准

(a) 在单糖、双糖和水合单糖体系中，确定计算频率与实验频率之间的相关性；(b) 在 RI-B97D+D2/TZVPP 和 B3LYP/6-31+G(d)水平上，比较两个计算频率之间的相关性

图 8-2(b)中，RI-B97D+D2/TZVPP 和 B3LYP/6-31+G*两个计算水平上得到的计算频率之间却存在着强烈的相关性。

表 8-1　在 RI-B97D+disp/TZVPP 理论水平上计算 O—H 拉伸模式的标度参数

光谱范围(f_{harm})	类型	a	b
3680~3780 cm^{-1}	分子间/分子内相互作用 OH	0.85	467
<3660 cm^{-1}	分子间/分子内相互作用 OH	0.51	1715
~3810 cm^{-1}	水分子自由 OH	0.30	2591

使用上述由我们确定的比例因子，通过比较实验和计算的振动光谱，即可明确该体系的构象或作用构象，且计算精度与 B3LYP/6-31+G*水平获得的计算精度相似。RI-B97D+disp/TZVPP 的优点是：不仅计算成本非常低，还包含了色散矫正.其他具有色散校正功能的密度泛函方法,例如 M05-或 M06-2X 泛函，它们的色散是"内置于"泛函之内的，计算成本自然很高，但是，在 RI-B97D+disp/TZVPP 方法中，色散的贡献仅以加和的方式进行校正，可以很容易地通过控制"开/关"来评估色散对系统计算特性的影响，但其他一切都保持不变，计算成本就会随之大幅降低。

8.3.1　单分子构象

独立 BzGlc 的 R2PI 光谱如图 8-3(a)所示，它的轮廓非常规则，是由一系列清晰且分辨率高的尖峰组成。对所有观察到的尖峰分别用 IRID 光谱进行探测，发现它们都对应着相同的 IRID 光谱图，如图 8-4 所示，这说明在该实验条件下，只存在一种稳定的分子构象。

IRID 光谱有两个强度相似的独立峰，分别位于 3605 cm^{-1} 和 3630 cm^{-1}。仅依靠振动光谱是很难确定分子构象的，但最稳定构象的计算光谱却可以与真实构象的实验振动光谱相匹配。基于对单糖构象偏好的理解和认知[8,20]，我们可以合理地将观察到的 BzGlc 构象分配给由两个分子内氢键 OH3>OH2>O1，形成最稳定计算构象(原子编号见图 8-1)。该构象的实验光谱如图 8-3(a)所示，与气相[22,23]中观察到的糖苷构象作比较，它们通过类似的分子内相互作用将分子稳定下来。在仅有 BzGlc 的情况下，因为位于赤道位置的 OH2 与位于轴向的 O1 之间的相互作用强度大于都位于赤道的 O3 与 O4 之间的相互作用强度[24]，因此，将 OH2>O1 相互作用包括在内，对提高整个分子的稳定性更有利，加之 OH3 与 OH2(而非 O4)的相互作用,联合氢键的诱导效应能更大程度上稳定分子构象。更多的计算构象见图 8-5。

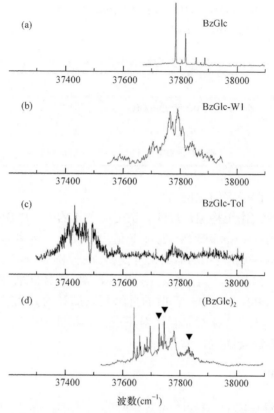

图 8-3 (a) BzGlc 单分子、(b) BzGlc 单分子水合物、(c) BzGlc-甲苯络合物和(d) BzGlc 二聚体的 R2PI 光谱。甲苯络合物光谱中的深 V 下降是由甲苯在 R2PI 的转变导致甲苯在质量通道中的强离子信号造成的，该强信号会改变 MCP 探测器的灵敏度

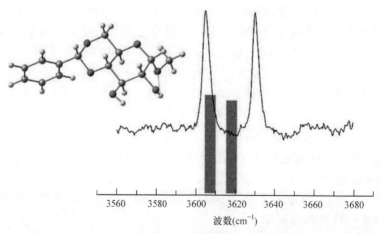

图 8-4 BzGlc 的 IRID 实验光谱与它最稳定构象的计算光谱之间的比较

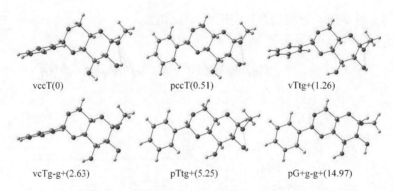

图 8-5　单分子的 6 个代表性分子构象，括号中的数值是相对能量，单位为 kJ/mol。红色球、灰色球、白色球分别代表氧原子、碳原子、氢原子

8.3.2　与亲水溶剂的作用构象

BzGlc 的单水化络合物，简称为 BzGlc-W，它的 R2PI 光谱比独立的 BzGlc 光谱显得复杂一些，出现了更多的杂峰，虽然各峰的尖锐度有所下降，但相关峰的位置却没有明显的改变，如图 8-3(b)所示，这表明 BzGlc 分子的苄叉生色团仅受到水分子的轻微扰动，二者并未生成强的化学键。该 R2PI 光谱的所有特征峰经 IRID 光谱逐一探测，得到了相同的振动光谱，如图 8-6 所示，这表明 BzGlc-W 仅有一种作用构象，或者频率范围内的的构象都具有相似的 IRID 光谱，这一点得到了红外烧孔(IR hole burning, IRHB)实验的支持，该实验仅在相同波数范围内进行了探测，因为若超过该波数范围，目标分子的活动可能会与高温能带或更大的水团簇产生联系，这些水团簇可能会在电子跃迁的过程中显著转移到较低的能量区域。在这 4 个分辨率较好的 O—H 拉伸模式的峰中，2 个源自水分子，另外 2 个源自 BzGlc 分子。

分配 3725 cm^{-1} 处的尖峰很容易，即水分子的自由 O—H；3618 cm^{-1} 处的尖峰表明一个参与了分子内相互作用的 O—H 基团；3550 cm^{-1} 和 3488 cm^{-1} 两处发生了红移的宽峰是络合物的典型轮廓，水分子与 BzGlc 形成了两个分子间氢键，使 BzGlc 的分子构象刚性化。BzGlc-W 的两个最稳定结构的计算光谱可以很好地与实验光谱相匹配，在最稳定的 BzGlc-W_A 络合物中，水分子插入 OH3 和 O4 之间形成两个分子间氢键，O2 与 O3 形成分子内氢键，该络合物通过分子间和分子内的联合氢键(OH2>OH3>OHw>O4)协同作用，来稳定该络合物体系的作用构象，这是单糖在气相中形成单分子水合时常见的作用方式[8,18]。与水分子相互作用时，BzGlc 上 O—H 基团的方向发生翻转，与水分子中的 O—H 基团以分子间氢键的络合方式来加强相互作用，BzGlc 构象上的这

种变化与水合 α-苯基吡喃葡萄糖苷[25]的情况相似。

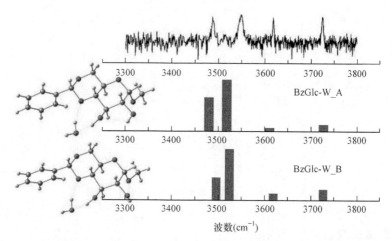

图 8-6　将 BzGlc-W1 的 IRID 实验光谱与它最稳定构象的计算光谱之间的比较

与 BzGlc-W_A 络合物形成的分子间氢键相同,在第二稳定构象 BzGlc-W_B 络合物中, 水分子也插入到 OH3 和 O4 之间形成两个分子间氢键, 但 OH2 的取向方向却发生了改变,并未参与到分子间氢键,而是与 O1 形成了独立的分子内氢键,因此,该络合物没有形成分子间和分子内协同的联合氢键,导致在能量上比 BzGlc-W_A 络合物高出 3 kJ/mol。两种络合物的计算光谱非常相似, BzGlc-W_B 络合物的作用构象也有很高的可能性,至少能解释为何 R2PI 光谱不光滑。更多的计算构象见图 8-7。

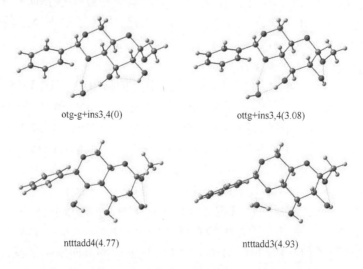

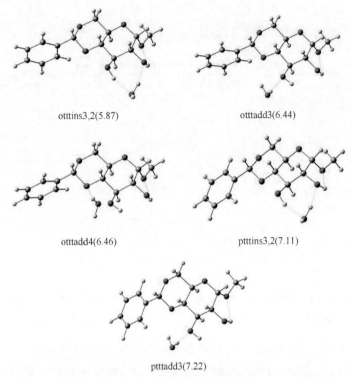

otttins3,2(5.87)　　　　　　　　　　　otttadd3(6.44)

otttadd4(6.46)　　　　　　　　　　　ptttins3,2(7.11)

ptttadd3(7.22)

图 8-7　BzGlc 与 1 个水分子形成的 9 个代表性的作用构象，括号中的数值是相对能量，单位为 kJ/mol。红色球、灰色球、白色球分别代表氧原子、碳原子、氢原子

8.3.3　与疏水溶剂的作用构象

由 BzGlc 和甲苯分子形成的络合物，简称为 BzGlc-Tol，无论从峰的位置、峰强度、光谱光滑度等各方面来看，它的 R2PI 光谱与独立的 BzGlc 和 BzGlc-W 络合物的光谱完全不同，如图 8-3(c)所示，它的峰非常宽，比独立的 BzGlc 分子的 R2PI 光谱明显偏移了 400 cm^{-1}。在可探索的紫外范围内，该络合物是一个双色体系，苄叉基团和甲苯都能吸收光子，但是，只有甲苯的生色团会产生显著的 R2PI 信号，那么，该偏移表明高能的苄叉生色团会将吸收的能量迅速松弛到低能的甲苯生色团上，或者在中继电子的激发下发生了预解离，或者苄叉基团激发后离子中的多余能量造成了络合物离子的解离。我们在该络合物上又做了 ps-2C-REMPI 实验，从图 8-8(a)所示的 ps-2C-REMPI 光谱可以看出，它与纳秒的 R2PI 光谱几乎相同，如果快速的非辐射过程可以造成苄叉生色团区域缺乏 R2PI 活性，那么它们很可能发生在亚皮秒的时间尺度上，但我们却认为这不太可能发生。

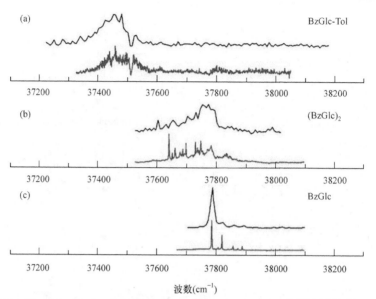

图 8-8　(a) BzGlc-Tol、(b) (BzGlc)₂ 和(c) BzGlc 的 ps-2C-REMPI 光谱。纳秒级 R2PI 光谱以蓝色线显示以供比较。电离激光波长固定在 268 nm，用于记录此处显示的所有光谱

　　与单体和水合络合物相同，不管探测的 R2PI 光谱区域有多大，BzGlc-Tol 也仅获得单一的 IRID 光谱，而该络合物也仅有一种作用构象，此外，从 IRHB 实验所包含的可能区域中，也并未探测到存在更多构象的可能性。从谱图的结构上来看，BzGlc-Tol 的振动谱与独立的 BzGlc 非常相似，也有两个尖峰，分别位于 3603 cm⁻¹ 和 3622 cm⁻¹，与非络合分子相比，只有非常轻微的红移，这说明甲苯分子并没有与 BzGlc 的 O—H 基团发生直接的相互作用。这个定性的光谱分析告诉我们，理论计算中必须加入色散相互作用，才能得到与实验结果匹配的合理构象。加入了色散相互作用的理论计算结果见图 8-9，最稳定构象的理论光谱与观测到的 IRID 光谱吻合得非常好，在该结构中，甲苯分子堆叠在 BzGlc 吡喃糖环的疏水侧，仅与 BzGlc 分子形成 CH>π 相互作用，以色散力为主，并未影响 BzGlc 的分子构象，与它独自存在时的构象相同。该构象是由 BzGlc 分子内氢键网络的破坏导致的稳定能损失和分子间 OH>π 相互作用(比 CH>π 强，但比 OH>OH 弱)的增加这二者之间的平衡所驱动的，Simons 等早就观察到了此类由碳水化合物-芳香相互作用的典型行为[26,27]。BzGlc 的 O—H 拉伸谱几乎不受与甲苯络合作用影响的另一种可能性是，甲苯分子与 BzGlc 的芳香环发生相互作用。在找到的 200 多种 BzGlc-Tol 作用构象中，有几个显示出甲苯与苄基的芳香环之间的距离更近，尽管这些 T 型结构络合物的电子谱[28,29]与这里的实验光谱类似，但却与苯-甲苯络合物的结构有着本质上的区别。因此可以确定，甲苯分子一旦"看到" BzGlc 的极性葡萄糖基团就会被其吸引。更多的计算构象见图 8-10。

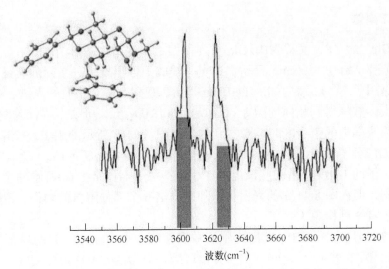

图 8-9　BzGlc-甲苯络合物的 IRID 实验光谱与最稳定构象的计算光谱之间的比较

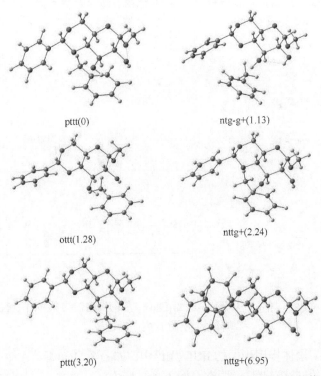

图 8-10　BzGlc 与 1 个甲苯分子形成的 6 个代表性作用构象，括号中的数值是相对能量，单位为 kJ/mol。红色球、灰色球、白色球分别代表氧原子、碳原子、氢原子

8.3.4　二聚体

BzGlc 二聚体，简称为(BzGlc)$_2$，它的 R2PI 光谱如图 8-3(d)所示。从低于 BzGlc 光谱起始点 140 cm^{-1} 开始，在宽基线的上方出现了一系列的尖锐峰。对 R2PI 光谱中所有峰探索了相应的 IRID 光谱，观察到两个不同的光谱。R2PI 光谱中的大多数峰得到相同的图 8-11(a)所示的 IRID 光谱，但是，当探测图 8-3(d) 中向下箭头标记的三个峰时，观察到的却是图 8-11(b)所示的 IRID 光谱。因为每个 BzGlc 分子含有 2 个 O—H 基团，再加上各峰可以解析的话，那么，(BzGlc)$_2$ 二聚体分子的 IRID 光谱就应该出现 4 个特征峰，与图 8-11(b)所示的实验光谱情况相同，但在图 8-11(a)的光谱中，却区分出 6 个部分解析的频带，说明该二聚体至少有 3 种构象。

图 8-11(b)中的 IRID 光谱比较简单和清晰，4 个强度相似的峰都集中在 3540 cm^{-1} 到 3620 cm^{-1} 之间，这一光谱区域是典型的 O—H 拉伸模式，涉及受限的分子内或较弱的分子间相互作用，二聚体最稳定结构(BzGlc)$_2$_A 的计算光谱与实验观察到的光谱非常一致。在这个构象中，两个分子"从头到尾"对接在一起，每个 BzGlc 分子的一个 O—H 基团都与另一个 BzGlc 分子的芳香环相互作用，增加了络合物整体的构象稳定性。

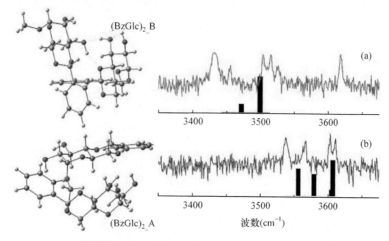

图 8-11　BzGlc 二聚体的 IRID 实验光谱与(a) 最低自由能构象和(b) 势能最稳定构象的计算光谱之间的比较

在另一个二聚体作用构象的 IRID 光谱中，如图 8-11(a)所示，在 3500 cm^{-1} 附近有几个明显的红移谱带，说明它是插入型二聚体，在 3625 cm^{-1} 处有一个略微密集的谱带。与观察到的实验光谱相比，计算光谱是一个比(BzGlc)$_2$_A 能量更高的作用构象，(BzGlc)$_2$_B，一个 BzGlc 分子的 OH3 插入到另一个 BzGlc 分子的

OH3 和 O4 之间，作用方式与 BzGlc 水合络合物非常相似。尽管(BzGlc)₂_B 构象的势能比最稳定的(BzGlc)₂_A 构象高出 7 kJ/mol 以上，但它却在 300 K 下具有最低的计算自由能，因此它是熵优势构象。这种构象的作用方式更加灵活，包含更多作用构象相似但某些基团取向方面略有不同的稳定二聚体，却都是具有熵优势的作用模式。图 8-11(a)中 IRID 光谱的额外谱带暗示我们，这些二聚体中，由 O—H 基团形成的氢键可以起到类似"枢轴"或"铰链"的作用，分子中较重的一侧可以围绕它摆动，作用构象发生略微的改变，R2PI 跃迁隐藏在拥挤的 R2PI 光谱中，几个类似构象的二聚体共同组成了堆叠峰和峦峰等宽峰。

结合激光解吸和超声膨胀的实验手段，控制此类系统的构象冻结还有很多因素，包括冷却速度(碰撞率和效率)、载气的聚集和蒸发作用、较大团簇的蒸发、冷却和络合物稳定之间的竞争，以及构象分布(能量跨度和能垒高度)等。目前来看，(BzGlc)₂_B 构象可能是在冷却过程的中间阶段被冻结的，进一步松弛构象需要克服的能垒太高，而探索(BzGlc)₂_A 二聚体所在的构象超表面的不同区域时已达到低温的最小值。这仅仅是理论推演得出的猜测性原因，我们尚缺少实验证据来支持这一猜想，但是，依靠定性的光谱分析和观察到的两个主要作用构象类型，即一个显示出对接结构的所有光谱特征，另一个表现为插入结构，这些却都是实验事实。

对于 BzGlc-Tol，已经观察到(BzGlc)₂ 的 ps-2C-REMPI 光谱，如图 8-8(b)所示。它与纳秒级的 R2PI 光谱截然不同。当使用纳秒激光时，几乎无法观察到信号强的尖峰，在很大程度上来说，宽基线占主导地位，这说明存在短寿命的电子激发态构象，这些构象更容易被皮秒激光探测到。从独立的 BzGlc 分子的 ps-2C-REMPI 光谱已经证实，尽管激光的带宽很大，会导致分辨率和结构特征的损失，但皮秒激光却可以很容易地观察到锐带。可惜的是，使用皮秒紫外激光作为探针来阐明可能存在的第三个构象种类结构时，却无法开展 IRID 光谱分析。需要说明的情况是，皮秒光谱是使用 REMPI 1+1'方案来记录数据的，而纳秒光谱是 R2PI 光谱，这是两种光谱之间存在差异的另一个原因。

与实验光谱吻合度很高的(BzGlc)₂_A 构象，以此为例，很好地说明了使用色散校正理论处理此类分子的必要性。我们在 RI-B97D/TZVPP(无色散校正)水平和 B3LYP/6-31+G*水平上对该结构分别重新进行优化，在图 8-12 中，比较了不同水平上计算得到的稳定结构，可以发现，结构变得与(BzGlc)₂_A 构象完全不同，无色散校正的优化导致结构松散、不紧凑。在 B3LYP 结果中，缺少了一个 OH>p 相互作用，增加了一个 OH>O 相互作用；而 RI-B97D 优化得到的结构更是颠覆性的，两个 BzGlc 分子以非常相似，且以完全伸展的形态排列，彼此相邻，就好像该体系仅存在独立的分子一样。由此可见，对这些络合体系的计算中若不包含色散校正，容易错失观察到的结构，从而无法对实验结果给出合理的解释，甚至产生误判。更多的计算构象见图 8-13。

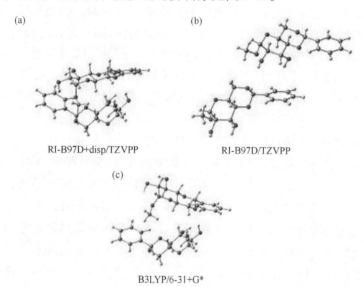

(a)　RI-B97D+disp/TZVPP

(b)　RI-B97D/TZVPP

(c)　B3LYP/6-31+G*

图 8-12　BzGlc 二聚体分别在 RI-B97D+disp/TZVPP 水平上的再优化结构(a)、在 RI-B97D/TZVPP 水平上的优化结构(b)和在 B3LYP/6-31+G*水平上的优化结构(c)

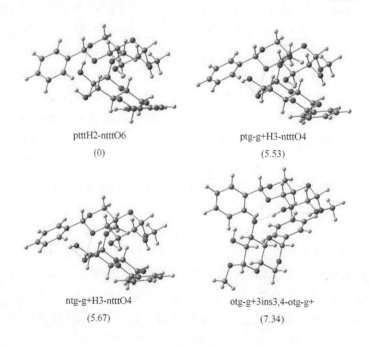

ptttH2-ntttO6
(0)

ptg-g+H3-ntttO4
(5.53)

ntg-g+H3-ntttO4
(5.67)

otg-g+3ins3,4-otg-g+
(7.34)

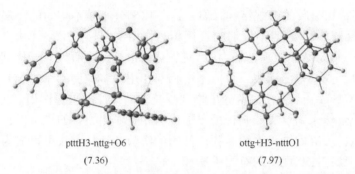

ptttH3-nttg+O6 ottg+H3-ntttO1
(7.36) (7.97)

图 8-13 BzGlc 二聚体的 6 个代表性作用构象,括号中的数值分别是相对能量和相对自由能,
单位均为 kJ/mol。红色球、灰色球、白色球分别代表氧原子、碳原子、氢原子

8.4 展 望

我们利用构象特异性的双共振 IRID 气相光谱法测定了 BzGlc、二聚体、单水络合物及其与甲苯形成络合物的多种构象。在 RI-B97D+D2/TZVPP 水平上,利用色散校正的密度泛函理论对光谱进行了阐释,并明确了结构。基于前人的研究成果,我们总结出适合该体系的校正因子,将 O—H 伸缩模式的计算振动光谱与实验数据进行对比,总结出此类分子的构象偏好。总的来说,通过我们确定的标度因子对计算频率进行校正,RI-B97d+D2/TZVPP 可以很好地再现在 $3580\sim3680$ cm^{-1} 光谱范围内可观察到的参与弱或中等相互作用的 O—H 拉伸频率。但是,在 3570 cm^{-1} 以下,作为强氢键供体的 O—H 拉伸模式的重现效率却较低。虽然 O—H 拉伸模式的重现效率低于 N—H 基团,但并不影响我们利用这些理论和方法来解释 O—H 拉伸模式的振动光谱,至少以定性的方式是完全没问题的,甚至还可以指导更高级别的理论计算,如 MP2 或耦合簇等。这一水平的理论为其他水平的理论提供了很好的替代方案,也大大地降低了计算成本。

在探索 BzGlc 二聚体的构象时,将色散相互作用考虑其中是重要且必要的,因为它能帮助我们正确再现观察到的结构。BzGlc 及其络合物的构象行为与之前通过激光或微波光谱测定的相应单糖葡萄糖的构象行为非常相似[15,23],BzGlc 分子的构象受水合作用影响很大,但与甲苯发生络合时,却没有改变 BzGlc 的构象。

这些发现不足以直接回答为什么 BzGlc 在甲苯中能形成凝胶,而在水中却无法形成凝胶,我们还不能声称分子物理凝胶是在气相中形成的。实际上,在宏观凝胶中,典型的凝胶剂与溶剂的比例约为 1∶100(范围可以从 1∶50 到 1∶

500)。然而，从凝胶的微观结构来看，这一比例分布是不均匀的，凝胶的性质与凝胶剂-凝胶剂和凝胶剂-溶剂的直接相互作用密切相关。在气相实验中研究的 1∶1 络合物是研究相互作用力的理想模型，也是深入研究分子物理凝胶的第一步，而且，我们也已探明，该体系中相互作用的多样性(O—H→O—H 氢键、O—H→π、C—H→π 等)在稳定分子物理凝胶方面发挥的重要作用。这些力是指通过竞争或合作来确定凝胶是否可以形成的相互作用力，如果可以，那么它的性质是什么，等等。结果表明，我们使用的实验和计算方法可以成为探索控制凝胶形成、稳定性和性质的有力手段和工具。

参 考 文 献

[1] Estroff L A, Hamilton A D. Water gelation by small organic molecules [J]. Chemical Reviews, 2004, 104(3): 1201-1218.

[2] Terech P, Weiss R G. Low molecular mass gelators of organic liquids and the properties of their gels [J]. Chemical Reviews, 1997, 97(8): 3133-3160.

[3] Weiss R G. The past, present, and future of molecular gels. What is the status of the field, and where is it going? [J]. Journal of the American Chemical Society, 2014, 136(21): 7519-7530.

[4] Sangeetha N M, Maitra U. Supramolecular gels: Functions and uses [J]. Chemical Society Reviews, 2005, 34: 821-836.

[5] Gronwald O, Shinkai S. Sugar-integrated gelators of organic solvents [J]. Chemistry A European Journal, 2001, 7(20): 4328-4334.

[6] Spagnoli S, Morfin I, Gonzalez M A, Çarçabal P, Plazanet M. Solvent contribution to the stability of a physical gel characterized by quasi-elastic neutron scattering [J]. Langmuir, 2015, 31(8): 2554-2560.

[7] Sakurai K, Jeong Y, Koumoto K, Friggeri A, Gronwald O, Sakurai S, Okamoto S, Inoue K, Shinkai S. Supramolecular structure of a sugar-appended organogelator explored with synchrotron X-ray small-angle scattering [J]. Langmuir, 2003, 19(20): 8211-8217.

[8] Cocinero E, Çarçabal P. in Gas-Phase IR Spectroscopy and Structure of Biological Molecules [M]. ed. Rijs A M, Oomens J. Springer International Publishing. chapter 596, volume 364: 299-333, 2015.

[9] Gloaguen E, de Courcy B, Piquemal J P, Pilmé J, Parisel O, Pollet R, Biswal H S, Piuzzi F, Tardivel B, Broquier M, Mons M. Gas-phase folding of a two-residue model peptide chain: On the importance of an interplay between experiment and theory [J]. Journal of the American Chemical Society, 2010, 132(34): 11860-11863.

[10] Biswal H S, Loquais Y, Tardivel B, Gloaguen E, Mons M. Isolated monohydrates of a model peptide chain: effect of a first water molecule on the secondary structure of a capped phenylalanine [J]. Journal of the American Chemical Society, 2011, 133(11): 3931-3942.

[11] Schrödinger Release 2014-3: MacroModel, Schrödinger, LLC, New York, NY, 2014.

[12] Turbomole V6.2 2010, a development of University of Karlsruhe and Forschungszentrum Karlsruhe GmbH, 1989-2007.

[13] Grimme S. Semiempirical GGA-type density functional constructed with a long-range dispersion correction [J]. Journal of Computational Chemistry, 2006, 27(15): 1787-1799.

[14] Gloaguen E, Mons M// Rijs M A, Oomens J, ed. Gas-Phase IR Spectroscopy and Structure of Biological Molecules [M]. Springer International Publishing, Cham, Volume 364: 225-270, 2015.

[15] Talbot F O, Simons J P. Sugars in the gas phase: the spectroscopy and structure of jet-cooled phenyl β-D-glucopyranoside [J]. Physical Chemistry Chemical Physics, 2002, 4: 3562-3565.

[16] Jockusch R A, Kroemer R T, Talbot F O, Simons J P. Hydrated sugars in the gas phase: Spectroscopy and conformation of singly hydrated phenyl β-D-Glucopyranoside [J]. The Journal of Physical Chemistry A, 2003, 107(49): 10725-10732.

[17] Jockusch R A, Kroemer R T, Talbot F O, Snoek L C, Çarçabal P, Simons J P, Havenith M, Bakker J M, Compagnon I, Meijer G, von Helden G. Probing the glycosidic linkage: UV and IR ion-dip spectroscopy of a lactoside [J]. Journal of the American Chemical Society, 2004, 126(18): 5709-5714.

[18] Çarçabal P, Jockusch R A, Hünig I, Snoek L C, Kroemer R T, Davis B G, Gamblin D P, Compagnon I, Oomens J, Simons J P. Hydrogen bonding and cooperativity in isolated and hydrated sugars: Mannose, galactose, glucose, and lactose [J]. Journal of the American Chemical Society, 2005, 127(32): 11414-11425.

[19] Hünig I, Painter A J, Jockusch R A, Çarçabal P, Marzluff E M, Snoek L C, Gamblin D P, Davis B G, Simons J P. Adding water to sugar: A spectroscopic and computational study of α-and β-phenylxyloside in the gas phase [J]. Physical Chemistry Chemical Physics, 2005, 7: 2474-2480.

[20] Simons J P, Jockusch R A, Çarçabal P, Hünig I, Kroemer R T, Macleod N A, Snoek L C. Sugars in the gas phase. Spectroscopy, conformation, hydration, co-operativity and selectivity [J]. International Reviews in Physical Chemistry, 2005, 24(3-4): 489-531.

[21] Çarçabal P, Hünig I, Gamblin D P, Liu B, Jockusch R A, Kroemer R T, Snoek L C, Fairbanks A J, Davis B G, Simons J P. Building up key segments of N-glycans in the gas phase: Intrinsic structural preferences of the α(1,3) and α(1,6) dimannosides [J]. Journal of the American Chemical Society, 2006, 128(6): 1976-1981.

[22] Talbot F O, Simons J P. Sugars in the gas phase: The spectroscopy and structure of jet-cooled phenyl β-D-glucopyranoside [J]. Physical Chemistry Chemical Physics, 2002, 4: 3562-3565.

[23] Alonso J L, Lozoya M A, Peña I, López J C, Cabezas C, Mata S, Blanco S. The conformational behaviour of free D-glucose-at last [J]. Chemical Science, 2014, 5(2): 515-522.

[24] Çarçabal P, Patsias T, Hünig I, Liu B, Kaposta C, Snoek L C, Gamblin D P, Davis B G, Simons J P. Spectral signatures and structural motifs in isolated and hydrated monosaccharides: phenyl α-and β-L-fucopyranoside [J]. Physical Chemistry Chemical Physics, 2006, 8: 129-136.

[25] Mayorkas N, Rudić S, Cocinero E J, Davis B G, Simons J P. Carbohydrate hydration: Heavy

water complexes of α and β anomers of glucose, galactose, fucose and xylose [J]. Physical Chemistry Chemical Physics, 2011, 13: 18671-18678.

[26] Stanca-Kaposta E C, Gamblin D P, Screen J, Liu B, Snoek L C, Davis B G, Simons J P. Carbohydrate molecular recognition: A spectroscopic investigation of carbohydrate-aromatic interactions [J]. Physical Chemistry Chemical Physics, 2007, 9: 4444-4451.

[27] Su Z, Cocinero E J, Stanca-Kaposta E C, Davis B G, Simons J P. Carbohydrate-aromatic interactions: A computational and IR spectroscopic investigation of the complex, methyl α-L-fucopyranoside toluene, isolated in the gas phase [J]. Chemical Physics Letters, 2009, 471(1-3): 17-21.

[28] Law K, Schauer M, Bernstein E R. Dimers of aromatic molecules: (Benzene)2, (toluene)2, and benzene-toluene [J]. The Journal of Chemical Physics, 1984, 81(11): 4871-4882.

[29] Saigusa H, Morohoshi M, Tsuchiya S. Excimer and exciplex formation in van der Waals dimers of toluene and benzene [J]. The Journal of Physical Chemistry A, 2001, 105(31): 7334-7340.